职业教育精品规划教材

电子技能项目教程

主　编　张立炎　李　海
副主编　郑志亮
参　编　梁伟红　江凤姬　郭达恩

北京理工大学出版社
BEIJING INSTITUTE OF TECHNOLOGY PRESS

图书在版编目（CIP）数据

电子技能项目教程/张立炎，李海主编．—北京：北京理工大学出版社，2017.8

ISBN 978-7-5682-4392-6

Ⅰ．①电…　Ⅱ．①张…　②李…　Ⅲ．①电子技术－中等专业学校－教材　Ⅳ．①TN

中国版本图书馆CIP数据核字（2017）第173917号

出版发行 / 北京理工大学出版社有限责任公司

社　　址 / 北京市海淀区中关村南大街5号

邮　　编 / 100081

电　　话 / （010）68914775（总编室）

（010）82562903（教材售后服务热线）

（010）68948351（其他图书服务热线）

网　　址 / http：//www.bitpress.com.cn

经　　销 / 全国各地新华书店

印　　刷 / 北京金特印刷有限责任公司

开　　本 / 787毫米×1092毫米　1/16

印　　张 / 14.5

字　　数 / 329千字

版　　次 / 2017年8月第1版　2017年8月第1次印刷

定　　价 / 36.00元

责任编辑 / 封　雪

文案编辑 / 张鑫星

责任校对 / 周瑞红

责任印制 / 边心超

前言

FOREWORD

本教材依据教育部2009年颁布的“中等职业学校电子技术基础与技能教学大纲”（以下简称“新教学大纲”），参照教育部颁布的中等职业学校重点建设专业电子技术应用专业教学指导方案和劳动和社会保障部颁布的家用电子产品维修工职业技能鉴定规范，结合近几年中等职业教育的实际教学情况，以服务电子制造产业发展，培养学生就业创业能力和继续学习能力为出发点，遵循“理论够用、内容新颖、注重应用、形式多样”的原则，经过多年的教学实践，多次总结后编写而成。

本教材具有以下鲜明特色：

(1) 体现了“以能力为本位，以就业为导向”的中等职业教育办学理念。本教材针对中职生源的实际情况和特点，以培养在生产第一线的电子技术技能型人才为目标，在教学内容的安排上力求实用化、精简化，突出技能训练和能力培养。

(2) 突出“做中学、做中教”的职业教育特色，强化专业技能训练。本教材将理论知识融会贯通于实训项目中，以此激发和调动学生的学习兴趣，使学生通过亲手制作典型的电子产品（如数字时钟、集成稳压电源等），亲身体验装配、调试等生产过程，突显职业教育的实践教学特点，强化专业技能培养。

(3) 渗透职业道德与职业意识培养，缩短毕业后的上岗磨合期。在专业知识和技能的学习过程中，穿插包括安全生产、节能环保、技能考证等方面的知识，培养学生的职业道德，增强就业意识。

(4) 遵循中职学生的认知规律与学习特点，使学生乐于学习、轻松学习。通过安排合理的实训项目，让学生在完成集实用性和趣味性于一体的项目中，利用声、光、电等感性效果来激发学习热情，促使学生乐于动手，敢于实践，增强自信心。同时，引导学生通过技术手册和互联网查阅相关的技术资料，培养自我学习能力。本教材充分考虑中职学生的实际，结合电子技术基础课程的特点，从教学内容、模式等方面均进行了大力的改革和创新。

在教学内容上严格遵循新教学大纲要求，以培养在生产第一线的电子技术技能型人才为目标；在内容的取舍上力求实用化、精简化，突出技能训练和能力培养，降低理论难度，着重实际应用。同时渗透职业道德等方面的教育，穿插包括安全生产、节能环保、“6S”管理等方面的知识，培养学生的职业道德，增强职业意识。具体教学内容及学时分配建议如下：

教学项目学时分配如下：

教学项目	学时	教学项目	学时
项目一：电路焊接技术	4	项目九：音频放大电路输入级	12
项目二：万用表的使用	4	项目十：音频放大电路中间级	12
项目三：电阻器的认识	4	项目十一：音频放大电路输出级	12
项目四：电容器的认识	4	项目十二：裁判电路	16
项目五：二极管的认识	4	项目十三：多路抢答器	16
项目六：三极管的认识	4	项目十四：秒计数器	12
项目七：稳压二极管并联型直流稳压电源	8	项目十五：555 多谐振荡器的制作	8
项目八：集成稳压电源	8	项目十六：RC 桥式正弦波振荡器	8
合　计	136		

本教材由清远工贸职业技术学校张立炎老师任主编（负责全书的策划、构思及统稿，并编写了项目十一、十二）；普宁职业技术学校李海老师任第二主编（参与全书的策划、构思及统稿，并编写了项目十三）；清远工贸职业技术学校郑志亮老师编写了项目七至项目十；清远工贸职业技术学校梁伟红老师编写了项目一至项目三；清远工贸职业技术学校江凤姬老师编写了项目十四至项目十六；清远市教育教学研究院郭达恩编写了项目四至项目六。本教材编写的过程中，得到了伍湘彬等专家的指导，在此特致谢意。

由于电子技术日新月异，编者见识和水平有限，书中难免有不足之处，恳请广大读者批评。

编　者

CONTENTS

元件篇

模 电 篇

数电篇

元 件 篇

项目一　电路焊接技术

1.1　项目描述和要求

1.1.1　项目描述

焊接在电子产品装配中是一项重要的技术。它在电子产品实验、调试、生产中应用非常广泛，而且工作量相当大，焊接质量的好坏，将直接影响产品的质量。电子产品的故障除元器件的质量原因外，大多数是由于焊接质量不佳而造成的，因此熟练掌握焊接技术是非常重要的。

1.1.2　项目要求

①掌握电烙铁的使用及保养。

②了解五步焊接法。

③掌握元器件的加工及插装。

④掌握元器件的拆焊。

1.2　理论分析

1.2.1　认识电烙铁

电路焊接是电路板制作与调试过程中的一个重要环节，学好焊接尤为重要。在学习本项目之前要求自主收集各种电烙铁的资料，了解电烙铁的特性，为学好焊接技术做准备。

1. 电烙铁的结构

电烙铁的工作原理：电流通过电热丝加热电烙铁。

常见的电烙铁有外热式、内热式、恒温式和吸锡式等形式。

外热式电烙铁一般功率较大；内热式电烙铁具有发热快、体积较小、重量轻、价格便宜等特点。一般，电子制作都用 20～30 W 的内热式电烙铁。当然也要有一把 50 W 的外热式电烙铁做备用。内热式电烙铁发热效率较高，而且更换烙铁头也较方便，因而得到广泛应用。

电烙铁主要由烙铁头、加热管、加热管外壳、手柄及电源线五部分组成，如图 1.1 所示。

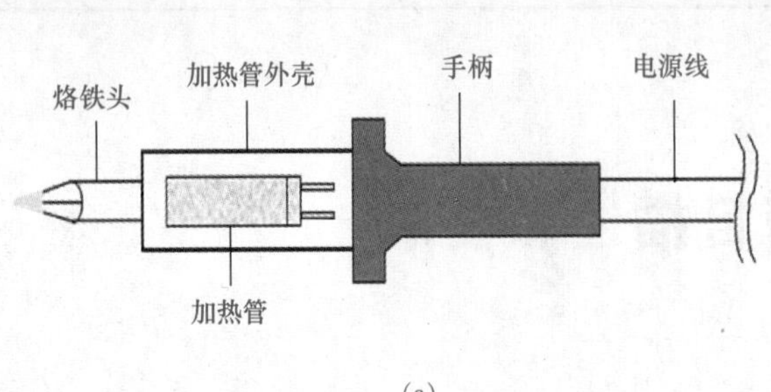

(a)

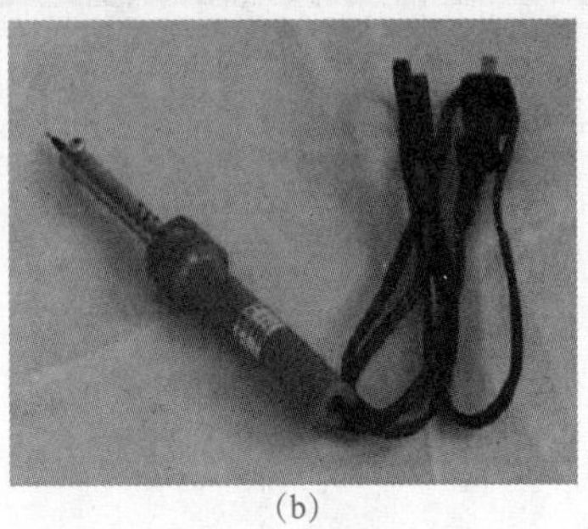

(b)

图 1.1　电烙铁

(a)结构图；(b)实物图

烙铁头为电烙铁的配套产品，是一体合成的。正确选择烙铁头尺寸和形状是非常重要的，选择合适的烙铁头能使工作更有效率以及增加烙铁头的耐用程度。

烙铁头的形状有尖形、马蹄形、扁咀形、刀口形。每种烙铁头(烙铁咀、焊咀)的头部基本相同，区别在于烙铁头(烙铁咀、焊咀)身体部分尺寸，以便与电烙铁、电焊台配套。一般，电烙铁、电焊台品牌不同配套的烙铁头(烙铁咀、焊咀)形状也不同。图 1.2 所示为常见烙铁头的外形。

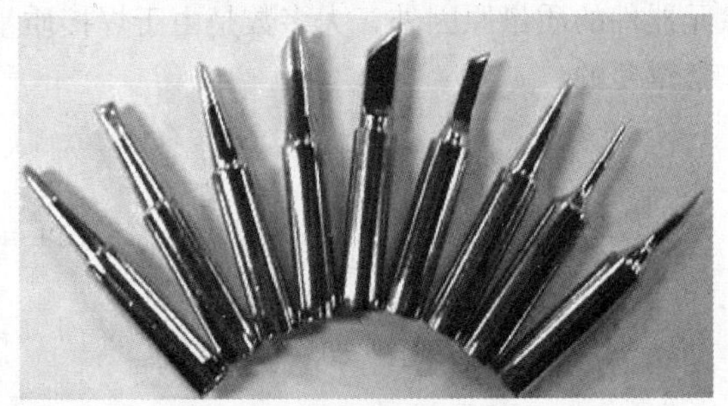

图 1.2　常见烙铁头的外形

小提示

当需要更换烙铁头时，请选择原装白光烙铁头并确认烙铁头型号。如果使用非原装白光烙铁头或使用型号不相配的烙铁头，会影响烙铁原有的性能并且损坏发热芯及电路板等部件。

2. 电烙铁的使用

(1)电烙铁的握法

电烙铁的握法分为三种：反握法、正握法和握笔法。

①反握法：就是用五指把电烙铁的柄握在掌内，如图 1.3 所示。此法适用于大功率电烙铁，焊接散热量较大的被焊件。

②正握法：此法使用的电烙铁也比较大且多为弯形烙铁头，如图 1.4 所示。

③握笔法：此法适用于小功率的电烙铁，焊接散热量小的被焊件，如焊接收音机、电视机的印刷电路板及其维修等，如图 1.5 所示。

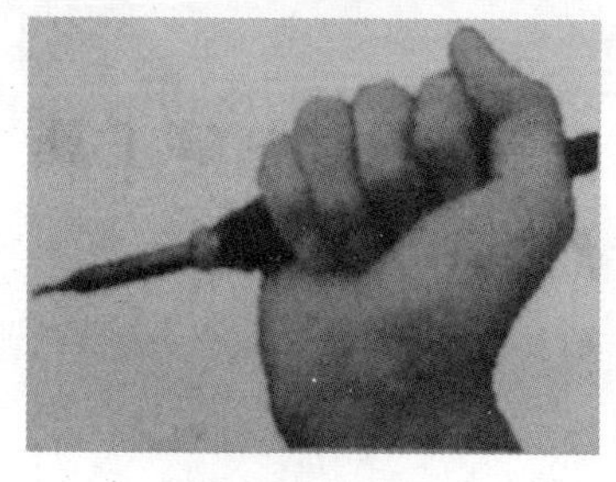

图 1.3　反握法

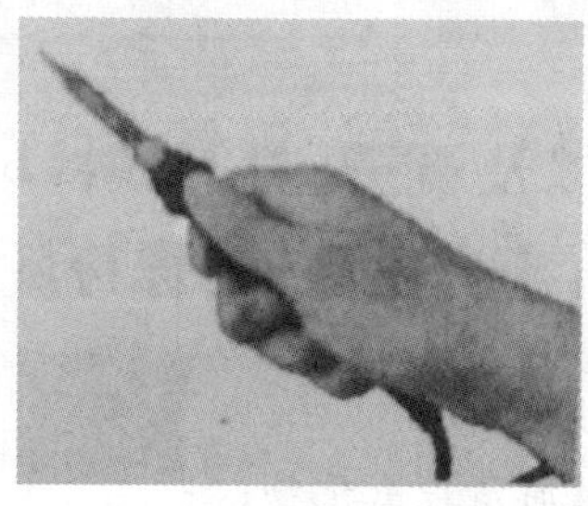

图 1.4　正握法

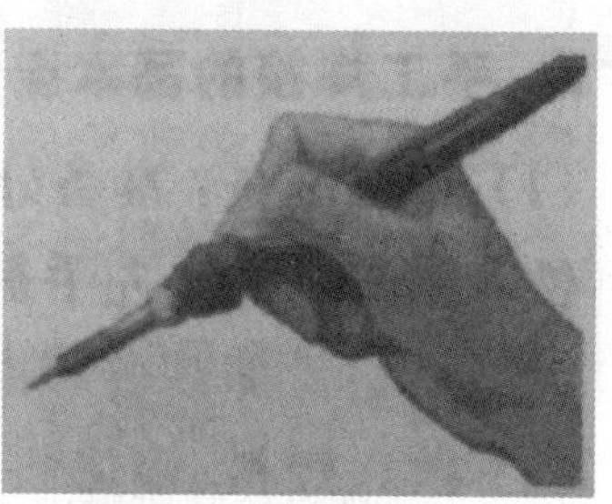

图 1.5　握笔法

(2)电烙铁的保养

由于烙铁头的工作平面温度较高，因此长时间暴露于空气中时，极易被氧化；如果烙铁头表面被氧化，其表面温度将会严重下降，影响焊接工作，同时会降低烙铁头的使用寿命，保养烙铁就是为了避免以上危害。

①使用烙铁前的准备工作。首先给烙铁头上锡，使烙铁头布上一层锡，避免烙铁头氧化，其步骤如图 1.6 所示。

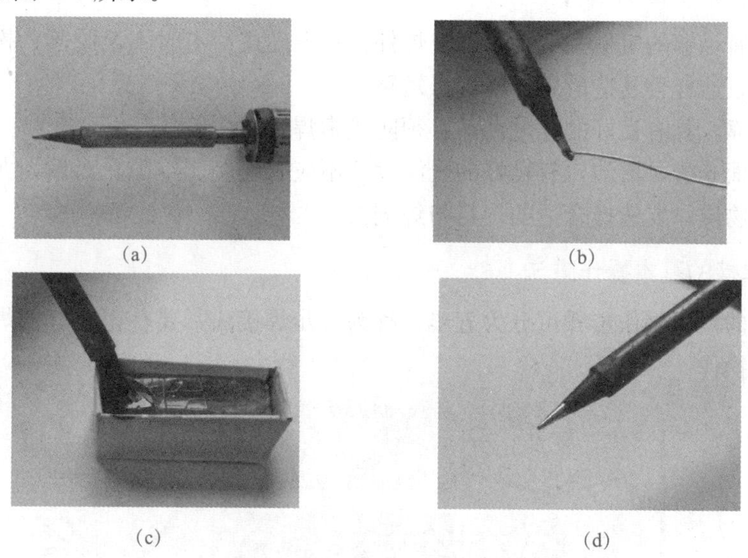

图 1.6　给烙铁头上锡的步骤

(a)上锡前；(b)上锡中；(c)上锡后插进松香里；(d)上锡完成

上锡完成然后检查，要先把清洁海绵湿水，然后挤干多余的水分，再用海绵清洁烙铁头，这样才可以使烙铁头得到良好的清洁效果。如果使用非湿润的清洁海绵，会使烙铁头受损而导致上不了锡。

②进行焊接工作时的保护。焊接前先用清洁海绵清洁烙铁头上的杂质，这样可以保证焊点不会出现虚焊、假焊，可以减慢烙铁头的氧化速度，保证烙铁头的清洁度可以延长烙铁头的使用寿命。

③焊接工作完毕后的保护。先清洁烙铁头，再加上一层新焊锡做保护，这样可以保护烙铁头与空气隔离，烙铁头不会与空气中的氧气发生氧化反应。

小提示

使用烙铁的注意事项：

①尽量使用低温焊接；

②不要施太大的压力；

③经常保持烙铁头上锡；

④保持烙铁头清洁和及时清理氧化物；

⑤选择活性低的助焊剂；

⑥不使用烙铁时应及时切断电源，冷却后把烙铁放在焊架上。

1.2.2 基本焊接技术

1. 对焊接元件的基本要求

①焊点要有足够的机械强度，保证被焊件在受振动或冲击时不至脱落、松动。不能用过多焊料堆积，这样容易造成虚焊或焊点短路。

②焊接可靠，具有良好的导电性，必须防止虚焊。

③焊点表面光滑、清洁，有良好的光泽度；不应有毛刺、空隙、污垢，尤其不应有焊剂的有害残留物质；要选择合适的焊料与焊剂。

2. 手工焊接的基本操作方法

烙铁焊接的具体操作步骤可分为五步，称为五步焊接法，要获得良好的焊接质量必须严格按图 1.7 操作。

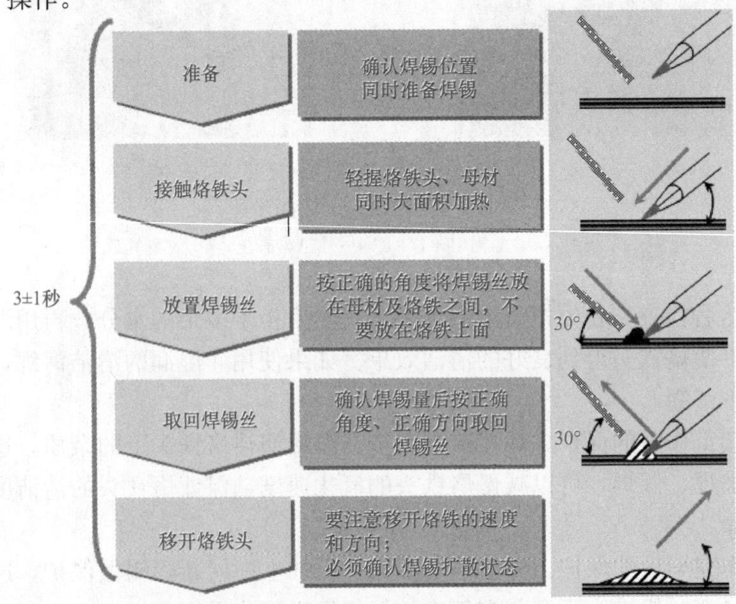

图 1.7　五步焊接法

按五步焊接法进行焊接是获得良好焊点的关键之一。在实际生产中，最容易出现的一种违反操作步骤的做法是烙铁头不是先与被焊件接触，而是先与焊锡丝接触，熔化的焊锡滴落在尚未预热的被焊部位，这样很容易产生焊点虚焊，所以烙铁头必须与被焊件接触，对被焊件进行预热是防止产生虚焊的重要手段。

小提示

焊接前要把工具都准备好，窗户打开，焊锡的气味对身体不好，焊接时一定要细心。

3. 锡点质量的评定

①标准的锡点：锡点成内弧形；锡点要圆满、光滑、无针孔、无松香渍；要有线脚，而且线脚的长度要在1～1.2 mm；零件脚外形可见锡的流散性好；锡将整个上锡位及零件脚包围。

②不标准锡点的判定。

a. 虚焊：看似焊住其实没有焊住，主要有焊盘和引脚脏污或助焊剂和加热时间不够等原因。

b. 短路：有脚零件在脚与脚之间被多余的焊锡所连接短路，另一种现象则因检验人员使用镊子、竹签等操作不当而导致脚与脚碰触短路，亦包括残余锡渣使脚与脚短路。

c. 偏位：由于器件在焊前定位不准，或在焊接时造成失误导致引脚不在规定的焊盘区域。

d. 少锡：少锡是指锡点太薄，不能将零件铜皮充分覆盖，影响连接固定作用。

e. 多锡：零件脚完全被锡覆盖及形成外弧形，使零件外形及焊盘位不能看到，不能确定零件及焊盘是否上锡良好。

f. 锡球、锡渣：PCB板表面附着多余的锡球、锡渣，会导致细小管脚短路。

图1.8所示为几种常见的不良焊点。

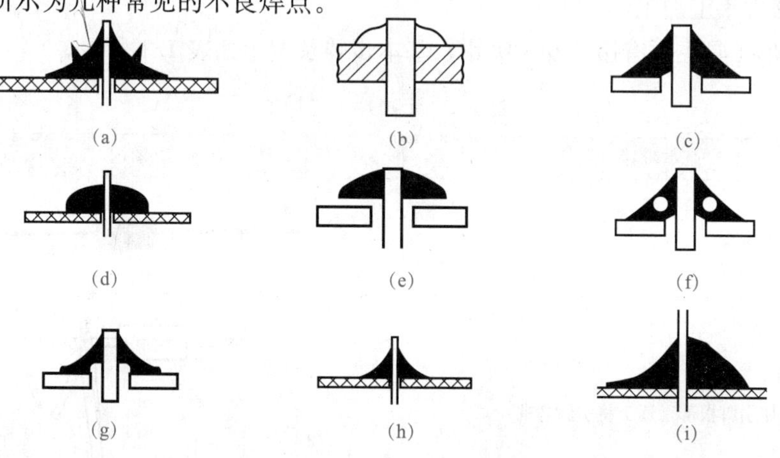

图1.8　几种常见的不良焊点

4. 不良焊点产生的原因

①形成锡球，锡不能散布到整个焊盘，烙铁温度过低或烙铁头太小；焊盘氧化。

②拿开烙铁时形成锡尖，烙铁温度低，助焊剂没熔化不起作用。烙铁头温度过高，助焊剂挥发掉，焊接时间过长。

③锡表面不光滑，起皱，烙铁温度过高，焊接时间过长。

④松香散布面积大，烙铁头拿得太平。

⑤产生锡珠，锡线直接从烙铁头上加入、加锡过多、烙铁头氧化、敲打烙铁。

⑥PCB 离层，烙铁温度过高，烙铁头碰在板上。

⑦形成黑色松香，温度过高。

> **小提示**
>
> 焊接时要遵循从低到高的顺序，先焊小元器件再焊大元器件。焊接二极管、电解电容器和蜂鸣器时要注意看准它们的极性。

5. 拆焊

①用电烙铁加热焊锡。

②将上了弹簧的吸锡枪对准被加热的元器件引脚上的焊锡，然后按住吸锡枪按钮，即可吸走引脚上的焊锡。

③重复操作步骤②，即可将引脚上的焊锡去除，此时用镊子即可将万用板上的元器件拆下来。

1.2.3 元器件的整形及插装

1. 元器件的整形

(1)元器件手工加工

手工整形工具主要有镊子和尖嘴钳，基本步骤及图示如表 1.1 所示。

表 1.1 元器件手工加工

基本步骤	图示
将引脚用镊子铆直	
用尖嘴钳夹住引脚根部，逐个将引脚弯曲	1N5408

续表

基本步骤	图示
根据整形的整体效果对折弯方向不一致的引脚进行修整	1N5408

(2)元器件专用设备加工

在大批量生产中，引脚成形全是用专用设备来完成的，如集成电路引脚成形专用设备、电阻引脚成形专用设备等。

(3)引脚成形的技术要求

①引脚成形后，元器件本身不能受伤，不可以出现模印、压痕和裂纹。

②引脚成形后，引脚直径的减小或变形不可以超过原来的 10%。

③若引脚上有焊点，则在焊点和元器件之间不准有弯曲点，焊点到弯曲点之间应保持 2 mm 以上的间距。

④通常，各种元器件的引脚尺寸都有不同的基本要求。

2. 元器件及导线的插装

(1)插装方式

电子元器件的安装方式、图示及说明如表 1.2 所示。

表 1.2　电子元器件的安装方式、图示及说明

安装方式	图示	说明
贴板安装		引脚容易处理，插装简单，但不利于散热
悬空安装	2～6 cm	引脚长，有利于散热，但插装较复杂
倒装		整形难度高，对散热更加有利，保证焊接时不会使元件温度过高

(2)标记朝向

电子元器件的安装标记朝向如表 1.3 所示。

表 1.3 电子元器件的安装标记朝向

标记朝向	侧前方	朝上	第一色环位置	符合习惯（从左到右）（由近到远）
图解	标记朝前便于观察	标记位置 45° 45°	第一环	5K1 103

1.3 项目实施

1.3.1 制订计划

全班同学分成 8 个小组，每组 6～7 人，设小组长一名。小组成员集体讨论，按表 1.4 工作流程，制订工作计划并填表。

表 1.4 工作计划表

序号	工作流程	时间分配/min	人员分工
1	理论学习		
2	烙铁头的保养		
3	元器件的插装练习		
4	五步焊接法的练习		
5	元器件的拆焊		
计划时间：________小时，实际时间：________小时，审核：			

1.3.2 实施计划

1. 器材准备

根据表 1.5 所示的材料清单，选配元器件。

表 1.5　材料清单

序号	名称	规格	数量
1	电烙铁	25 W	1
2	焊锡丝	Sn63	若干
3	烙铁架	专用	1
4	连接导线	若干	若干
5	助焊剂	松香	若干
6	元件	电阻器、电容器	若干
7	万能板	6 cm×8.5 cm	1

2. 实操

①给烙铁头清洁并上锡层。

②在线路板上焊接 0、1、2、3、4、5、6、7、8、9 任意五个数字，要求焊点平滑光亮；焊接实物图如图 1.9 所示

③在线路板上焊接五条连接导线，要求平直，如图 1.10 所示。

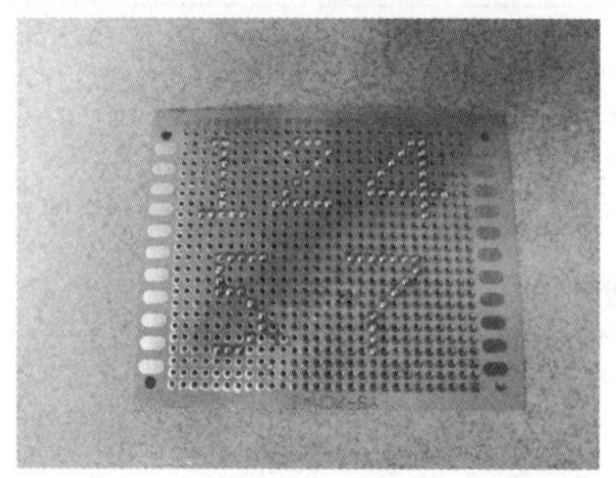

图 1.9　数字焊接

图 1.10　连接导线

④按要求在线路板分别焊接电阻器、电解电容器、瓷片电容器、整流二极管、三极管各 2 个；焊接实物图如图 1.11 所示。

(a)

(b)

图 1.11　焊接元件

(a)元件焊接正面；(b)元件焊接背面

⑤按要求把电路板上的元件拆焊下来。

3.“6S”管理

工作任务全部完成后，关闭工作台总电源，拆下测量线及导线，归还工具，对实训台及实训室开展“整理、整顿、清扫、清洁、素养、安全”6S行动。

1.3.3 项目评价

1. 成果展示

小组内选出1～2件优秀作品，在班级同学中展示，讲解作品成功之处，并填写表1.6。

表1.6 作品评价表

作品成功之处	
作品成功原因	

2. 经验分享

学生在班级中谈收获、体会及建议，填写表1.7。

表1.7 经验分享表

收获	
体会	
建议	

3. 评分

按表1.8所示进行自评、组评、师评的顺序进行评分，各小组推荐优秀成员。

表1.8 评分表

项目	考核要求	配分	评分标准	自评	组评	师评
理论学习	认真学习理论，并完成相关问题	7	每少填写一空扣0.5分			
电烙铁的保养	按步骤正确保养电烙铁	20	每错一个，扣3分			
元器件的安装	正确安装元器件	14	每错一个，扣1分			
元器件的焊接	根据焊点的质量考核	30	一个焊点不标准，扣2分			
元器件的拆焊	根据要求完成拆焊	14	少拆一个，扣1分			

续表

项目	考核要求	配分	评分标准	自评	组评	师评
6S管理	工作台上工具排放整齐。严格遵守安全操作规程	10	工作台上杂乱扣5～15分。违反安全操作规程扣5分			
合作学习	团结小组成员，乐于助人，合作精神好。遵守实训制度	5	评分为优秀组长或组员得5分，其他组长或组员评分由教师、组长评分			
总分						
教师点评						

1.4　项目总结

①电烙铁主要由烙铁头、加热管、加热管外壳、手柄及电源线五部分组成。

②电烙铁的保养方法：①使用烙铁前的准备工作；②进行焊接工作时的保护；③焊接工作完毕后的保护。

③五步焊接法：准备、接触烙铁头、放置焊锡丝、取回焊锡丝、取回烙铁头。

④电路焊接中元器件的安装：①元件的整形；②元件及导线的插装；③元件的标记朝向。

1.5　项目考核

1. 填空题

①常用的烙铁头主要有________、________、________三种。

②在进行焊装工艺设计时，需要插装元器件的间距不能小于________ mm，引线间距要大于________ mm。

③焊接操作过程分为5个步骤(也称五步法)，一般要求在2～3 s内完成，这五个步骤分别是准备、________、放置焊锡丝、________、移开烙铁头。

④手工焊接时常采用的正确姿势和方法主要有________、________和正握法三种。

⑤为了限定焊接区域，防止焊接时搭焊或桥连造成的短路，提高焊接的准确性应使用________，为了防止焊装后焊点氧化，焊接时应使用________。

⑥手工焊接时，电烙铁温度和焊接时间对焊接质量影响很大，电烙铁温度过高或焊接时间过长会导致________，电烙铁温度过低或焊接时间过短会导致________。

⑦手工焊接元器件时，电烙铁沿________方向移动撤离，焊点表面________，并且焊点无裂纹、无针孔。

⑧常用的手动拆焊工具主要有________和________。

2. 选择题

①元器件进行焊接前，需要进行表面清洁，下列不属于表面清洁方法的是(　　)。

A. 用助焊剂清除金属表面的氧化层

B. 用酒精或丙酮擦洗元器件引脚上的污垢

C. 对元器件引脚进行镀锡

D. 用小刀刮去元器件引脚上的氧化层

②标准焊点的线脚长度应该在(　　)。

A. 1～1.3 mm　　B. 1～1.5 mm

C. 1～1.2 mm　　D. 1～1.1 mm

③电子元器件成形的安装方式主要有(　　)。

A. 贴片安装　　B. 悬空安装

C. 倒装　　D. 以上答案都是

④下列各项操作环节中，不利于安全操作的是(　　)。

A. 装配环境中所有的电源开关、插头、插座和电源线等，必须保证绝缘性能良好

B. 电烙铁不使用时为了保证电烙铁的温度，可不拔下电源线

C. 装配过程中所用各种焊接设备等的总功率不应超过供电额定功率

D. 必要情况下应保证操作环境具有适当的湿度

⑤电子元器件进行焊装前需要进行预加工操作，下列各步骤中不属于焊装前的预加工操作步骤的是(　　)。

A. 表面清洁　　B. 引线校直　　C. 镀锡　　D. 机械固定

⑥下列焊接常用的材料中，(　　)是焊接过程中必用到的一种辅助材料。

A. 阻焊剂　　B. 黏合剂　　C. 助焊剂　　D. 焊锡

3. 判断题

①一个电子元器件从生产出来直到它损坏，所有的过程都受到静电的威胁。　(　　)

②即使拔掉电烙铁的电源插头，也不能用手拿电烙铁头。　(　　)

③人身触电，决定电击强度的是电压。　(　　)

④电烙铁使用完毕后，应切断电源，然后放到木板垫上进行冷却。　(　　)

4. 简答题

简述电子产品装配人员应该具有的基本技能。

项目二　万用表的使用

2.1　项目描述和要求

2.1.1　项目描述

万用表又称为复用表、多用表、三用表、繁用表等，是电力电子等部门不可缺少的测量仪表，一般以测量电压、电流和电阻为主要目的，有的还可以测电容量、电感量及半导体的一些参数(如 β)等。万用表按显示方式分为模拟万用表和数字万用表。模拟万用表是以表头为核心部件的多功能测量仪表，测量值由表头指针指示读取。数字万用表的测量值由液晶显示屏直接以数字的形式显示，读取方便，有些还带有语音提示功能。数字万用表已成为主流，已经取代模拟万用表。与模拟万用表相比，数字万用表灵敏度高，精确度高，显示清晰，过载能力强，便于携带，使用也更方便简单。

2.1.2　项目要求

①掌握数字万用表的使用。

②掌握利用数字万用表测量电压、电流、电阻等特性参数的方法。

2.2　理论分析

2.2.1　数字万用表的使用

1. 数字万用表的简介

数字万用表是一种具有高灵敏度、高准确度、显示清晰、过载能力强的测量仪器，相对模拟万用表来说使用更简单，因此在测量领域里已经逐渐替代模拟万用表。

(1)数字万用表的结构

数字万用表的结构如图 2.1 所示。

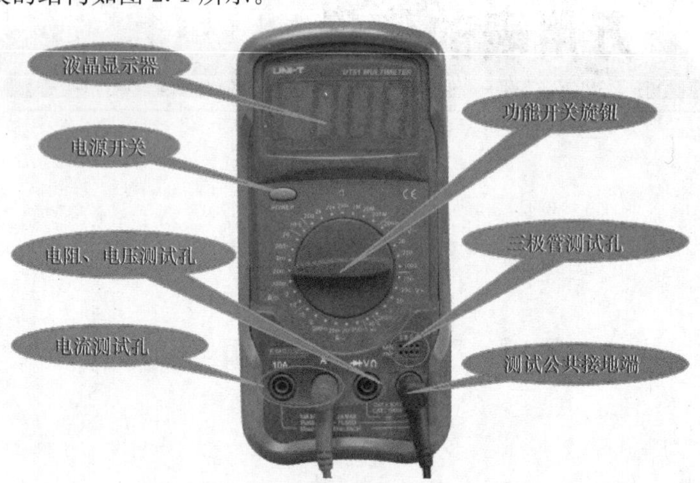

图 2.1 数字万用表的结构

液晶显示器：显示测量数据，只显示三位数值，测量值超过量程时显示数值为 1。

电源开关：开启/关闭万用表，使用完后应关闭万用表，以节省电源。

功能开光旋钮：万用表的选择开关是一个多挡位的旋转开关，用来选择测量项目和量程。一般的万用表测量项目包括："mA"直流电流；"V－"直流电压；"V～"交流电压；"Ω"电阻。每个测量项目又划分为几个不同的量程以供选择。

三极管测试孔：用于判别 NPN 或 PNP 型三极管的管脚或测量反向截止电流 I_{ceo}、I_{cbo}。

测试公共接地端：测试接地端，黑表笔插入。

电阻、电压测试孔：测量电阻、电压时，红表笔插入。

电流测试孔：测量电流时，红表笔插入。

(2)数字万用表面板介绍

数字万用表面板，如图 2.2 所示。

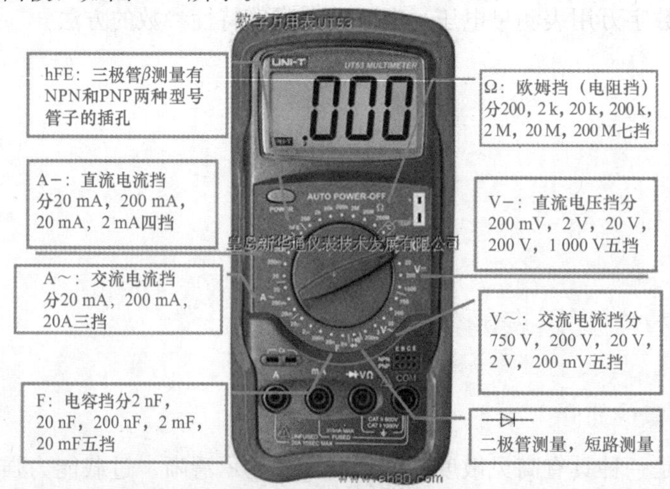

图 2.2 数字万用表面板

Ω电阻挡：分200 Ω，2 kΩ，20 kΩ，200 kΩ，2 MΩ，20 MΩ，200 MΩ七挡；用于测量电阻的阻值，测量时应把量程转换开关打到相应的其中一个挡位。

V一直流电压挡：分200 mV，2 V，20 V，200 V，1 000 V五挡；用于测量直流电压值，测量时应把量程转换开关打到相应的其中一个挡位，一般打到20 V挡位。

V～交流电压挡：分750 V，200 V，20 V，2 V，200 mV五挡；用于测量交流电压值，测量时应把量程转换开关打到相应的其中一个挡位，一般打到750 V挡位。

“—▷|—”蜂鸣挡：用于测量二极管，测量短路，用于判别二极管好坏及引脚极性或电路短路；短路时，会发出声音。

F电容挡：分2 nF，20 nF，200 nF，2 μF，20 μF五挡；用于测量电容的容量大小。

A～交流电流挡：分20 mA，200 mA，20 A三挡；用于测量交流电流的大小，一般挡位应从最大选起，然后逐步减小。

A一直流电流挡：分20 mA，200 mA，20 mA，2 mA四挡；用于测量直流电流的大小，一般挡位应从最大选起，然后逐步减小。

hFE三极管β测量：有NPN和PNP两种型号管子的插孔；测量三极管时，要把量程转换开关打到此位置。

(3)注意事项

①量程开关应置于正确测量位置。

②检查表笔绝缘层应完好，无破损和断线。

③红、黑表笔应插在符合测量要求的插孔内，保证接触良好。

④严禁量程开关在电压测量或电流测量过程中改变挡位，以防损坏仪表。

⑤必须用同类型规格的熔丝更换坏熔丝。

⑥液晶屏显示“▭”符号时，应及时更换电池，以确保测量精度。

⑦测量完毕应及时关断电源。长期不用时，应取出电池。

2. 数字万用表测量电阻的步骤

①将黑表笔插入“COM”孔，将红表笔插入“VΩ”孔。

②选择适当的电阻量程，将黑表笔和红表笔分别接在被测电阻两端，注意尽量不要用手同时接触电阻两端，由于人体是一个很大的电阻导体，这样做会影响电阻的测量精确性。如果无法确定被测电阻的大概电阻值，则选择的挡位最好为2 kΩ或20 kΩ。

③将显示屏上显示数据与电阻量程相结合，查看液晶显示屏显示的数值，该数值为被测电阻的阻值。如图2.3所示，从显示器上读取测量结果电阻值为2.34 kΩ。

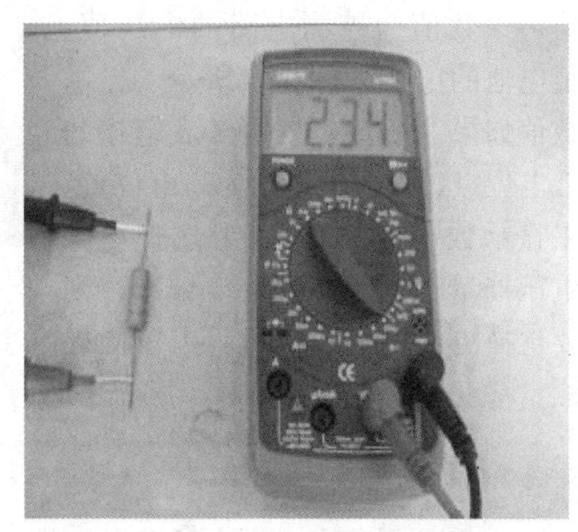

图2.3　电阻的测量

小提示

①当需要更换测量电路中的电阻时，应先切断电源，如电路中有高电压、大容量电容时应先行放电后再进行测量。

②如果显示数值为1，则需要选择更大的电阻挡挡位，若显示数值接近于“0”或偏小，则需要选择更小的电阻挡挡位，以便提高测量的精度。如何读数？显示屏上显示的数字再加上挡位选择的单位就是它的读数。要提醒的是在“200”挡时单位是“Ω”，在“2 k～200 k”挡时单位是“kΩ”，在“2 M～2 000 M”挡时单位是“MΩ”。

3. 数字万用表测量电压

(1)数字万用表电压挡的介绍

V－直流电压挡：分200 mV，2 V，20 V，200 V，1 000 V五挡；用于测量直流电压值，测量时应把量程转换开关打到相应的其中一个挡位，一般打到20 V挡位。

V～交流电压挡：分750 V，200 V，20 V，2 V，200 mV五挡；用于测量交流电压值，测量时应把量程转换开关打到相应的其中一个挡位。一般打到750 V挡位。

电阻、电压测试孔：插入红表笔。

公共接地端：插入黑表笔。

(2)测量直流电压的步骤

①将黑表笔插入COM插孔，红表笔插入V/Ω插孔。

②将功能开关置于直流电压挡V－量程范围，按下电源开关，开启万用表，并将红黑表笔跨接于待测电源(测开路电压)或负载上(测负载电压降)进行测量，红表笔所接端的极性将显示于显示器上。

③读数。查看液晶显示屏显示的数值，该数值为被测电路的电压值，测量电池的电压如图2.4所示，显示的数值如果为负数，表明红表笔接的是低电位点，黑表笔接的为高电位点。如果显示数值为1，则需要选择更大的电压挡量程，若显示数值偏小，则需要选择更小的电压挡量程，以便提高测量精度。

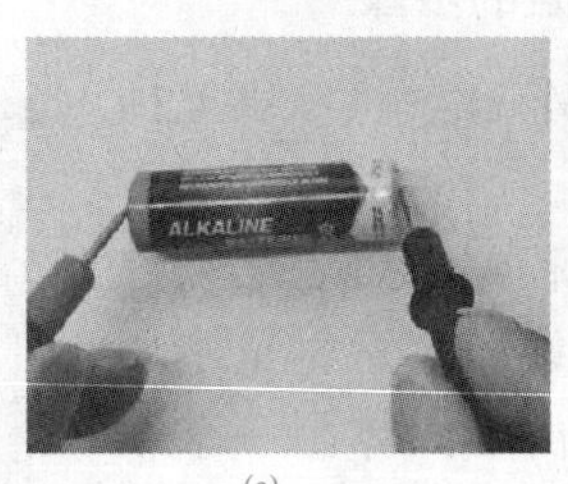

(a)

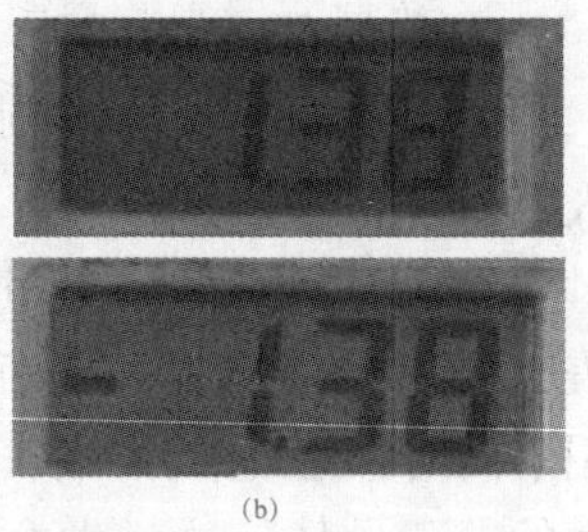

(b)

图 2.4　测量电池的电压

(a)操作；(b)读数

小提示

①如果不知被测电压范围，将功能开关置于最大量程并逐渐下降。

②如果显示器只显示“1”，表示过量程，功能开关应置于更高量程。

③当测量高电压时，要注意避免触电。

(3)测量交流电压的步骤

①将黑表笔插入 COM 插孔，红表笔插入 V/Ω 插孔。

②将功能开关置于交流电压挡 V～量程范围，并将测试笔连接到待测电源或负载上。测量交流电压时，没有极性显示。

4. 数字万用表测电流

电流测量与用数字万用表测量其他量不同。直接电流测量法就是将数字万用表直接串联到被测电路上，让被测电路电流直接流过万用表内部电路。间接测量法不需要将电路打开并将万用表串联到被测电路上。间接法要用到电流钳。

(1)测量交流电流的步骤

①将红表笔插入"mA"或"10A"插孔，黑表笔插入"COM"插孔。如果不知道有多大电流，最好将挡位调高，如不适合再降低一挡，以免烧表。

②将功能量程开关置于 A～电流测量挡。

③测量电流时，表笔应串联在被测电路中，交流电流表笔不分正负。

④从 LCD 显示屏上读取测量结果，测出的数值为有效值。

小提示

①测量时应使用正确的插孔、功能挡和量程，如不能估计电流的大小，应从高的量程开始测试；

②测试大电流时，为了安全起见，每次测量时间应小于 10 s，间隔时间大于 15 min；

③当表笔插在电流插孔上时，切勿把表笔并联至任何电路上，否则可能会烧断熔丝甚至万用表本身。

(2)测量直流电流的步骤

①关掉电路电源。

②断开或拆焊电路，以便将万用表串入电路。

③选择相应的直流 A—挡位。

④将黑表笔插入 COM 插口，将红表笔插入 10 安培插孔(10 A)或毫安插孔(mA)。选择哪个插孔，主要是依据可能的测量值。

⑤将表笔串联接入断开的电路部分，且红表笔应靠近电源正极一边，否则 LCD 显示时出现"—"。

⑥将电路电源接通，观察读数并注意单位。

5. 数字万用表测量二极管

用数字万用表可以判断二极管的好坏、极性和材料。

①红表笔插入电压、电阻测试孔，黑表笔插入测试公共接地端。

②量程转换开关打到蜂鸣挡“—▷|—”。

③红黑表笔分别接被测二极管的两端，如图 2.5 所示，然后颠倒表笔再测一次。

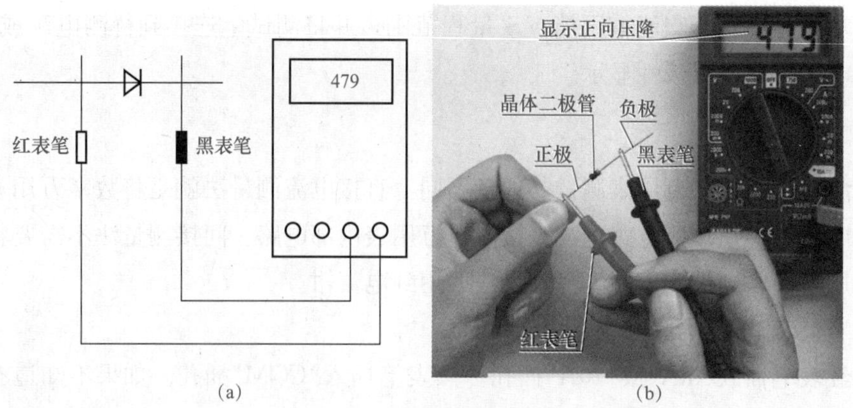

图 2.5 数字万用表测二极管

(a)检测线路；(b)实际测量

④查看液晶显示屏，若二极管正常，则两次测量的结果应该是：一次显示“1”字样或没有显示，另一次显示零点几的数字。此数字即是二极管的正向压降：硅材料为 0.7 V 左右；锗材料为 0.3 V 左右，此时红表笔接的是二极管的正极，而黑表笔接的是二极管的负极。

⑤若两次测量结果万用表蜂鸣器都发出声音，表明该被测二极管已经内部短路(被击穿)；若两次测量结果都显示“1”字样或没有显示，则表明该被测二极管已经内部断路。

2.3 项目实施

2.3.1 制订计划

全班同学分成 8 个小组，每组 6～7 人，设小组长一名。小组成员集体讨论，按表 2.1 工作流程制订工作计划并填写表。

表 2.1 工作计划表

序号	工作流程	时间分配/min	人员分工
1	理论学习		
2	电路搭建		
3	测量		
4	数据记录		
计划时间：______小时，实际时间：______小时，审核：			

2.3.2　实施计划

①用数字万用表分别测量 5 个不同的电阻，并把数据记入表 2.2 中。

表 2.2　数字万用表电阻测量数据记录表

电阻	R_1	R_2	R_3	R_4	R_5
挡位					
数字显示					
阻值					

②用数字万用表分别测量实训台插座交流电压和 1 节干电池电压，并把数据记入表 2.3 中。

表 2.3　数字万用表电压测量数据记录表

	插座交流电压	1 节干电池电压
挡位		
数字显示		
电压值		

③连接如图 2.6 所示的一个电路，用数字万用表分别测量并把数据记入表 2.4 中。

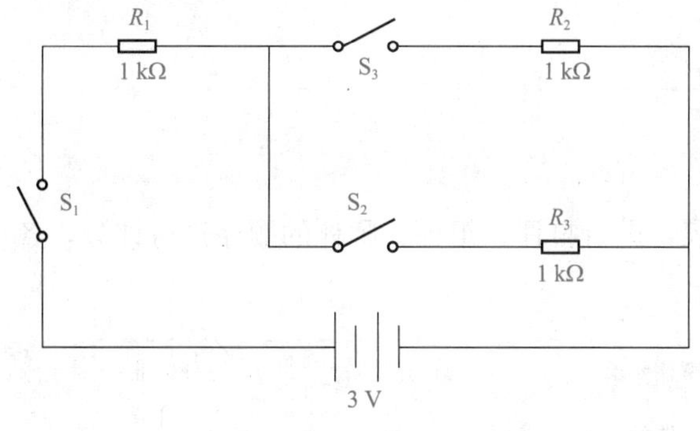

图 2.6　电路

表 2.4　数字万用表电流测量数据记录表

	流经 R_1 的电流	流经 R_2 的电流	流经 R_3 的电流
挡位			
数字显示			
电流值			

④“6S”管理。工作任务全部完成后，关闭工作台总电源，拆下测量线及导线，归还工具，对实训台及实训室开展“整理、整顿、清扫、清洁、素养、安全”6S 行动。

2.3.3 项目评价

1. 成果展示

小组内选择出1～2组数据，在班级同学中展示，讲解作品成功之处，并填表2.5。

表2.5 评价表

成功之处	
成功原因	

2. 经验分享

学生在班级中谈收获、体会及建议，并填写表2.6。

表2.6 经验分享表

收获	
体会	
建议	

3. 评分

根据表2.7评分表，进行自评、组评、师评的顺序进行评分，各小组推荐优秀成员。

表2.7 评分表

项目	考核要求	配分	评分标准	自评	组评	师评
理论学习	认真学习理论，并完成相关问题	10	每少填写一空扣2分			
电阻测量	挡位选择正确，数据记录正确，动作符合规范	25	每填错一空扣1分			
电压测量	挡位选择正确，数据记录正确，动作符合规范	20	每填错一空扣2分，扣完20分为止，不负分			
电流测量	挡位选择正确，数据记录正确，动作符合规范	30	每填错一空扣2分，扣完30分为止，不负分			
6S管理	工作台上工具排放整齐。严格遵守安全操作规程	10	工作台上杂乱扣5～10分。违反安全操作规程扣5分			

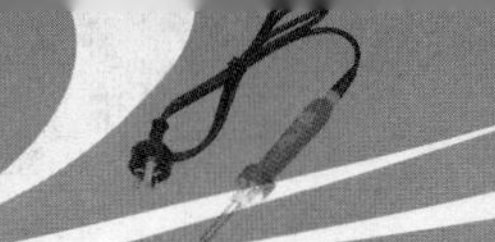

续表

项目	考核要求	配分	评分标准	自评	组评	师评
合作学习	团结小组成员，乐于助人，合作精神好。遵守实训制度	5	评分为优秀组长或组员得 5 分，其他组长或组员评分由教师、组长评分			
总分						
教师点评						

2.4　项目拓展

2.4.1　模拟万用表的使用

1. 模拟万用表的结构

下面以 MF47 型模拟万用表为例对模拟万用表结构做介绍，如图 2.7 所示，它具有 26 个基本量程和电阻、电容、电感、晶体管直流参数等 7 个附加参考量程，是一种量程多、分挡细、灵敏度高、体形小巧、性能稳定、过载保护可靠、读数清晰、使用方便的模拟万用表。

(1)刻度盘

MF47 型模拟万用表的刻度盘如图 2.8 所示。

图 2.7　MF47 型模拟万用表

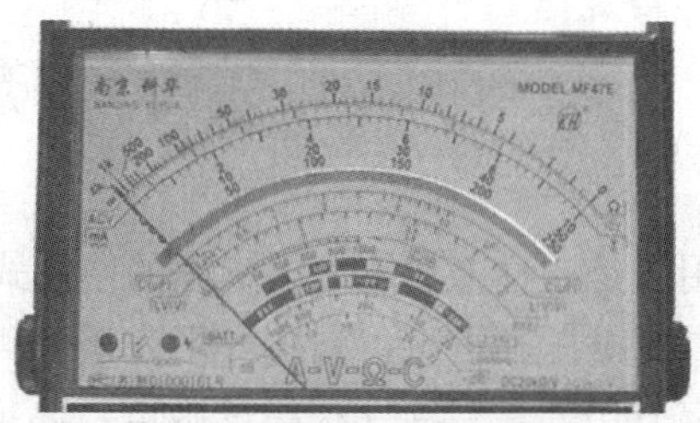

图 2.8　MF47 型模拟万用表的刻度盘

刻度盘与挡位盘印制成红、绿、黑三色。表盘刻度分别用红色对应交流电数据，绿色对应晶体管数据，其余数据用黑色表示。使用时读数便捷，刻度盘共有六条刻度，从上至下第一条是电阻测量刻度；第二条是交直流电压、直流电流测量刻度；第三条是晶体管直流放大系数测量刻度；第四条是电容测量刻度；第五条是电感测量刻度；第六条是音频电平测量刻度。刻度盘上装有反光镜，以消除视差。

(2)挡位盘

MF47 型模拟万用表挡位盘如图 2.9 所示。

ACV：交流电压挡，测量交流电压时，需要用旋钮选择 ACV 挡中的对应挡位。

DCV：直流电压挡，测量直流电压时，需要用旋钮选择 DCV 挡中的对应挡位。

Ω：欧姆挡，测量电阻时，需要用旋钮选择 Ω 挡中的对应挡位。

图 2.9　MF47 型模拟万用表挡位盘

DCmA：交直流电流挡，用于测量交流或直流电流。

BUZZ：蜂鸣挡，当红、黑表笔直接碰触时，会发出声音，一般用于判别电路短路。

DATA：红外线数据检测，用于检测红外线参数数据。

BATT：电池挡，用于测量电池好坏，显示电池输出电压、输出电流等。

N：N 型管座，用于判别 NPN 三极管的管脚或测量反向截止电流 I_{ceo}、I_{cbo}。

P：P 型管座，用于判别 PNP 三极管的管脚或反向截止电流 I_{ceo}、I_{cbo}。

Ω(ADJ)：欧姆调零旋钮用于在测量电阻前，进行欧姆调零。

COM：公共接地端，一般接入黑表笔。

+：测量端，一般接入红表笔。

(3)注意事项

①测量高压或大电流时，为避免烧坏开关，应在切断电源情况下，变换量程。

②测未知量的电压或电流时，应先选择最高数，待第一次读取数值后，方可逐渐转至适当位置以取得较准读数并避免烧坏电路。

③偶然发生因过载而烧断熔丝时，可打开表盒换上相同型号的熔丝(0.5 A/250 V)。

④测量高压时，要站在干燥绝缘板上并一手操作，防止意外事故。

⑤干电池应定期检查，更换，以保证测量精度。平时不用万用表应将挡位盘打到交流 250 V 挡；如长期不用应取出电池，以防止电液溢出腐蚀而损坏其他零件。

2.5　项目总结

①万用表是一种多功能、多量程的便携式电工电子仪表，一般的万用表可以测量直流电流、交直流电压和电阻，有些万用表还可测量电容、功率、晶体管直流放大系数等。

②数字万用表是一种具有高灵敏度、高准确度、显示清晰、过载能力强的测量仪器，相对模拟万用表来说使用更简单，因此在测量领域已经逐渐替代模拟万用表。

③数字万用表测电阻、电压、电流、二极管。

2.6 项目考核

1. 填空题

①从数字万用表内部结构来说，其主要是由________、________和________三部分组成。

②数字万用表基本表为________，模拟万用表基本表为________。

③使用万用表的不同挡位可以测量元器件或电路不同类型的参数，大多数万用表可以测量________、________、________、________。(至少说出四种)

④使用数字万用表测量时，万用表液晶屏显示“1”表示________，应________。

⑤测量电压时，万用表的输入端与被测电流是________的，其输入阻抗会起________作用，为了减少测量的误差，通常要求万用表相应电压挡的输入阻抗应________被测电路的阻值10倍以上。

⑥有些设备工作时，外壳会________带电，用________测验会得不到正确结果，必须用万用表测量其是真正有电还是感应带电。

⑦万用表是常用的多功能、多量程的电工电子测量仪表，一般可使用万用表测量多项参数，如________、________、________、________。

2. 选择题

①使用数字万用表时应注意：测量前，若无法估计被测量值的大小，应先使用(　　)测量，再根据测量结果调整到合适的量程。

A. 2/3量程　　B. 最低量程　　C. 中间量程　　D. 最高量程

②有关数字万用表的功能和使用方法描述中哪一项是错误的(　　)。

A. 测量前若无法估计测量值，应先使用最高量程进行测量

B. 数字万用表无读数误差，模拟万用表有读数误差

C. 数字万用表测量精度一般高于模拟万用表

D. 使用数字万用表可以在带电的情况下测电阻，使用模拟万用表时禁止这样

③下列有关数字万用表的结构和特点，解说错误的是(　　)。

A. 数字万用表基本表为数字万用表

B. 测量精度与模拟万用表差不多

C. 5位数字万用表最大显示数字为99999

D. 数字万用表由基本表、测量线路和量程转换开关组成

④模拟万用表与数字万用表相比较，最突出的优势是(　　)。

A. 测量准确度高

B. 读数简单方便

C. 能够直观的检测出电流、电压等参数的变化过程和变化方向

D. 使用方法简单、操作步骤比较简单，测量电阻时不需要进行欧姆调零

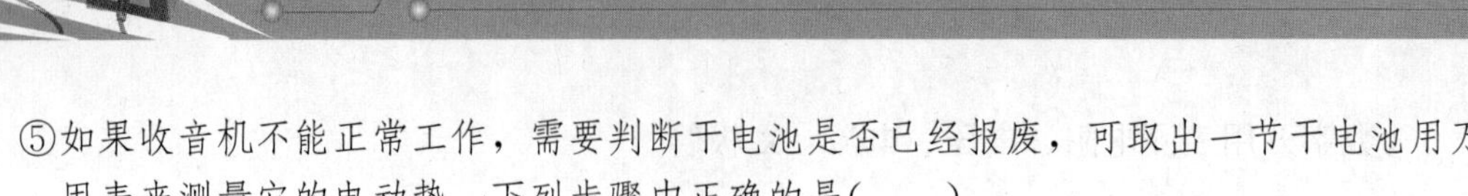

⑤如果收音机不能正常工作，需要判断干电池是否已经报废，可取出一节干电池用万用表来测量它的电动势，下列步骤中正确的是(　　)。

①把万用表的选择开关置于交流 500 V 挡；

②把万用表的红表笔和干电池的负极接触，黑表笔与正极接触；

③把万用表的红表笔和电池的正极接触，黑表笔与负极接触；

④在表盘上读出电压值；

⑤把万用表的选择开关置于直流 25 V 挡；

⑥把万用表的选择开关置于直流 5 V 挡。

A. ⑤③④①　　B. ②⑤①④　　C. ⑥③④①　　D. ⑥②④①

3. 判断题

①用万用表的不同欧姆挡去测量晶体二极管正反向电阻时，获得的结果差异较大，这是因为该晶体二极管已经损坏。(　　)

②万用表采用电阻法检修线路故障时，线路不需要断开电源。(　　)

③万用表测量电压时，电流挡的内阻要求小，电压挡的内阻要求大。(　　)

④万用表测量电压时，需要与被测体串联连接；测量电流时，需要与被测体并联连接。(　　)

⑤万用表测量直流电流和直流电压时，需区分正、负极，应将万用表的黑表笔搭在负极，红表笔搭在正极。(　　)

⑥在使用数字式万用表检测电压时，发现选择的量程偏小，可直接调整到大量程，无须将表笔从检测端移出。(　　)

4. 简答题

简述数字万用表测二极管好坏、极性和材料的方法。

项目三　电阻器的认识

3.1　项目描述和要求

3.1.1　项目描述

电阻器(Resistor)是对交直流电流有一定阻挡作用的元件，在日常生活中一般简称为电阻。电阻器在电子电路中常用作分压器、分流器和负载电阻；它与电容器一起可以组成滤波器及延时电路、在电源电路或控制电路中用作取样电阻；在半导体管电路中用偏置电阻确定工作点；用电阻进行电路的阻抗匹配；用电阻进行降压或限流；在电源电路中作为去耦电阻使用等。总之，电阻器在电路中的作用很多。

3.1.2　项目要求

①各种固定电阻器的认识。
②各种可变电阻器的认识。
③特殊电阻器的认识。
④选用电阻器的注意事项。

3.2　理论分析

电阻器(R)是电路的重要组成元件，学习好电阻器尤为重要。在学习本项目之前，要求自主收集各种电阻器的资料，了解各种电阻器的外形，为学习好各种电阻器做准备。

3.2.1　固定电阻器

阻值不能改变的电阻器称为固定电阻器，如图 3.1(a)所示，它有两个引脚，它的电路符号如图 3.1(b)所示。按照外形的不同分为引线(插件)电阻器和贴片电阻器。

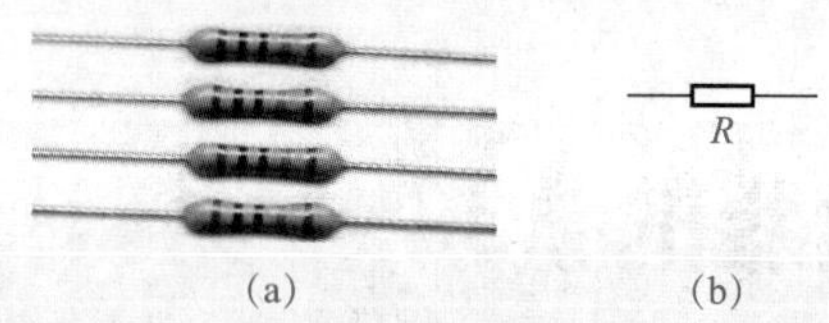

(a)　　　　　(b)

图 3.1　固定电阻器

(a)实物图；(b)电路符号

1. 引线(插件)电阻器(Leaded Resistors)

(1)引线电阻器的特点

引线电阻器使用最多的是色环电阻，它的特点如表 3.1 所示。

表 3.1　色环电阻的特点

电阻名称	碳膜电阻器 Carbon Film Resistor	金属膜电阻器 Metal Film Resistor	金属氧化膜电阻器 Metal Oxide Film Resistor
实物图			
制作工艺及使用范围	高温真空镀膜技术将碳紧密附在瓷棒表面形成碳膜，表面涂上环氧树脂。价格便宜，多用在电源、适配器等低端产品或早期产品中	高温真空镀膜技术将镍铬或类似的合金紧密附在瓷棒表面形成膜，经过切割调试阻值，涂上环氧树脂密封保护。用在大部分家电、通信、仪器仪表上	由于具有大负荷下的优良耐久性，它特别适用在功率大的地方。它是引线式电阻，方便手工安装及维修，可用在大部分家电、通信、仪器仪表上
特点	极限电压高，长期稳定性，价格低，包装方式有带装、散装。 阻值范围：1 Ω～10 MΩ； 精度：2%，5%	功率负荷大、电流噪声小，稳定性能，高频性能好。 阻值范围：1 Ω～10 MΩ； 精度：0.25%，0.5%，1%，5%	大负荷下的优良耐久性、抗潮湿、抗氧化、阻燃性好，抗浪涌电流强，过载能力高。 阻值范围：1 Ω～10 MΩ； 精度：2%，5%

(2)色环电阻的分类

按功率分类：1/16 W、1/8 W、1/3 W、1/2 W、1 W、2 W、5 W 等，功率大的体积大，功率小的体积小，常用的是 1/3 W。

(3)色环电阻的识读(标称值)

色环电阻是应用于各种电子设备最多的电阻类型，根据色环电阻的读数，如表 3.2 所示，无论怎样安装，维修者都能方便的读出其阻值，便于检测和更换。

表 3.2　色环电阻的读数表

颜色	黑	棕	红	橙	黄	绿	蓝	紫	灰	白	金	银
有效数字	0	1	2	3	3	5	6	7	8	9	—	—
数量级	10^0	10^1	10^2	10^3	10^3	10^5	10^6	10^7	10^8	10^9	10^{-1}	10^{-2}
误差		1%	2%		0.5%	0.2%	0.1%				5%	10%

①三色环电阻的识别：第一、二环代表两位有效数的阻值，其中第一色环是十位数，第二色环是个位数；第三色环代表倍率(10 的幂次方)；其电阻值就是前面的有效数乘以倍率，单位为“Ω”。例如：三个色环的颜色为“棕、红、红”，则其阻值为 $R=12\times10^2\ \Omega=1.2\ \text{k}\Omega$，误差为±20%。

②四色环电阻的识别：第一、二环代表两位有效数的阻值；第三环表倍率；第四环代表误差。

例 1　如图 3.2(a)所示，当四个色环依次是红、红、黑、金色时，因第 1、2 环为红色，代表的有效数为“22”，第三环为黑色，则其倍率为 10^0，因此其读数为 22 Ω。第四环是金色表示误差为 5%，即 $R_1=22\times10^0=22\ \Omega$。

③五色环电阻的识别：第一、二、三环代表三位有效数的阻值；第四环表倍率；第五环代表误差。

例 2　如图 3.2(b)所示，当五个色环依次是黄、紫、黑、金、棕色时，因第一、二、三环为黄、紫、黑色，代表的有效数为“470”，第四环为金色，则其倍率为 10^{-1}，因此其读数为 47 Ω。第五环是棕色表示误差为 1%，即 $R_1=470\times10^{-1}=47\ \Omega\pm1\%$。

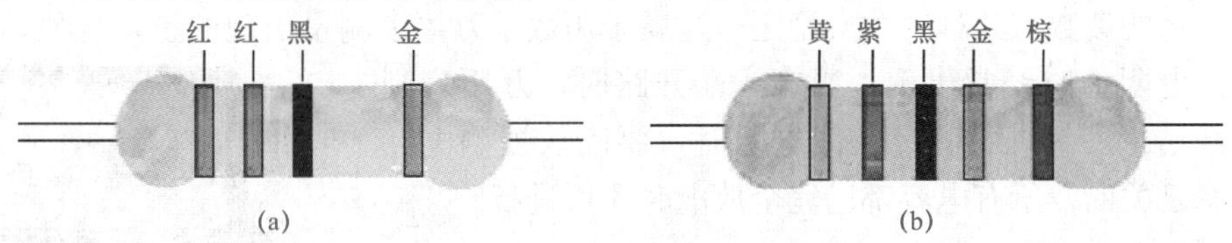

图 3.2　色环电阻读数

(a)四色环电阻；(b)五色环电阻

小提示

在实践中发现，有些色环电阻的排列顺序不甚分明，往往容易读错，在识别时，可运用如下技巧加以判断。

技巧 1：先找标志误差的色环，从而排定色环顺序。最常用的表示电阻误差的颜色是：金、银、棕，尤其是金环和银环，一般很少用做电阻色环的第一环，所以在电阻上只要有金环和银环，就可以基本认定这是色环电阻的最末一环。

技巧 2：棕色环是否为误差标志的判别。棕色环既常用做误差环，又常作为有效数字环，且常常在第一环和最末一环中同时出现，使人很难识别谁是第一环。在实践中，可以按照色环之间的间隔加以判别：比如对于一个五道色环的电阻而言，第五环和第四环之间的间隔比第一环和第二环之间的间隔要宽一些，据此可判定色环的排列顺序。

(4)电阻阻值的检测方法(实际值)

色环电阻的阻值虽然能以色环标志来确定，但在使用前，需用万用表测试其实际阻值。

①数字万用表测电阻。用数字万用表测电阻，所测阻值更为准确。将黑表笔插入“COM”插座，红表笔插入“VΩ”插座。万用表的挡位开关转至相应的电阻挡上，打开万用表电源开关(电源开关调至“ON”位置)，再将两表笔跨接在被测电阻的两个引脚上，万用

表的显示屏即可显示出被测电阻的阻值，如图 3.3 所示。

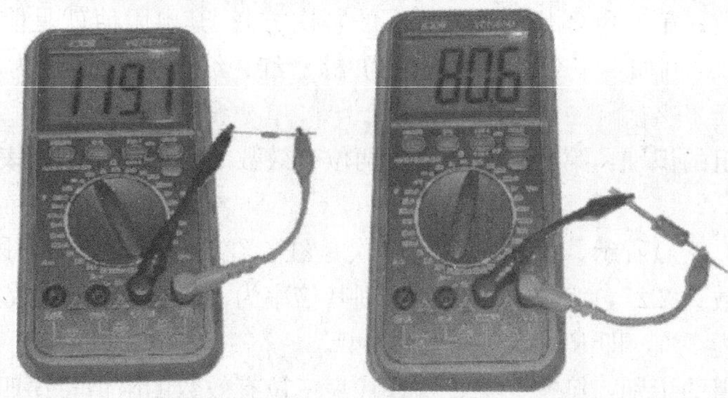

图 3.3　数字万用表测电阻

数字万用表测电阻一般无须调零，可直接测量。如果电阻值超过所选挡位值，则万用表显示屏的左端会显示“1”，这时应将开关转至较高挡位上。当测量电阻值超过 1 MΩ 以上时，显示的读数需几秒钟才会稳定，这属于用数字万用表测量出现的正常现象，这种现象在测高电阻值时经常出现。当输入端开路时，万用表则显示过载情形。另外，测量在线电阻时，要确认被测电路所有电源已关断及所有电容都已完全放电时才可进行。

②模拟万用表测电阻。

首先，万用表选择合适的挡位，如图 3.4 所示。

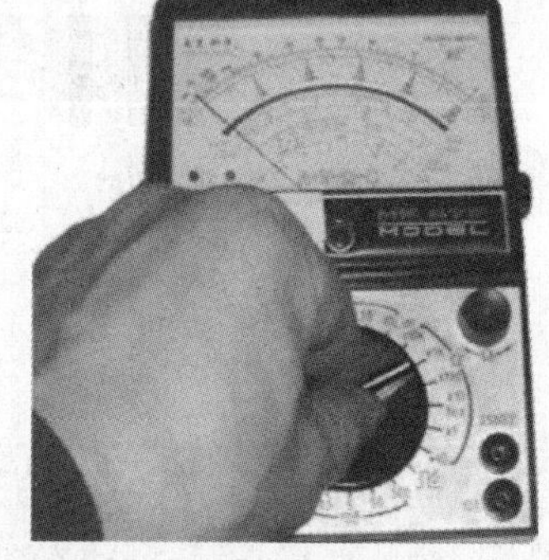

图 3.4　万用表选择合适的挡位

为了提高测量精度，应根据电阻标称值的大小来选择挡位，应使指针的指示值尽可能落到刻度的中段位置(即全刻度起始的 20%～80%弧度范围内)，以使测量数据更准确。

其次，万用表调零，如图 3.5 所示。

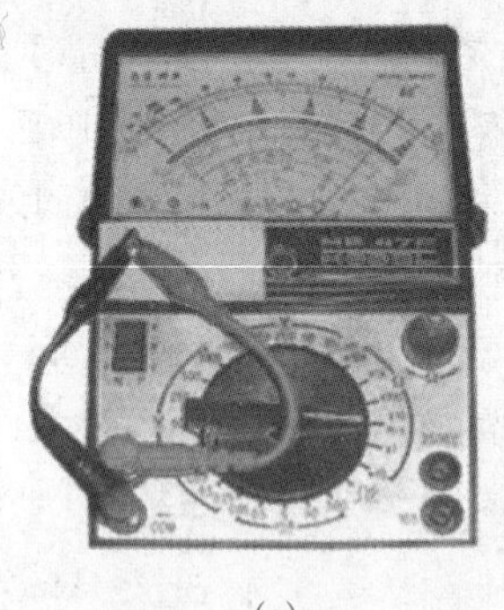

(a)

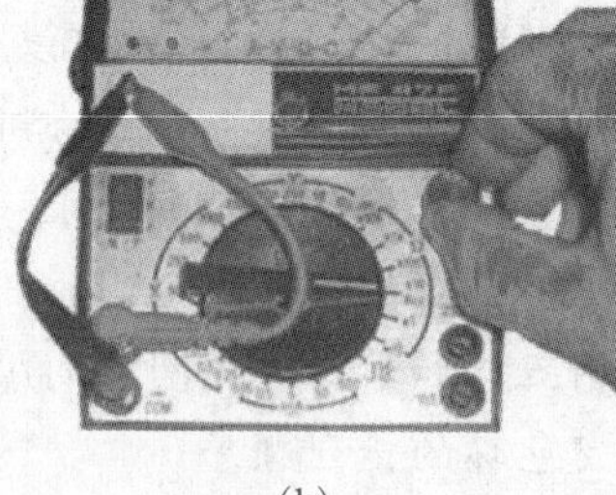

(b)

图 3.5　万用表调零

(a)调零前状态；(b)调零后状态

采用模拟万用表检测，还需要执行将表针校(调)零这一关键步骤，方法是将万用表置于某一欧姆挡后，红、黑表笔短接，调整微调旋钮，使万用表指针指向 0 Ω 的位置，然后再进行测试。注意：每选择一次量程，都要重新进行欧姆调零。

最后，用万用表测量与读数，如图 3.6 所示。

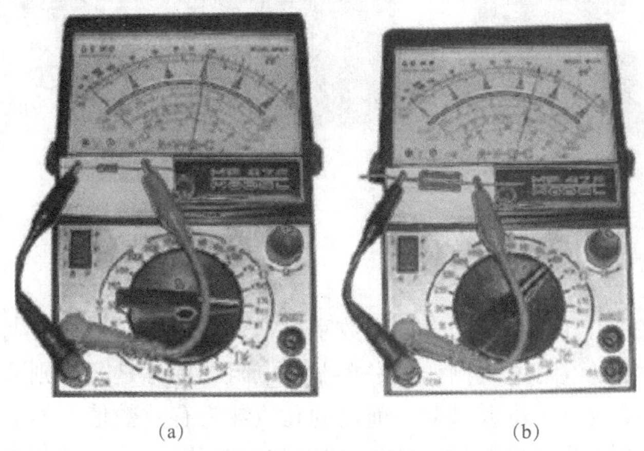

(a)　　(b)

图 3.6　模拟万用表电阻的测量与读数

(a)小阻值电阻测量；(b)大阻值电阻测量

将两表笔(不分正负)分别与电阻的两端引脚相接即可测出实际电阻值。测量时，待表针停稳后读取读数，然后乘以倍率，就是所测的电阻值。

注意：使用万用表测量元件时，手必须握在测试棒的绝缘部分，绝对不能触及表笔和电阻的导电部分；被检测的电阻从电路中焊下来，至少要焊开一个头，以免电路中的其他元件对测试产生影响，造成测量误差。图 3.7 所示为初学者易犯的错误，请特别留意。

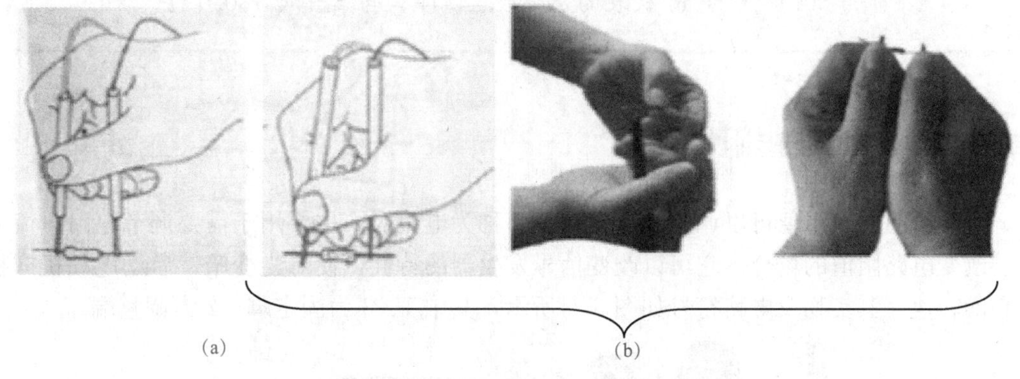

(a)　　(b)

图 3.7　电阻的测量方法

(a)正确；(b)错误

2. 贴片电阻(SMD Resistor)

(1)贴片电阻的特点

贴片电阻(图 3.8)是金属玻璃铀电阻的一种形式，它的体积小，重量轻，耐潮湿，耐高温，可靠度高，外观尺寸均匀，精确且温度系数与阻值公差小；机械强度高，高频特性优越；常用规格价格比传统的引线电阻还便宜；适合波峰焊和回流焊；生产成本低，配合自动贴片机，适合现代电子产品规模化生产。

(a)

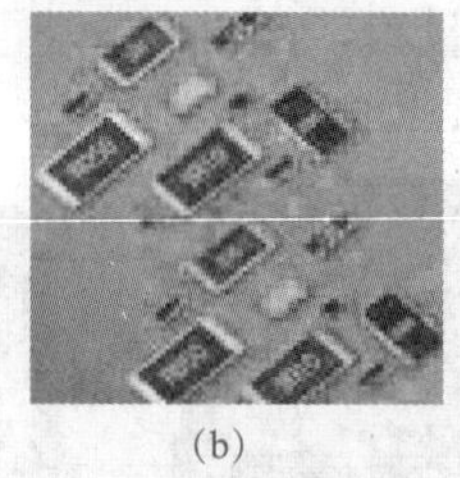
(b)

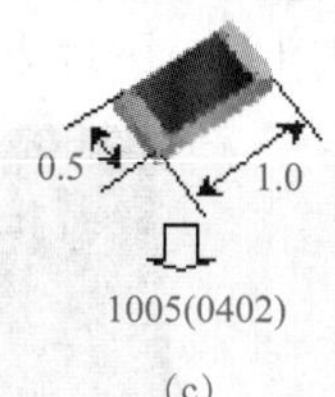

(c)

图 3.8 贴片电阻

(2)识读方法

贴片电阻一般采用直标法，即直接用数字表示。如果贴片电阻的标称值是 1 位数或 2 位数，所标的数据便是电阻值，例如，一个贴片电阻的标称是“37”则 $R=37\ \Omega$；假如是贴片电阻的标称值 3 位数或 3 位数以上，前面的几位数为有效数值，最后一位为倍率。如图 3.8(a)所示，一个贴片电阻的标称值是“391”则其电阻值 $R=39\times10^1\ \Omega$；如果贴片电阻的标称值是“1202”，则其电阻值 $R=120\times10^2\ \Omega$。

小提示

在实践中发现，有些贴片电阻的标称值是“120”或“30R9”，怎样识别其数值呢?

①贴片电阻的标称值是以 0 结束的 3 位数时，所标的数据便是电阻值，因此标称值是“120”的贴片电阻，其电阻值 $R=120\ \Omega$；

②电阻“30R9”中的“R”代表的是小数点，即其电阻值 $R=30.9\ \Omega$。

3.2.2 可变电阻器

可变电阻器是阻值可以调整的电阻器，又称为电位器，主要用于需要调节电路电流或需要改变电路阻值的场合。它可以改变信号发生器的特性，使灯光变暗，启动电动机或控制它的转速。其实物及电路符号如图 3.9 所示，其中 1、3 为固定脚，2 为调整端。

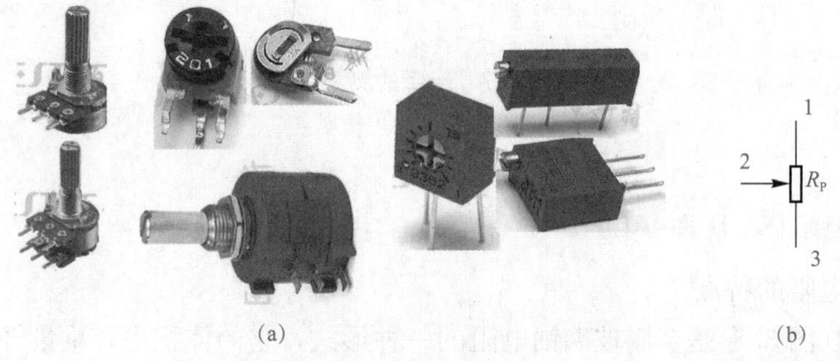

(a) (b)

图 3.9 可变电阻器的实物图及电路符号

(a)实物图；(b)电路符号

1. 分类

根据用途的不同，可变电阻器的电阻材料可以是金属丝、金属片、碳膜或导电液。对于一般大小的电流，常用金属型的可变电阻器。在电流很小的情况下，则使用碳膜型。当电流很大时，电解型最适用，这种可变电阻器的电极都浸在导电液中。电势计是可变电阻器的特殊形式，它使未知电压或未知电势相平衡，从而测出未知电压或未知电势差的大小。常用的电势器只不过是一个有两个固定接头的电阻器，第三个接头连到一个可调的电刷上。电位器的另一个用途是在音响设备中用作音响控制。

2. 识读方法

可变电阻器和贴片电阻一样，都是采用直标法，但一般用三位数表示，其中前两位数为有效数值，最后一位为倍率。例如一个可变电阻器的标称值是“103”则其电阻值 $R=10\times10^3\ \Omega$。

3. 测量电位器的标称阻值及变化阻值

①检测电位器前，先初步用观察法进行外观观察。

②电位器标称阻值是它的最大电阻值，如图 3.10 所示。

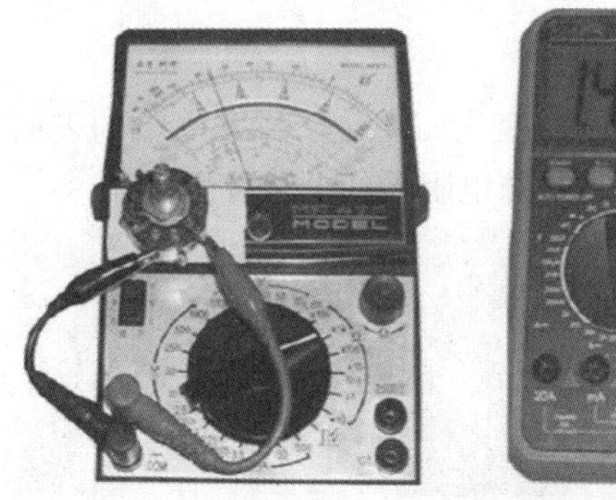

图 3.10　测可变电阻标称值

用万用表测量电位器时，应先根据被测电位器标称阻值的大小，选择好万用表的合适欧姆挡位再进行测量，如可变电阻器的标称值为“105”，因为它的阻值为 1 000 kΩ，应选用 $R\times1$ kΩ 挡位。测量时，将万用表的红、黑表笔分别接在定片引脚(即两边引脚)上，万用表读数应为电位器的标称阻值。如万用表读数与标称阻值相差很多，则表明该电位器已损坏。

当电位器的标称阻值正常时，再测量其变化阻值及活动触点与电阻体(定触点)接触是否良好。此时用万用表的一个表笔接在动触点引脚(通常为中间引脚)，另一表笔接在一定触点引脚(两边引脚)。

③接好表笔后，万用表应显示为零或为标称阻值，再将万用表的转轴从一个极端位置旋转至另一个极端位置，阻值应从零(或标称阻值)连续变化到标称阻值(或零)。在电位器的轴柄转动或滑动过程中，若万用表的指针平稳移动或显示的示数均匀变化，且电阻值逐渐减小，直至接近 0；反之电阻值应逐渐增大，直至接近标称值，则说明被测电位器良好；旋转轴柄时，万用表指针有断续与跳动的现象，说明该可变电阻器接触不良，不能使用，

如图 3.11 所示。

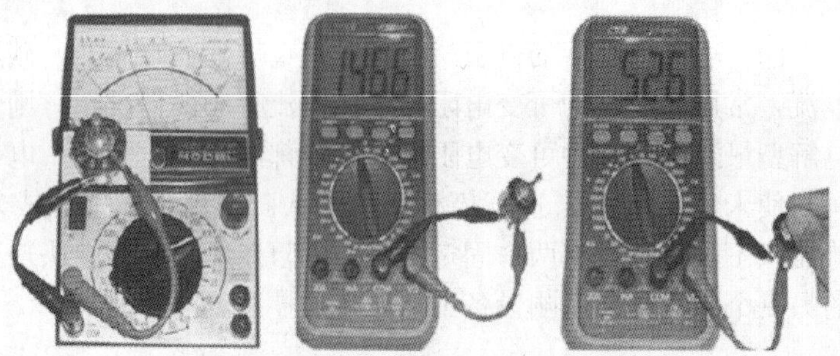

图 3.11　测可变电阻的变化阻值

考考你

一个可变电阻器标有“203”，如何计算这个可变电阻器的最大阻值呢？

3.2.3　特殊电阻器

特殊电阻(图 3.12)的阻值随环境的变化而变化，特殊电阻的表面一般不标注阻值大小，只标注型号。图 3.13 所示为各种特殊电阻器的电路符号。

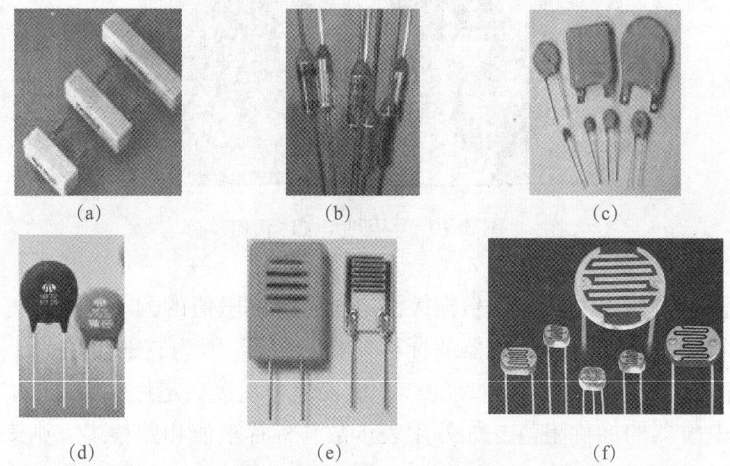

图 3.12　常见的特殊电阻器

(a)水泥电阻器；(b)熔断电阻器；(c)压敏电阻器；(d)热敏电阻器；(e)湿敏电阻器；(f)光敏电阻器

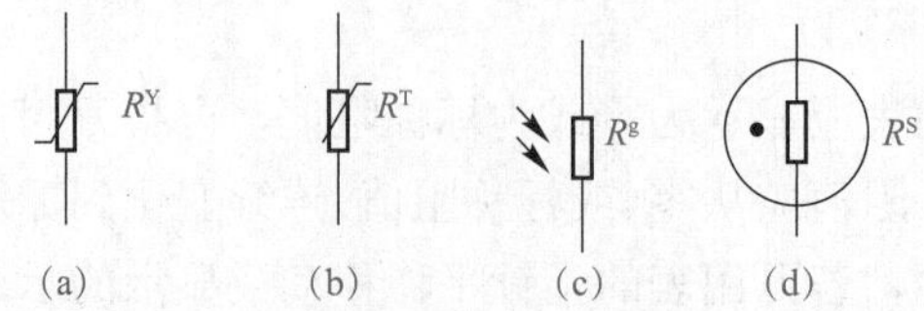

图 3.13　各种特殊电阻器的电路符号

(a)压敏电阻器；(b)热敏电阻器；(c)光敏电阻器；(d)湿敏电阻器

小提示

排阻：把阻值相同的电阻集成在一起，分单列直插、双列直插和贴片三种形式。单列直插是把所有电阻的一端全连在一起为第 1 脚做公共端接电源或地。

根据标准 SJ 1152—1982《敏感元件型号命名方法》的规定，特殊电阻器的产品型号由下列四部分组成。

第一部分：主称(用字母表示)；

第二部分：类别(用字母表示)；

第三部分：用途或特征(用字母或数字表示)；

第四部分：序号(用数字表示)。

1. 水泥电阻器

在彩色电视机的行、场扫描电路中，大功放的输出电路中用到水泥电阻器，特点是功率大、阻值小，在电路中起限流作用。

2. 熔断电阻器

熔断电阻器是具有电阻器和过流保护熔丝双重作用的元件，阻值小于 10 Ω。

熔断电阻器检测方法与普通电阻器的检测方法一样。如果测出熔断电阻器的阻值远大于它的标称阻值，则说明被测熔断电阻器已损坏。对于熔断后的熔断电阻器所测阻值应为无穷大。

3. 压敏电阻器

压敏电阻器是以氧化锌为材料的半导体陶瓷元件，阻值为非线性。当加在其两端的电压小于一定值时，电阻很大；但当电压大到一定程度时，流过压敏电阻的电流迅速增大。

检测压敏电阻器时，将万用表设置成最大欧姆挡位。常温下测量压敏电阻器的两引脚间阻值应为无穷大，若阻值为零或有阻值，说明已被击穿损坏，如图 3.14 所示。

(a)

(b)

图 3.14　压敏电阻器的测量

(a)压敏电阻器已损坏；(b)压敏电阻器正常

4. 热敏电阻器

热敏电阻器是以钛酸钡为主要材料的电阻器。热敏电阻器阻值随温度变化而改变，分PTC正温度系数电阻，温升阻值升；NTC负温度系数电阻；CTC临界温度电阻，电饭煲用的就是115°或125°的临界温度电阻，温度在临界温度以下，电阻很小，一旦超过临界温度，电阻就急剧增大，导致电流很小，发热丝产生热量小而保温。

NTC热敏电阻器的检测，测量时需分两步进行，第一步测量常温电阻值，第二步测量温变时(升温或降温)的电阻值，其具体测量方法与步骤如下：

常温下检测，将万用表置于合适的欧姆挡(根据标称电阻值确定挡位)，用两表笔分别接触热敏电阻的两引脚测出实际阻值，并与标称阻值相比较，如果二者相差过大，则说明所测热敏电阻性能不良或已损坏。

在常温测试正常的基础上，即可进行升温或降温检测。加热后热敏电阻阻值减小说明这只NTC热敏电阻器是好的。

5. 光敏电阻器

光敏电阻器有光照射时，电阻小，电流(称光电流)大，光线越强，电流越大；无光照射呈高阻状态，仅有微弱电流(称暗电流)。

检测光敏电阻器时，需分两步进行，第一步测量有光时的电阻值，如图3.15所示；第二步测量无光照时的电阻值，如图3.16所示。两者相比较有较大差别，通常光敏电阻器有光照时电阻值为几千欧(此值越小说明光敏电阻器性能越好)；无光照时电阻值大于1 500 kΩ，甚至无穷大(此值越大说明光敏电阻器性能越好)。

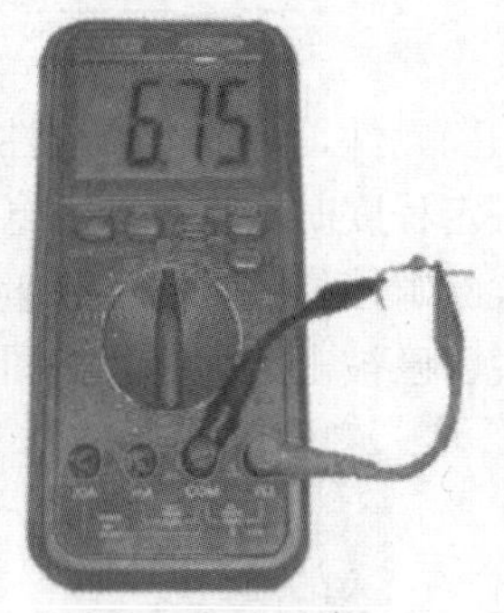

图3.15　光敏电阻器有光时的测量

图3.16　光敏电阻器无光时的测量

6. 湿敏电阻器

用于录像机、空调、冰箱作为结露传感器。$R \times 1$ k测量时阻值在600 Ω左右。

用万用表检测湿敏电阻器，如图3.17所示，应先将万用表置于欧姆挡(具体挡位根据湿敏电阻阻值的大小确定)，再用蘸水棉签放在湿敏电阻器上，如果万用表显示的阻值在数分钟后有明显变化(依湿度特性不同而变大或变小)，则说明所测湿敏电阻器良好。

图3.17　湿敏电阻器的测量

3.2.3 选用电阻器的注意事项

1. 额定功率

额定功率是在规定的环境温度和湿度下，假定周围空气不流通，在长期连续负载而不损坏或基本不改变性能的情况下，电阻器上允许消耗的最大功率。为保证安全使用，一般选其额定功率比它在电路中消耗的功率高 1～2 倍。

2. 允许误差

允许误差是电阻器实际阻值对于标称阻值的最大允许偏差范围，它所表示产品的精度。常用的精度有 5%，1%，0.5%，0.1%，0.01%。

3. 最高工作电压

最高工作电压是指电阻器长期工作不发生过热或电击穿损坏时的电压。如果电压超过规定值，电阻器内部产生火花，引起噪声，甚至损坏。

3. 稳定性

稳定性是衡量电阻器在外界条件(温度、湿度、电压、时间、负荷性质等)作用下电阻变化的程度。

5. 噪声电动势

电阻器的噪声电动势在一般电路中可以不考虑，但在弱信号系统中不可忽视。线绕电阻器的热噪声(分子扰动引起)仅与阻值、温度和外界电压的频带有关。薄膜电阻除了热噪声外，还有电流噪声，这种噪声近似地与外加电压成正比。

6. 高频特性

电阻器使用在高频条件下，要考虑其固定有电感和固有电容的影响。这时，电阻器变为一个直流电阻(R_0)与分布电感(L_R)串联，然后再与分布电容(C_R)并联的等效电路，非线绕电阻器的 L_R=0.01～0.05 μH，C_R=0.1～5 pF，线绕电阻器的 L_R 达几十微亨，C_R 达几十皮法，即使是无感绕法的线绕电阻器，L_R 仍有零点几微亨。有感电阻器在高频时会显现高阻抗，而有感电阻器在高频时显现的电阻(感抗加阻抗)会很大，那么它承受的功率就是电阻(感抗加阻抗)乘以电流的平方，远超过它的标称功率，电阻容易烧坏。

3.3 项目实施

3.3.1 制订计划

全班同学分成 8 个小组，每组 6～7 人，设小组长一名。小组成员集体讨论，按表 3.3 工作流程，制订工作计划并填写表。

表 3.3 工作计划表

序号	工作流程	时间分配/min	人员分工
1	理论学习		
2	普通电阻器测量		
3	特殊电阻器测量		
计划时间：______小时，实际时间：______小时，审核：			

3.3.2 实施计划

1. 理论知识

①填写色环读数表(表 3.4)中有效数字对应的色环颜色。

表 3.4 色环读数表

颜色												
有效数字	0	1	2	3	3	5	6	7	8	9	—	—
数量级	10^0	10^1	10^2	10^3	10^3	10^5	10^6	10^7	10^8	10^9	10^{-1}	10^{-2}
误差		1%	2%		0.5%	0.2%	0.1%				5%	10%

②读色环电阻，写出电阻阻值

色环电阻：黄紫黑金棕=________，棕黑黑红金=________；

红黄紫=____________，绿蓝橙银=____________。

贴片电阻：372=________，563=________，2371=________；

可变电阻器：205=________，103=________。

2. 检测

(1)固定电阻器的测量

老师提供 10 个不同电阻器或提供电路板(如彩电板)，完成记录表 3.5。

表 3.5 普通电阻器测量

电阻	色环颜色依次为	阻值推算	误差范围	测量挡位	实测阻值	检测结果
1						
2						
3						
3						
5						
6						
7						
8						
9						
10						
小组名次		得分		评委签名：		

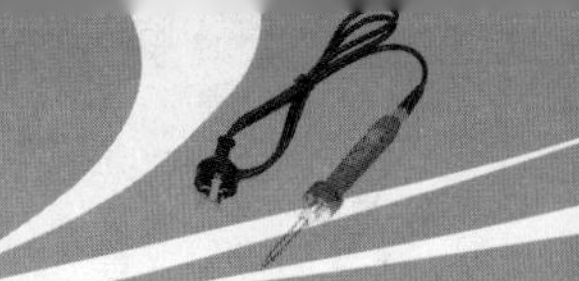

(2)可变电阻器的测量

根据老师提供的元件，完成记录表 3.6。

表 3.6　可变电阻器测量

电位器	标称数字	阻值推算	测量挡位	实测阻值	可变范围	检测结果
1						
2						
3						

(3)特殊电阻的测量

根据老师提供的元件，分别完成记录表 3.7 和表 3.8。

表 3.7　热敏电阻器测量

电阻类型	标称数字	阻值推算	测量挡位	常温实测阻值	加热测阻值	结果
热敏						

表 3.8　光敏电阻器测量

电阻类型	标称数字	标称意思	测量挡位	日光下亮阻	暗阻	结果
光敏						

3. "6S"管理

工作任务全部完成后，关闭工作台总电源，拆下测量线及导线，归还工具，对实训台及实训室开展"整理、整顿、清扫、清洁、素养、安全"6S 行动。

1.3.3　项目评价

1. 成果展示

小组内选择出 1～2 件优秀作品，在班级同学中展示，讲解作品成功之处并填写表 3.9。

表 3.9　作品评价表

作品成功之处	
作品成功原因	

2. 经验分享

学生在班级中谈收获、体会及建议，填写表 3.10。

表 3.10 经验分享表

收获	
体会	
建议	

3. 评分

根据表 3.11 的评分要求，按自评、组评、师评的顺序进行评分，各小组推荐优秀成员。

表 3.11 评分表

项目	考核要求	配分	评分标准	自评	组评	师评
理论学习	认真学习理论，并完成相关问题	10	每少填写一空扣 2 分			
背诵色环读数中色环对应的代号	教师说出某一颜色，学生能够回答出对应数字；说出某一数字，学生能够回答出对应颜色	30	错一个，扣 3 分			
读色环电阻	根据要求计算出电阻阻值	10	每错一题，扣 5 分			
普通电阻的测量	根据要求完成表格	20	每错一空，扣 1 分			
特殊电阻的测量	根据要求完成表格	15	每错一空，扣 1 分			
6S 管理	工作台上工具排放整齐。严格遵守安全操作规程	10	工作台上杂乱扣 5～10 分。违反安全操作规程扣 5 分			
合作学习	团结小组成员，乐于助人，合作精神好。遵守实训制度	5	评分为优秀组长或组员得 5 分，其他组长或组员评分由教师、组长评分			
总分						
教师点评						

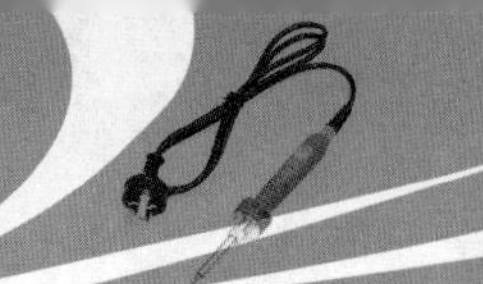

3.4　项目总结

①电阻器是对交直流电流有一定阻挡作用的元件。

②电阻器色环读数法：四个色环电阻的识别，第一、二环代表两位有效数阻值；第三环代表倍率；第四环代表误差；五个色环电阻的识别，第一、二、三环代表三位有效数阻值；第四环代表倍率；第五环代表误差。

③可变电阻器的识读及检测方法。

④光敏电阻器、热敏电阻器的识读及检测方法。

3.5　项目考核

1. 填空题

①表征电阻特性的主要参数有________及其________、________等。

②利用模拟万用表测电阻时，每一次换挡，必须进行________。

③四色环电阻的最后一环一般为________或________。

④电阻阻值的检测有________和________两种方法。

2. 判断题

①选用电阻器一般根据电阻器的材料、结构、应用场面、参数、性能等方面综合考虑后，进行筛选。（　　）

②选用电阻器一般根据电阻器材料、结果、应用场合、参数、性能等方面综合考虑后，进行筛选。（　　）

③使用模拟万用表测电阻器阻值时，第一次测试前需要进行欧姆调零，若检测过程中需调换挡位，则无须进行欧姆调零操作。（　　）

④湿敏电阻器在电子产品中通常作为一种传感器件，用于将检测到的温度信号转换为电信号。（　　）

⑤压敏电阻器是一种可将压力信号转换为电信号的传感器件。（　　）

3. 选择题

①如图 3.18 所示，其中表示电阻器的为（　　）。

(a)　(b)　(c)　(d)　(e)　(f)　(g)

图 3.18　电子元器件外观图

A. (a)(b)(c)　　B. (a)(b)(e)　　C. (b)(e)(g)　　D. (a)(c)(e)

②下列关于电阻器电阻值单位的说法不正确的是(　　)。

A. 1 kΩ=103 Ω　　B. 1 MΩ=103 kΩ　　C. 1 MΩ=106　　D. 1 Ω=103 kΩ

③某电子产品电路板中一只电阻器实物外形如图 3.19 所示，其各色环颜色从左到右依次为“棕、黑、黑、金”，则该电阻器的标称阻值应为(　　)。

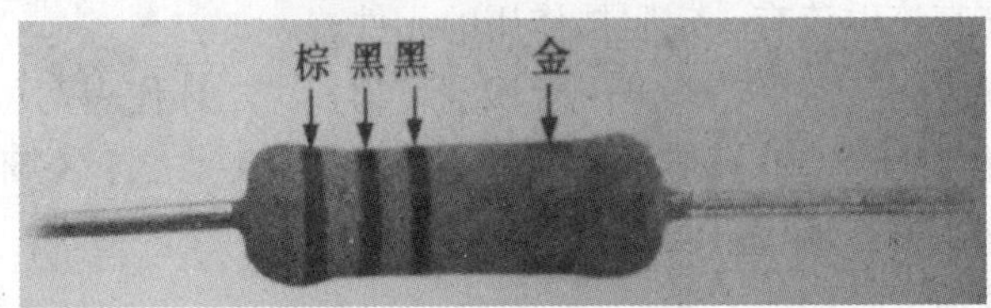

图 3.19　电阻器色环标注的应用实例

A. 100 Ω±5%　　B. 10 kΩ±5%　　C. 10 Ω±5%　　D. 10 Ω±2%

④在一些小型或集成度较高的家用电子产品中，多采用一些体积较小的贴片电阻器，图 3.20 所示为一只贴片电阻器实物，从其表面可看到“220”标识，则该电阻器的电阻值为(　　)。

A. 220 Ω　　B. 22 Ω

C. 2.2 Ω　　D. 220 kΩ

图 3.20　贴片电阻器

⑤图 3.21 所示为某小型电子产品的一只贴片电阻实物，从其表面可看到“3R6”标识，则该电阻的阻值为(　　)。

图 3.21　贴片电阻器

A. 3.6 kΩ　　B. 36 Ω　　C. 3.6 Ω　　D. 3 Ω±6%

⑥下列关于电阻器的选用解说错误的是(　　)。

A. 金属膜电阻、碳膜电阻一般适用于高频电路、高增益小信号放大电路

B. 线绕电阻一般适用于高频电路

C. 压敏电阻器一般应用于过电压保护电路中

D. 热敏电阻器一般用于需要对温度进行检测的场合

⑦图 3.22 所示电视机电源电路中的一只热敏电阻器，根据标识，以下哪项解说是正确的？(　　)

(a)　　(b)

图 3.22　热敏电阻器外形图

A. 图(a)中“MF72”表示：热敏电阻器、负温度系数、抑制浪涌用
B. 图(a)中“MF72”表示：湿敏电阻器、正温度系数、控制温度用
C. 图(b)中“MZ73”表示：热敏电阻器、负温度系数、消磁用
D. 图(a)中“MF73”表示：湿敏电阻器、正温度系数、抑制浪涌用

4. 简答题

简述电位器的检测方法。

项目四 电容器的认识

4.1 项目描述和要求

4.1.1 项目描述

电容器(Capacitor)，顾名思义，是“装电”的容器，是一种容纳电荷的器件，简称电容，用字母 C 表示。其在电路中具有隔断直流电，通过交流电的作用，因此广泛应用于电路中的隔直通交、交直流电路的交流耦合、交流信号的旁路、整流器的平滑滤波、调谐回路、能量转换、控制等方面。属于全球用量最大的电子元器件之一，基本上可以说有电路的地方就会有电容器。

4.1.2 项目要求

①电容器的基本认识。
②电容器的分类。
③电容器的应用。
④选用电容器的注意事项。
⑤电容器的识别与测量。

4.2 理论分析

电阻器、电容器和电感器是组成电路的三大基本元件，学习好电容器尤为重要。在学习本项目之前，要求自主收集各种电容器的资料，了解各种电容器的外形，为学习好各种电容器做准备。

4.2.1 电容器的分类和应用

电容器，由两个金属板，中间夹有绝缘材料(介质)构成。电容器的分类有很多种，按介质材料分为：气体介质电容器、液体介质电容器、无机固体电容器、有机固体介质电容器、电解电容器。按极性分为：有极性电容器和无极性电容器。按结构及电容器能否调节分为：固定电容器、可变电容器、微调电容器。

本文主要按结构不同分类的三种电容器做一介绍。

1. 固定电容器

电容量固定的电容器叫作固定电容器。根据介质的不同可分为陶瓷、云母、纸介、薄膜、电解几种，具体介绍如表 4.1 所示。

表 4.1　固定电容器的特性

电容名称	陶瓷电容器(CC)	云母电容器(CY)	纸介电容器	薄膜电容器	电解电容器
实物图					
结构	用陶瓷材料作介质，在陶瓷表面涂覆一层金属(银)薄膜，再经高温烧结后作为电极而成。分为1类瓷介质和2、3类瓷介质	采用云母作为介质，在云母表面喷一层金属膜(银)作为电极，按需要的容量叠片后经浸渍压塑在胶木壳(陶瓷、塑料外壳)内构成	采用较薄的电容器专用纸作为介质，用铝箔或铅箔作为电极，经卷绕成型、浸渍后封装而成	用无极性聚丙烯或涤纶薄膜为介质制成的一种负温度系数无极性电容。有非密封式和密封式两种类型	用金属箔(铝/钽)作为正电极，金属箔的绝缘氧化层(氧化铝/钽五氧化物)作为电介质，由导电材料、电解质和其他材料作为负电极
特点	1类瓷介电容器具有温度系数小，稳定性高、损耗低、耐压高等优点。2、3类具有容量大、体积小等特点	具有稳定性好、分布电感小、精度高、损耗小、绝缘电阻大、温度特性及频率特性好、工作电压高等优点	具有电容量大，工作电压范围宽等优点；具有体积大、容量精度低、损耗大、稳定性差的缺点	具有损耗小、稳定性好、绝缘性好、容量大等优点	具有体积小、容量大、性能稳定、寿命长、绝缘电阻大、温度特性好等优点
用途	1类主要应用于高频电路中，2、3类应用于中低频电路中做隔直、滤波和耦合等电容器使用	一般在高频电路中做信号耦合、旁路、调谐等使用	固有电感和损耗都比较大，因此用于低频电路比较合适	一般应用于中、低频电子电路或作为电动机的启动电压	有极性电解电容器适用于电源滤波或低频电路中；无极性电解电容器用于音箱分频电路及单相电动机的启动电路

2. 微调电容器

微调电容器也称半可变电容器，它的电容值可以在某一小范围内调整，并可在调整后固定于某个电容值。它是由两片或者两组小型金属弹片，中间夹有介质制成，调节的时候改变两片之间的距离和面积。根据介质的不同分为空气、陶瓷、云母、薄膜等几种，具体介绍如表 4.2 所示。

表 4.2　微调电容器的特性

电容名称	陶瓷微调电容器(CC)	云母微调电容器(CY)	薄膜微调电容器
实物图		单微调　双微调	动片　焊片　动片　旋转螺钉　定片　焊片 双微调　四微调
结构	用陶瓷作为介质，在动片(瓷片)与定片(瓷片)上均镀有半圆形的银层，通过旋转动片改变两银片之间的相对位置，即可改变电容器的大小	由定片和动片构成，定片为固定金属片，其表面贴有一层云母薄片作为介质，动片为具有弹性的铜片或铝片，通过调节动片上的螺钉调节动片与定片之间的距离，来改变电容量，有单微调和双微调之分	用有机塑料薄膜作为介质，即在动片和定片之间加上有机塑料薄膜，调节动片上的螺钉，使动片旋转，即可改变容量。有双微调和四微调之分
特点	具有体积小，可反复调节、使用方便等优点	具有电容量均可以反复调节的优点	具有体积小、重量轻、可反复调节、使用方便等优点
用途	应用于晶体管收音机、电子仪器、电子设备中	应用于晶体管收音机、电子仪器、电子设备中	应用于晶体管收音机、电子仪器、电子设备中

3. 可变电容器

顾名思义，可变电容器是指电容器可以在比较大的范围内发生变化，并可确定为某一个值。可变电容器可分为薄膜介质和空气介质两种形式，具体介绍如表 4.3 所示。

表 4.3　可变电容器的特性

电容名称	空气可变电容器(CB)	薄膜可变电容器
实物图	空气双连	四连　双连

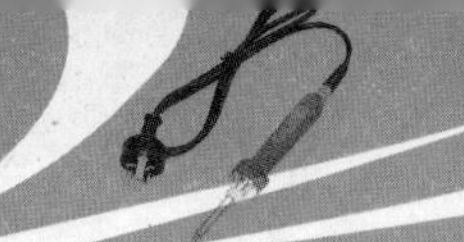

续表

电容名称	空气可变电容器(CB)	薄膜可变电容器
结构	电极由两组金属片组成。一组为定片、一组为动片。动片和定片之间以空气作为介质。当转动动片使之全部旋进定片时，其电容量最大，反之，将动片全部旋出时，电容量最小	在其动片与定片之间加上塑料薄膜作为介质，外壳为透明或半透明塑料封装，因此也称密封单连或密封双连和密封四连可变电容器
特点	具有调节方便、性能稳定、不易磨损等优点	具有体积小、重量轻等优点；但也有杂声大、易磨损的缺点
用途	应用于收音机、电子仪器、高频信号发生器、通信电子设备中	单连主要用在简易收音机或电子仪器中；双连用在晶体管收音机和电子仪器、电子设备中；四连常用在 AF/FM 多波段收音机

小提示

①铝电解电容具有极性，安装时必须保证正确的极性，否则有爆炸危险。

②使用管形纸介电容器或聚酯薄膜电容器时，可把其外壳与参考地相连，以使其外壳起到屏蔽的作用从而减少电场耦合的影响。

③云母和陶瓷电容承受瞬态高压耐压能力较弱，因此不能随便跨接在低阻电源线上，除非是特殊设计的。

4.2.2　电容器的参数和标识方法

1. 电容的参数

①额定工作电压：一般称为耐压，是指电容器长期工作不被击穿所能承受的最大直流电压。

系列值(V)：1.6、4、6.3、10、25、32、35、40、50、63、100、125、250、400、450、500、630、1 000。

电容器的耐压通常在电容器表面以数字的形式标注。

注意：电容器使用时，电压不能超过其耐压值；滤波电路中，电容耐压值不低于交流有效值的 1.42 倍；电解电容器，极性不能接反。

②标称容量：电容器上所标明的电容量的值。容量的单位为：法(F)、微法(μF)、纳法(nF)、皮法(pF)，且有 $1\text{F}=10^6\mu\text{F}=10^9\ \text{nF}=10^{12}\ \text{pF}$。

±5% 系列：1.0、1.1、1.2、1.3、1.5、1.6、1.8、2.0、2.2、2.4、2.7、3.0、3.3、3.6、3.9、4.3、4.7、5.1、5.6、6.2、6.8、7.5、8.2、9.1。

±10%系列：1.0、1.5、2.0、2.2、3.3、4.0、4.7、5.0、6.0、6.8、8.2。

±20%系列：1.0、1.5、2.2、3.3、4.7、6.8(电解电容器)。

③允许误差：电容器实际值与标称值之差除以标称值所得百分数，在允许的偏差范围

内称精度。允许误差的等级和文字符号如表 4.4 所示。

表 4.4 允许误差的等级和文字符号

允许误差	1%	±2%	±5%	±10%	±20%
等级	01	02	Ⅰ级	Ⅱ级	Ⅲ级
文字符号	F	G	J	K	M

2. 电容的标识方法

常见电容器如图 4.1 所示。

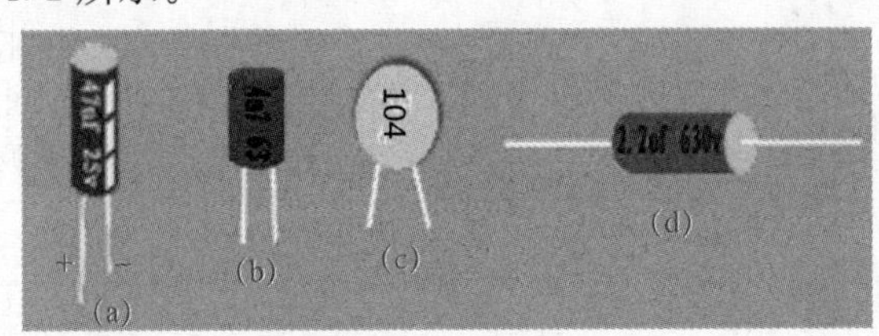

图 4.1 常见电容器

(a)电解电容器；(b)涤纶电容器；(c)瓷介电容器；(d)无析电容器

①直接标识：用字母和数字把电容器容量、耐压、误差等直接标在外壳上。

4n7 表示 4.7 nF，4 μ7 表示 4.7 μF；

整数位省去：.01μF 表示 0.01 μF；

R 表示小数点：R47μF 表示 0.47 μF；

电解电容器：μF 字母省略。

如图 4.1 中的电解电容器，电容器容量为 47 μF，电容耐压为 24 V。

②文字符号法：用数字、文字符号有规律的组合表示电容器的主要参数与技术性能。

例：10p，2 μ2。

其允许偏差也用文字符号表示。

例：±1%　±2%　±5%　±10%　±20%　±30%

　　F　　G　　J　　K　　M　　N

如图 4.1 中的涤纶电容器，标称 4n7，即 4.7 nF。

③数码标注法：一般用三位数码表示电容器的容量，单位为 pF。其中前两位数码为电容量的有效数字，第三位为倍乘数，但第三位为倍乘数是 9 时表示 $\times10^{-1}$。

例223J：22 000 pF＝0.022 μF，误差为±5%；

479K：47×10^{-1} pF，误差为±10%。

如图 4.1 中的瓷介电容器，标值 104，即容量为：10×10 000 pF＝0.1 μF；如果标值为 473，即容量为 47×1 000 pF＝0.047 μF。

④色标法：电容器的色标法与电阻器相似，单位 pF，靠近引线端是第一环。

a. 色标电容也分 4 环和 5 环：第 1、2、(3)环是有效数，第 3(4)环倍率，第 4(5)环是误差，距 4(5)环较远的 5(6)环是耐压。

例如：

棕、黑、橙、金　　　　　　表示其电容量为 0.01 μF，允许偏差为±4%

棕、黑、黑、红、棕　　　　表示其电容量为 0.01 μF，允许偏差为±1%

b. 一道色环的宽度是标准宽度的 2～3 倍，表示是相同颜色的 2 或 3 道环。

例：

红红橙 22 000 pF

色标电容器各色环的含义如表 4.5 所示。

表 4.5 色标电容器各色环的含义　　（注：括号内为四环内容）

色环颜色	第一位数	第二位数	第三位数（倍乘数）	倍乘数（允许偏差）	允许偏差
棕	1	1	1 (10^1)	10^1	±1%
红	2	2	2 (10^2)	10^2	±2%
橙	3	3	3 (10^3)	10^3	—
黄	4	4	4 (10^4)	10^4	—
绿	5	5	5 (10^4)	10^5	±0.5%
蓝	6	6	6 (10^6)	10^6	±0.24%
紫	7	7	7 (10^7)	10^7	±0.1%
灰	8	8	8 (10^8)	10^8	—
白	9	9	9 (10^9)	10^9	(−20%～+40%)
黑	0	0	0 (10^0)	10^0	—
金	—	—	(10^{-1})	(±4%)	—
银	—	—	(10^{-2})	(±10%)	—
无色	—	—	—	(±20%)	—

小提示

电容器额定工作电压是指电容器两端允许加的最大电压，电容器正常工作时，两端所加电压务必不能超过此值，否则会被击穿。

4.2.3 电容器的选用原则

1. 电容器的类型选择

电源滤波和退耦电路中选用电解电容器；高频电路和高压电路中选用陶瓷介和云母电容器；谐振电路中可选用云母、陶瓷、有机薄膜电容器；用作隔直时可选用纸介、涤纶、云母、电解电容器。

2. 电容器的耐压选择

电容器的额定电压应高于其实际工作电压 10%～20%。

3. 电容器允许误差的选择

业余制作电路时，一般不考虑误差；用在振荡和延时电路中的电容器，允许误差应尽可能小(<5%)；低频耦合电路中的电容器误差可以大一些(10%～20%)。

4.2.4 电容器的检测

1. 电解电容器的检测

用模拟万用表欧姆挡估测电容器容量、漏电性能、极性、储能情况。

第一步：选择合适挡位。模拟万用表转换开关置于 $R\times100$ 挡。

第二步：欧姆调零。两表笔短路，调节欧姆调零电位器，使指针指在 0 Ω 处。

第三步：测量正向漏电阻。先短路电容器两引脚，使其放电。再如图 4.2 所示，黑笔接电容器正极，红表笔接电容器负极(且两表笔接触电容器两引脚始终不动)，可观察到：

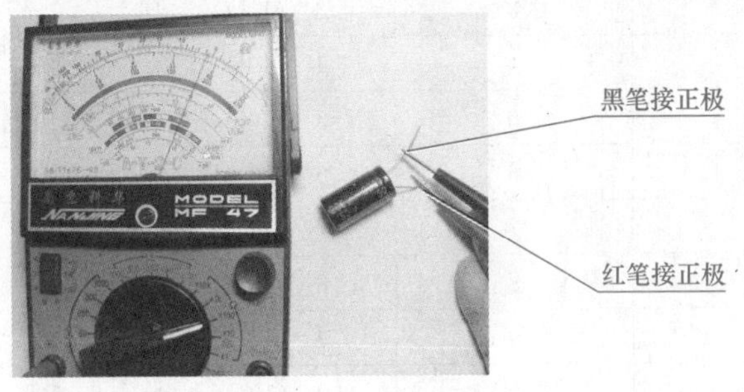

图 4.2　检测电解电容器

在刚接触的瞬间，万用表指针立即向右偏转较大幅度，然后慢慢向左回转，直到停在某一位置不动(即正向漏电阻)。

①指针的偏转角度反映了电容器的容量大小。2 200 μF 的电容器向右偏转角度是很大的，若偏转较小说明容量减小了，需更换。

②指针向左回，最后停止不动的阻值，反映了电容器的正向漏电阻，即电容器的漏电性能。此阻值一般应大于 500 kΩ 以上，最好是→∞，就表示电容器漏电性能好，该阻值较小说明电容器漏电，不能使用。

第四步：测量电容器的储电情况。电解电容器正向充电后，将万用表转换在 2.5 V 直流电压挡，红表笔接电容器正极，黑表笔接电容器负极，可观察到电容器两端有电压，说明电容器可以存储电能。

第五步：测量反向漏电阻判断极性。短路电容器两引线放掉电荷，交换两表笔(即红表笔接电容器正极，黑表笔接电容器负极)测试电解电容，最后指针停止不动指示的阻值就为电容器的反向漏电阻，一般比正向漏电阻小，用此方法可判断电解电容器的正、负极。

用万用表测量电解电容器的挡位选择如表 4.6 所示。

表 4.6　用万用表测量电解电容器的挡位选择

容量范围	1～2.2 μF	4.7～22 μF	47～220 μF	470～4 700 μF	>4 700 μF
挡位选择	$R\times10$ k 挡	$R\times1$ k 挡	$R\times100$ 挡	$R\times10$ 挡	$R\times1$ 挡

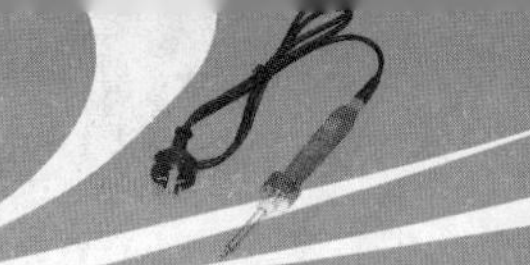

小提示

①换挡后应调零，观察表针开始向右摆动幅度，估测容量大小；

②待表针稳定后读取数值，漏电较小的电容器，所指示的漏电电阻值会大于 400 kΩ；若漏电电阻小于 100 kΩ，则说明该电容器漏电严重，不易继续使用；若测量电容器的正、反向电阻值均为 0，则该电容器已击穿损坏。

③从电路中拆下的电容器(尤其是大容量和高压电容器)，应对电容器先充分放电后，再用万用表进行测量，否则会造成仪器损坏。

2. 小容量电容器的检测

小容量电容器一般指 1 μF 以下的电容器，因容量太小，所以万用表一般无法估计测出其电容量，而只能检测出其是否漏电或击穿损坏(建议使用电感电容表或具有电容量测量功能的万用表测量)。正常时，用万用表的 $R\times10$ k 挡测量其两端的电阻值应为无穷大。若测出一定的电阻值或阻值接近 0，则说明该电容器已漏电或已击穿损坏。

3. 可变电容器检测

①空气可变电阻器：可以在转动其转轴的同时，观察其动片与定片之间是否有碰片情况，也可用万用表检测。

②薄膜可变电容器：可以用万用表的 $R\times1$ k 挡，测量其动片与定片之间的电阻值的同时，转动其转轴，正常值应无穷大。若转动到某一处时，万用表能测出一定的电阻值或阻值为 0，则说明该可变电容器存在漏电或短路故障。

小提示

如何用万用表检测电容器的好坏？

方法一：以电解电容器为例，将电容器的两个引脚短接进行放电。

提示：若电容器在电路板上，应将电容器焊下后短接。

①将万用表上的旋钮拨到电阻挡位。

提示：宜使用量程大的挡位，可试接，要求刚接上时不满溢(不显示为 1)。

②将红黑表笔插在万用表的正确位置。

③将红黑表笔分别接触到所需检测电容器的两个引脚上。观察读数，如果电阻值逐渐增大至满溢(即显示为 1)，则电容器正常，否则电容器已损坏。

提示：如果是电解电容器，红表笔必须接正极。

方法二：以独石电容器为例，读出电容标称值(103)，算出值为 1 nF。

①打开万用表，根据标称值把旋钮打到 2 nF 挡。

②把电容插入“cx”口。

③读数，如与标称值在同一数量级则电容器好，否则电容器是坏的。

4.3 项目实施

4.3.1 制订计划

全班同学分成8个小组，每组6～7人，设小组长一名。小组成员集体讨论，按表4.7工作流程，制订工作计划并填写表。

表4.7 工作计划表

序号	工作流程	时间分配/min	人员分工
1	理论学习		
2	电容器识别		
3	电容器测量		
计划时间：________小时，实际时间：________小时，审核：			

4.3.2 实施计划

1. 技能训练

完成电容识别、测量训练表4.8。

表4.8 电容识别、测量训练表

标值	全称	标值	全称	标值	全称	标值	全称
2.7		10 000		2p2		473	
3.3		0.01		1n		682	
6.8		0.014		6n8		331	
20		0.022		10n		224	
27		0.033		22n		229	
200		0.068		100n		3N3J	
300		0.22		220n		473 K	
1 000		0.47		103		332 K	
6 800		p33		104		3 300 J	
		万用表挡位		指针偏转角度		实测漏电阻	
小电容测量							
大电容测量							

①识别与检测6种以上不同类型的电容器，将结果记录于表4.9中(使用模拟万用表

MF47 检测)。

表 4.9　识别、检测各种电容器

编号	电容器名称	识别情况						检测情况			
		外形示意图（有极性需标记）	介质材料	标称容量	耐压/V	误差	有无极性	万用表挡位	绝缘电阻	指针偏转情况	结果
1	铝电解电容器	10 μF 50 V	铝电解	10 μF	50	/	有	$R\times1$ k	∞	黑笔接电容器正极，红笔接负极，开始向右偏转 15%，后回∞	
2	独石电容器	224	独石	0.22 μF	/	/	无	$R\times10$ k	∞	开始向右微偏，后回∞	
3	瓷片电容器	151	陶瓷	150 pF	/	/	无	$R\times10$ k	∞	一直不动	
4	涤纶电容器	2A222J	涤纶	2 200 pF	100	±5%	无	$R\times10$ k	∞	一直不动	
5	CBB电容器	CBB22 400 V 105J	聚丙烯	1 μF	400	±5%	无	$R\times1$ k	∞	开始向右偏 5%，后回∞	
6	贴片电容器	100 nF	陶瓷	0.1 μF	/	/	无	$R\times10$ k	∞	开始向右微偏，后回∞	
7	高压瓷片电容器	2kV220k	陶瓷	220 pF	2 kV	±10%	无	$R\times10$ k	∞	一直不动	正常

②使用数字万用表 DT9205 的电容测试挡检测第 1 题中 6 个电容器的电容量，结果填入表 4.10 中。

表 4.10　数字万用表检测各种电容器容量

电容器	1 铝电解电容器	2 独石电容器	3 瓷片电容器	4 涤纶电容器	5CBB 电容器	6 贴片电容器
万用表挡位						
实测值						

2. "6S"管理

工作任务全部完成后，关闭工作台总电源，拆下测量线及导线，归还工具，对实训台及实训室开展"整理、整顿、清扫、清洁、素养、安全"6S 行动。

4.3.3　项目评价

1. 成果展示

小组内选择出 1～2 件优秀作品，在班级同学中展示，讲解作品成功之处，并填写表 4.11。

表 4.11　作品评价表

作品成功之处	
作品成功原因	

2. 经验分享

学生在班级中谈收获、体会及建议，填写表 4.12。

表 4.12　经验分享表

收获	
体会	
建议	

3. 评分

根据表 4.13 的要求，按自评、组评、师评的顺序进行评分，各小组推荐优秀成员。

表 4.13　评分表

项目	考核要求	配分	评分标准	自评	组评	师评
理论学习	认真学习理论，并完成相关问题	10	每少填写一空扣 2 分			
电容器的识别	教师说出某一颜色，学生能够回答出对应数字；说出某一数字，学生能够回答出对应颜色	30	每错一个，扣 3 分			
容量单位换算及读数	根据要求计算出电容值	10	每错一题，扣 4 分			
普通电容器的测量	根据要求完成表格	20	每错一空，扣 1 分			
可变电容器的测量	根据要求完成表格	15	每错一空，扣 1 分			
6S 管理	工作台上工具排放整齐。严格遵守安全操作规程	10	工作台上杂乱扣 4～10 分。违反安全操作规程扣 4 分			
合作学习	团结小组成员，乐于助人，合作精神好，遵守实训制度	5	评分为优秀组长或组员得 5 分，其他组长或组员评分由教师、组长评分			
总分						
教师点评						

4.4　项目总结

①了解各种电容器实物及能判别出电容器的类型。

②电容器的容量单位换算：$1\text{F}=10^{6}\,\mu\text{F}=10^{9}\,\text{nF}=10^{12}\,\text{pF}$。

③电容的读数：①直接标识；②文字符号法；③数码标注法。

④万用表检测电容器。

4.5 项目考核

1. 填空题

①正确选用电容器一般应重点从________和________两个主要参数考虑。

②电容器电容量的数码表示法“3n3”表示________。

③检验的目的是验证一批元器件是否________；筛选的目的是从一批元器件中将不合格的元器件________出来。

④电容器的单位是________，比它小的单位是________和________，它们之间的换算关系为________。

2. 选择题

①某电子产品中一个规格为 100 μF，100 V 电解电容器损坏，如果找不到原来规格的，只有下列几种规格，可代用的是(　　)。

A. 100 μF，150 V　　B. 100 μF，30 V

C. 100 μF，50 V　　D. 200 μF，100 V

②选用耐压值低于工作电压的电容器时，可用几个电容器(　　)方式来提高耐压值。

A. 并联　　B. 串联　　C. 先串联后并联　　D. 先并联后串联

③一只电容量为 2 000 μF，耐压 450 V 的滤波电容器，不可以用(　　)等效代替。

A. 20 只 100 μF，耐压 450 V 的电容器并联

B. 10 只 200 μF，耐压 450 V 的电容器并联

C. 20 只 100 μF，耐压 450 V 的电容器串联

D. 40 只 50 μF，耐压 450 V 的电容器并联

④下列关于电容器的串联，说法错误的是(　　)。

A. 等效电容量的倒数等于各电容器电容量的倒数之和

B. 电容串联分压电路电容量小的电容器分得电压小

C. 电容串联分压电路电容量大的电容器分得电压小

D. 各电容器上所充的电容量相等

⑤准确测量电容器的电容量可采用(　　)。

A. 模拟万用表　　B. 数字万用表　　C. Q 表或电容电桥　　D. 直流电桥

⑥进行电子产品配装时，选用电容器的参考依据，下列解说不正确的是(　　)。

A. 材料　　B. 体积　　C. 性能参数　　D. 颜色

⑦电解电容器一般可应用于(　　)电路中。

A. 高频电路　　B. 调谐电路　　C. 电源电路　　D. 直流放大器

⑧一般高频和超高频电路中选用(　　)类型的电容器。

A. 云母电容器　　B. 聚苯乙烯电容器　　C. 涤纶电容器　　D. 陶瓷电容器

⑨在收音机等电子产品的调谐电路中，通常选用(　　)电容器。

A. 玻璃釉电容器　　B. 可变电容器　　C. 电解电容器　　D. 陶瓷电容器

⑩某贴片电容的实际容量是0.022 μF，换成数字标识是(　　)。

A. 202　　B. 223　　C. 222　　D. 224

⑪下列关于电容器电容量大小单位的说法不正确的是(　　)。

A. 1F=103 μF　　B. 1F=106 μF　　C. 1 μF=103 nF　　D. 1nF=103 pF

4. 简答题

请简述电解电容漏电性能的检测方法，并简要说明如何判断电解电容器的好坏?

项目五　二极管的认识

5.1　项目描述和要求

5.1.1　项目描述

半导体二极管又称晶体二极管，简称二极管(Diode)，是一种半导体材料制成的、能够单向传导电流的两极器件，是最简单的半导体器件。在电子电路中用于整流、检波、混频、开关、稳压、限幅、电平显示等。总之，几乎所有的电子电路中，都要用到半导体二极管，它在许多电路中起着重要的作用。

5.1.2　项目要求

①二极管的基本认识。

②二极管的分类及应用。

③选用二极管的注意事项。

④二极管的识读与检测。

5.2　理论分析

二极管是电路的重要组成元件，学习好二极管尤为重要。在学习本项目之前，要求自主收集各种二极管的相关资料，了解各种二极管的外形和特征，为学习好各种二极管做准备。

5.2.1　二极管的结构及特性

1. 二极管的结构

二极管由一个 PN 结引出两个电极，加上外壳封装构成。从 P 区引出的电极称二极管的正极，从N区引出的电极称二极管的负极。根据制造工艺的不同，二极管有点接触型和面接触型，如图5.1所示。

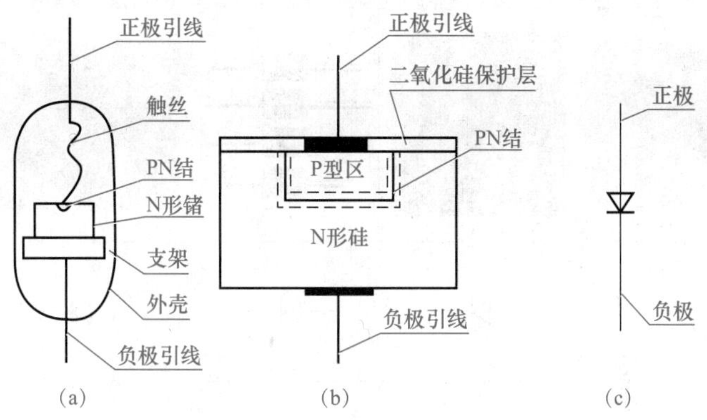

图5.1　二极管的结构和符号

(a)点接触型二极管；(b)面接触型二极管；(c)二极管的符号

2. 二极管的特性

如图5.2所示，二极管加正向电压时，二极管正偏导通，灯泡发光；二极管加反向电压时，二极管反偏截止，灯泡不发光。

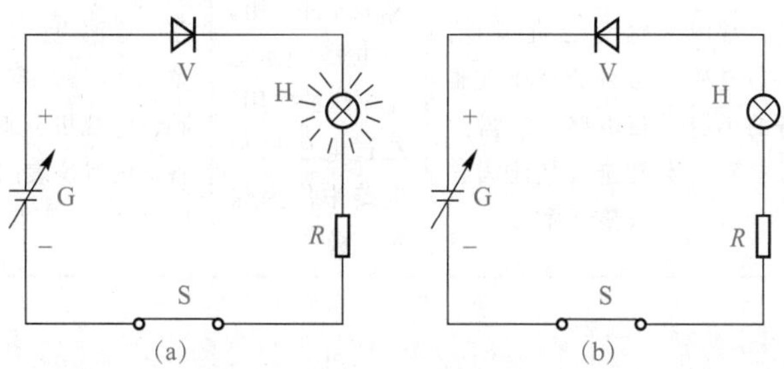

图5.2　二极管的单向导电性

(a)加正向电压；(b)加反向电压

①正极电位>负极电位，二极管导通；

②正极电位<负极电位，二极管截止。

即二极管正偏导通，反偏截止，这一导电特性称为二极管的单向导电性。

5.2.2　几种常用二极管

二极管的种类很多，按照所用半导体材料可分为锗管和硅管。根据用途的不同可分为普通二极管和特殊二极管。普通二极管包括检波二极管、整流二极管、开关二极管、稳压二极管；特殊二极管包括变容二极管、光电二极管、发光二极管。按照管芯结构，又可分为点接触型二极管、面接触型二极管及平面型二极管。下面简要介绍几种常用二极管的特点，如表5.1所示。

表 5.1　常用二极管的特点

名称	普通二极管	整流二极管	稳压二极管	开关二极管	发光二极管
实物图					
图形符号					
结构	有锗管和硅管两种	一般为平面型硅二极管，通常采用面接触型工艺	通常为硅管，采用面接触型工艺	既有硅管又有锗管	由磷化镓或磷砷化镓的混合晶体等材料制成，将电能转换为光能
用途	主要用于检波、限幅和小电流整流等。常用在半导体收音机、电视机、通信等设备的小信号电路中	主要用于电源电路中，将交流电变为直流电；各种低频半波整流电路，如需达到全波整流需连成整流桥使用	主要被作为稳压器或电压基准元件使用，在电路中起稳定电压的作用。在过电压保护电路中作为保护二极管	在电路中作电子开关，应用于开关电路、检波电路、脉冲整流电路、家庭电脑、电视机、通信设备、仪器仪表的控制电路中	主要用于彩色复印机、照相机等电子设备的光电检测电路中及各种光控和遥控发射电路中

5.2.3　二极管的选用

1. 二极管的主要参数

正向电流(正向测试电流)I_F：在额定功率下，允许通过二极管的电流值。

正向电压降 U_F：二极管通过正向电流时，在两极间所产生的电压降。

最大整流电流(平均值)I_{OM}：在半波整流连续工作的情况下，允许的最大半波电流的平均值。

反向电流 I_R：在规定的反向电压条件下通过二极管的反向电流值。

反向击穿电压 U_{BR}：二极管反向电流急剧增大到出现击穿现象时的反向电压值。

正向反向峰值电压(最高测试电压)U_{RM}：二极管正常工作时所允许的反向电压峰值，通常 U_{RM} 为峰值电压 U_p 的三分之二或略小一些。

稳定电流(反向测试电流)I_Z：稳压二极管在稳定范围内的正常工作电流。

最大稳定电流 I_{ZM}：稳压管允许长期通过的最大电流。

稳定电压 U_Z：稳定电压的数值会随温度变化而有微小的变化。

小提示

二极管的选用常识

①二极管的正向特性。二极管所加正向电压很小时(锗管小于0.1 V，硅管小于0.5 V)，管子不导通。当正向电压增加到一定的数值(硅管为0.5～0.7 V，锗管为0.1～0.3 V)后，管子才导通，电压在稍微增大，电流会急剧增大(图5.3曲线Ⅰ段)。

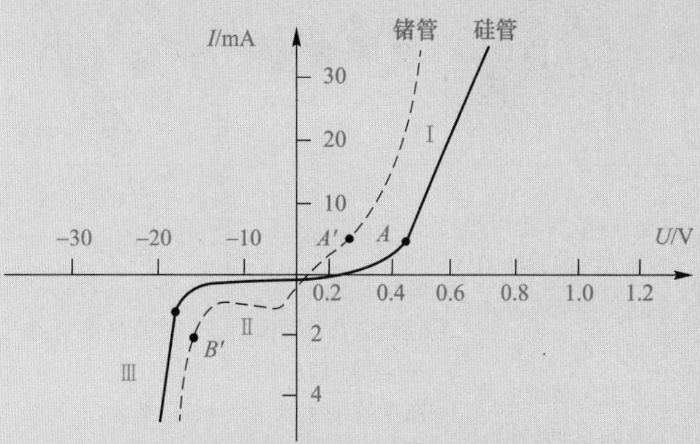

图5.3　二极管的伏安特性曲线

②二极管的反向特性。二极管两端加上反向电压时，反向电流很小，当反向电压逐渐增加时，反向电流基本保持不变，这时的电流称为反向饱和电流(图5.3曲线Ⅱ段)。不同材料的二极管，反向电流大小不同，硅管约为1微安到几十微安，锗管则可高达数百微安，另外，反向电流受温度变化的影响很大，锗管的温度性比硅管的差。

③二极管的击穿特性。当反向电压增加到某一数值时，反向电流急剧增大，这种电压称为反向击穿(图5.3曲线Ⅲ)。这时的反向电压称为反向击穿电压，不同结构、工艺和材料制成的管子，其反向击穿电压值差异很大，可由1 V到几百伏，甚至高达数千伏。

④二极管的频率特性。由于结电容的存在，当频率高到某一程度时，容抗小到使PN结短路。导致二极管失去单向导电性，不能工作，PN结面积越大，结电容也越大，越不能在高频情况下工作。

2. 常用二极管的选用

几种二极管的选用方法，如表5.2所示。

①根据具体电路的要求选用不同类型、不同特性的二极管。

②在选用二极管类型的基础上，选好二极管的各项主要技术参数，使这些参数符合电路要求，并且注意不同用途的二极管对哪些参数要求更严格。

在选用二极管的各项主要参数时，除了从有关的资料和《晶体管手册》查出相应的参数值满足电路要求外，最好再用万用表及其他仪器复测一次，使选用的二极管参数符合要求，并留有一定的余量。

③根据电路的要求和电子设备的尺寸，选好二极管的外形、尺寸大小和封装形式。

表 5.2　几种二极管的选用方法

名称	检波二极管	整流二极管	稳压二极管	开关二极管	变容二极管
实物图					
选用	一般高频检波电路选用点接触型锗二极管，例如 2AP 系列等。选用时，应根据电路的具体要求来选择工作频率高、反向电流小、正向电流大的检波二极管	一般可选用平面型硅二极管，用于整流电路中。选用时，应考虑其最大整流电流、最大反向工作电流、截止频率及反向恢复时间等参数	选用的稳压二极管的稳定电压应与应用电路的基准电压值相同；稳压管的最大稳定电流应高于应用电路的最大负载电流 50%左右	中速开关电路，可选用 2AK 系列普通二极管；高速开关电路可选用 RLS 系列、ISS 系列、2CK 系列的高速开关二极管。具体要根据电路的参数来选择	选用变容二极管应着重考虑其工作频率、最高反向工作电压、最大正向电流和零偏压结电容等参数。一般应选用结电容变化大、高 Q 值、反向漏电流小

5.2.4　二极管的识别与检测

1. 半导体二极管极性识别

方法一：看外观

①对于普通二极管，如图 5.4(a)所示，可以看管体表面，有白线圆环标志的一端为负极，如 IN4000 系列。

②对于直插式发光二极管，如图 5.4(b)所示，有两个管脚，他一管脚长，一管脚短，短的是负极，也就是长正短负。如果引脚被剪得一样长了，如图 5.4(c)所示，发光二极管管体内部金属极较小的是正极，大的片状的是负极。

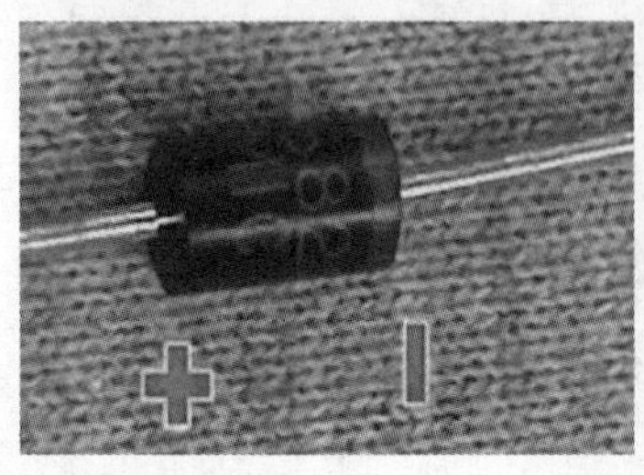

(a)

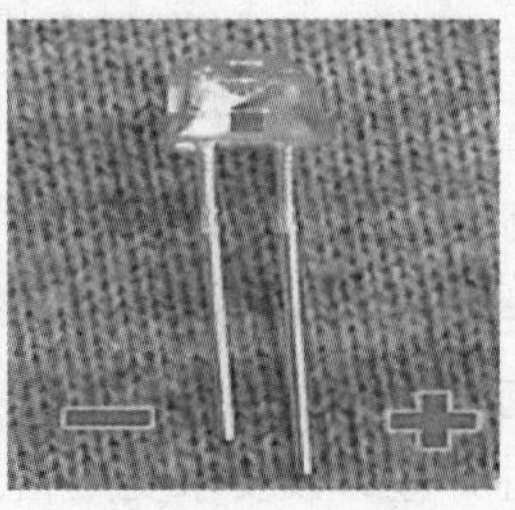

(b)

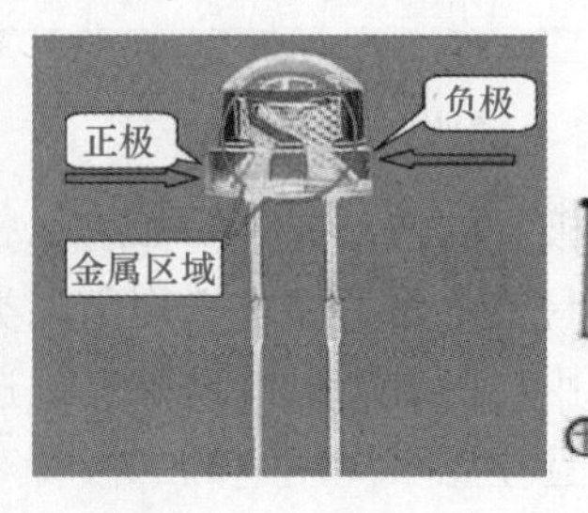

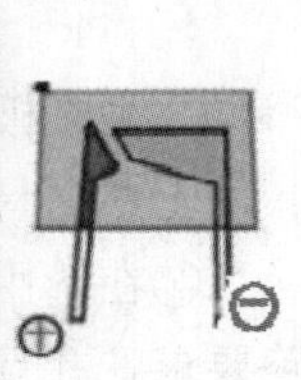

(c)

图 5.4　二极管

(a)普通二极管；(b)直插式发光二极管；(c)引脚一样长的二极管

③贴片二极管，如图 5.5 所示。有色点或色环的一侧为负极。发光二极管的封装是透明的，透过外壳可以看到里面的接触电极的形状是不一样的。看到图背面有标志的那个，箭头指向为正极到负极的指向。

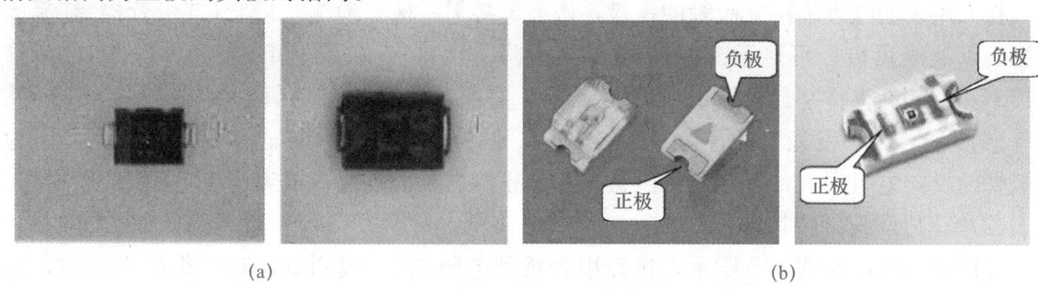

图 5.5　贴片二极管

(a)普通贴片二极管；(b)发光贴片二极管

方法二：测量法

①数字万用表测量。用数字万用表测量如图 5.6 所示，将万用表上的旋钮拨到二极管挡位，并将红黑表笔插在万用表的正确位置。这时红表笔点一边，黑表笔点一边，如果显示一定电阻则红表笔一端为正，如果显示无穷大(读书显示 1)，则黑表笔为正。所以总结为：红笔大数即为正，黑笔显 1 即为正。如果测量的是发光二极管则同时会发光。

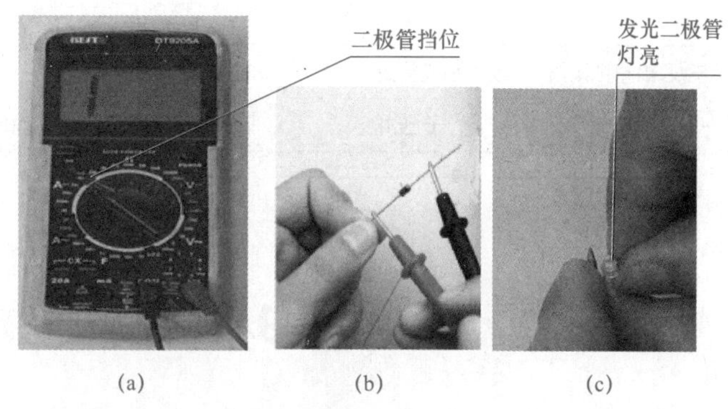

图 5.6　数字万用表检测二极管

②模拟万用表测量。用模拟万用表测量时，用万用表欧姆挡来判断正、负极：根据二极管正向电阻小，反向电阻大的特点，将万用表拨到电阻挡(一般用 $R\times100$ 或 $R\times1$ k 挡)，用表笔分别与二极管的两极相接，测出两个阻值，如图 5.7 所示。在所测得阻值较小的一次，与黑表笔相接的一端为二极管的正极。同理，在所测得较大阻值的一次，与黑表笔相接的一端为二极管的负极。

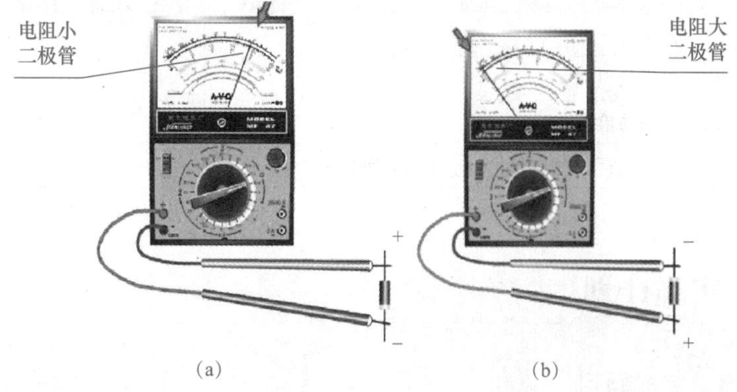

图 5.7　模拟万用表检测二极管

(a)电阻小二极管；(b)电阻大二极管

2. 判断二极管质量的好坏

(1)数字万用表判别

将万用表的红表笔接二极管的一极，黑表笔接另一极。检测二极管(二极管挡)红笔接正极，黑笔接负极；可显示二极管的正向压降。正常应显示硅管 0.500～0.700，锗管 0.150～0.300。肖特基二极管的压降是 0.2 V 左右，普通硅整流管(1N4000、1N5400 系列等)约为 0.7 V，发光二极管为 1.8～2.3 V。调换表笔，显示屏显示“1”则为正常，因为二极管的反向电阻很大，否则此管已被击穿。正测、反测均为 0 或者为 1，表明此管损坏。

(2)模拟万用表判别

万用表的使用如图 5.7 所示，将万用表拨到电阻挡(一般用 $R\times100$ 或 $R\times1$ 挡)，用表笔分别与二极管的两极相接，测出两个阻值。所测阻值与二极管质量之间的对应关系如表 5.3 所示。

表 5.3　二极管质量的判断

正反向电阻值	很小或接近于 0	很大或接近于∞	相差不大	相差几百倍以上
二极管质量	管子已击穿	管子内部已断路	性能变坏或已失效	性能良好

5.3　项目实施

5.3.1　制订计划

全班同学分成 8 个小组，每组 5～7 人，设小组长一名。小组成员集体讨论，按表 5.4 工作流程，制订工作计划并填写表。

表 5.4　工作计划表

序号	工作流程	时间分配/min	人员分工
1	理论学习		
2	常用二极管的识别		
3	常用二极管的检测		
计划时间：________小时，实际时间：________小时，审核：			

5.3.2　实施计划

1. 查阅资料，完成题目

让学生通过手机上网查找相关资料，着重培养学生利用互联网获取知识的能力，让他

们知道手机不只是用来玩的，更重要的是可以作为学习和生活的好帮手。在课堂完成以下练习题：

①什么是半导体？什么是 P 型半导体和 N 型半导体？什么是 PN 结？PN 结有什么特性？

②我国半导体器件型号的命名方法是什么？

CZ21E 型管是________材料制成的，其用途为________。

③如图 5.8 所示电路，哪些灯泡可能发亮？

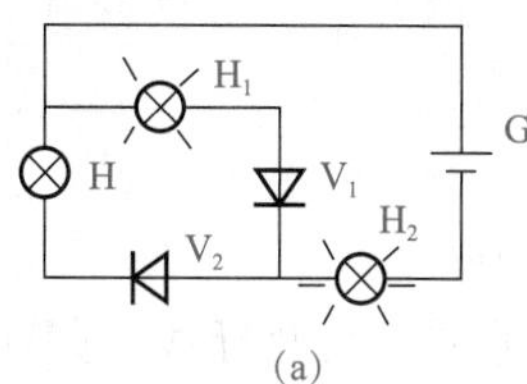

(a)

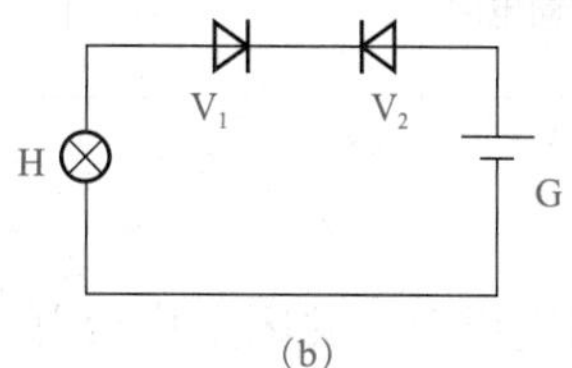

(b)

图 5.8　电路

2. 常用二极管的识别

①根据二极管的型号，查阅资料得到管子的材料类型与功能，完成表 5.5 的填写。

②根据色环(或色点)标识，判断管脚极性，将该二极管对应粘贴在表 5.5 中。

表 5.5　二极管的识别

二极管编号	图形符号及文字符号	型号	材料类型	功能	粘贴
1					a —[粘贴区]— k
2					a —[粘贴区]— k
3					a —[粘贴区]— k

3. 常用二极管的检测

①用模拟万用表检测标识不明的二极管，判断管脚极性，填写表 5.6。

②用数字万用表检测标识不明的二极管，判断材料类型及管脚极性，填写表 5.6。

③将检测后的二极管对应粘贴在表 5.6 中。

表 5.6　二极管的检测

二极管编号	用模拟万用表检测	用数字万用表检测	材料类型	质量判别(好、坏)	粘贴
1	正向电阻： 反向电阻：	正向压降：			a —[粘贴区]— k

续表

二极管编号	用模拟万用表检测	用数字万用表检测	材料类型	质量判别(好、坏)	粘贴
2	正向电阻： 反向电阻：	正向压降：			a 粘贴区 k
3	正向电阻： 反向电阻：	正向压降：			a 粘贴区 k

4. "6S"管理

工作任务全部完成后，关闭工作台总电源，拆下测量线及导线，归还工具，对实训台及实训室开展"整理、整顿、清扫、清洁、素养、安全"6S行动。

5.3.3 项目评价

1. 成果展示

小组内选择出1～2件优秀作品，在班级同学中展示，讲解作品成功之处，并填写表5.7。

表5.7 作品评价表

作品成功之处	
作品成功原因	

2. 经验分享

学生在班级中谈收获、体会及建议，并填写表5.8。

表5.8 经验分享表

收获	
体会	
建议	

3. 评分

根据表5.9的要求，按自评、小组、师评的顺序进行评分，各小组推荐优秀成员。

表 5.9　评分表

项目	考核要求	配分	评分标准	自评	组评	师评
理论学习	认真学习理论，并完成相关问题	20	每少填写一空扣 2 分			
指定二极管的识别	教师给出某一二极管的型号，学生识别出它的含义，并能叙述出它的用途	30	每错一个，扣 5 分			
指定二极管的检测	根据要求完成表格	30	每错一空，扣 5 分			
6S 管理	工作台上工具排放整齐。严格遵守安全操作规程	15	工作台上杂乱扣 5～15 分。违反安全操作规程扣 10 分			
合作学习	团结小组成员，乐于助人，合作精神好，遵守实训制度	5	评分为优秀组长或组员得 5 分，其他组长或组员评分由教师、组长评分			
总分						
教师点评						

5.4　项目总结

①二极管的特性：具有单向导电性。

②二极管的分类：根据用途可分为普通二极管和特殊二极管。

③二极管的识读：普通二极管有圆环标志是负极；发光二极管长正短负。

④二极管的检测可用数字万用表检测也可以用模拟万用表检测。

5.5　项目考核

1. 填空题

①整流二极管的正向电阻越________，反向电阻越________，表明整流二极管的单向导电性能越好。

②发光二极管是把________能转变为________能，它工作于________状态；发光二极管是把________能转变为________能，它工作于________状态。

③PN 结的最显著特性，称为________。

④若论大小，二极管的正向电阻________，反向电阻________。

⑤二极管导通后，硅管工作电压约为________，锗管工作电压约为________。

⑥从串并联的角度看，稳压二极管的稳压电路中，稳压二极管必须与负载电阻________。

2. 判断题

①检测晶体二极管正向阻值时，万用表红表笔搭在晶体二极管的正极上，黑表笔搭在晶体二极管的负极上。　　（　　）

②用万用表的不同欧姆挡去测量晶体二极管正反向电阻时，获得的结果差异较大，这是因为该晶体二极管已经损坏。　　（　　）

3. 选择题

①如图5.9所示，不属于晶体二极管的元器件为(　　)。

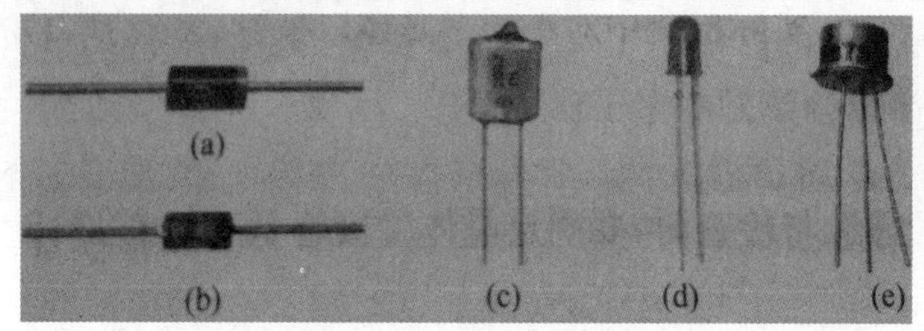

图5.9　常见电子元器件

A. (b)(c)　　B. (c)(e)　　C. (b)(e)　　D. (e)(d)

②正常情况下晶体二极管的正向电阻比反向电阻(　　)。

A. 小　　B. 大　　C. 一样大　　D. 不确定

③用万用表欧姆挡测量小功率晶体二极管性能好坏时，一般应选择(　　)欧姆挡。

A. $R\times1$ 欧姆挡　　B. $R\times10$ 欧姆挡

C. $R\times100$ 欧姆挡　　D. $R\times100$ 欧姆挡或 $R\times1$ k欧姆挡

④对晶体二极管进行筛选与检查时，要确定晶体二极管是否符合设计要求，通常通过(　　)进行筛选。

A. 型号　　B. 体积　　C. 外形　　D. 颜色

⑤一些高频检波电路中，通常选用(　　)二极管。

A. 开关二极管　　B. 点接触型检波二极管

C. 稳压二极管　　D. 整流二极管

⑥下列关于稳压二极管的选用方法，解说错误的是(　　)。

A. 考虑其稳定电压值等参数

B. 最大稳定电流应高于应用电路的最大负载电流50%左右

C. 最大整流电流和最大反向工作电路是考虑的重点参数

D. 一般是当作电路中的稳压或保护二极管

4. 综合题

①试判断电路图5.10中二极管是导通还是截止？并求出A、O两端电压 U_{AO}。设二

极管是理想器件，其中 $R=5\ k\Omega$。

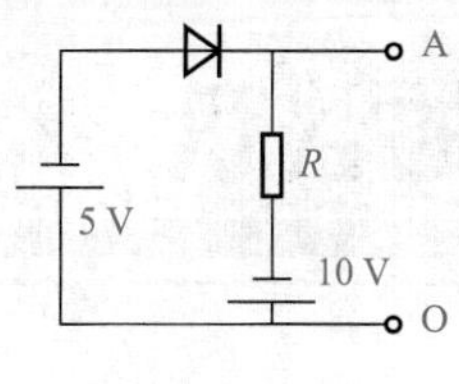

图 5.10

②如图 5.11 所示电路中，已知 V_1 和 V_2 两个稳压管，其中 V_1 的稳压电压为 8 V，V_2 的稳压电路为 10 V，两管的正向电压为 0.7 V。分别求出三个电路中的 U_o 值，要求写出过程。

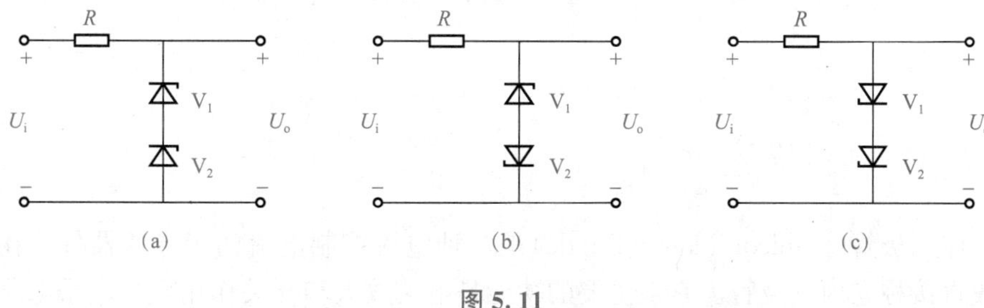

图 5.11

项目六　三极管的认识

6.1　项目描述和要求

6.1.1　项目描述

半导体三极管(Semiconductor Triode)是一种电流控制电流的半导体器件，在日常生活中一般直接称它为三极管。它最主要的功能是电流放大和开关作用，是电子电路的核心元件，配合其他元器件还可以构成振荡器。根据放大特性构成放大电路；根据恒流特性构成电流源电路；根据饱和区、截止区所具有的开关特性构成开关电路。总之，三极管在电路中具有举足轻重的地位，学好三极管是非常重要的。

6.1.2　项目要求

①三极管的基本认识。
②三极管的分类及应用。
③选用三极管的注意事项。
④三极管识读与检测。

6.2　知识准备

半导体三极管也称为晶体三极管，可以说它是电子电路中最重要的器件。学习好三极管尤为重要。在学习本项目之前，要求自主收集关于三极管的资料，了解三极管的基本特性，为学习好三极管做准备。

6.2.1　三极管的基本认识

晶体三极管因有两种不同极性电荷的载流子参与导电而得名。它的种类很多，按半导体所用材料分，有硅管和锗管；按三极管的导电极性分，有 NPN 型管和 PNP 型管；按功率分，有小功率管、中功率管和大功率管等。常见的三极管如图 6.1 所示。

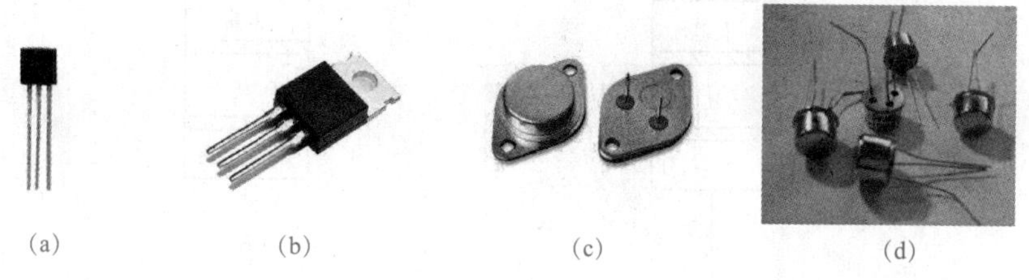
(a)　(b)　(c)　(d)

图 6.1　常见的三极管

(a)塑封型三极管；(b)调整型三极管；(c)大功率三极管；(d)中功率三极管

1. 三极管的结构简介

三极管的基本结构如图 6.2 所示，在一个硅(或锗)片上生成三个杂质半导体区域，一个 P 区(或 N 区)夹在两个 N 区(或 P 区)中间，有 PNP 和 NPN 两种组合。这两个 PN 结将整个半导体基片分为 3 个区域：发射区、基区和集电区，名称来源和它们在三极管操作时的功能有关。图 6.2 中也显示出 PNP 与 NPN 三极管的电路符号，有一个带箭头的电极是发射极，其中箭头朝外的是 NPN 型三极管，箭头朝内的是 PNP 型。实际上箭头所指的方向就是电流的方向。

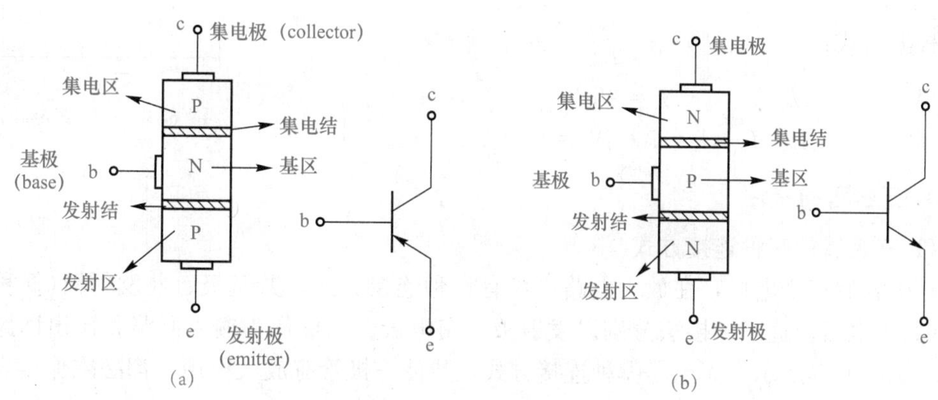

图 6.2　两种类型三极管的结构示意图及其电路符号

(a)PNP 型三极管；(b)NPN 型三极管

2. 三极管的内部特征

特点：基区相对很薄，掺杂少，载流子易于通过。集电区面积很大且掺杂多，利于收集载流子。发射区载流子的掺杂浓度很高，以利于向基区发射载流子。

三极：对应着三个区分别引出三个电极，即基极、集电极和发射极，分别用英文字母 b，c 和 e 来表示，如图 6.3 所示。

两结：三极管是由两个 PN 结组成的。我们把基极和发射极之间的 PN 结称作发射结，基极和集电极之间的 PN 结称作集电结。

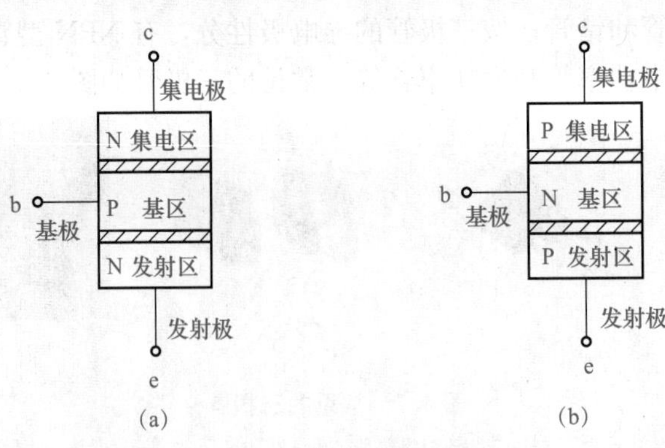

(a)　　　　　　　　　　　　(b)

图 6.3　三极管结构示意图

(a)NPN 型；(b)PNP 型

3. 三极管的电流分配关系

如图 6.4 所示，根据节点电流法得出：

$$I_e = I_b + I_c$$

电流放大原理：

用基极电流 I_b 的微小变化来控制集电极电流 I_c 较大的变化。

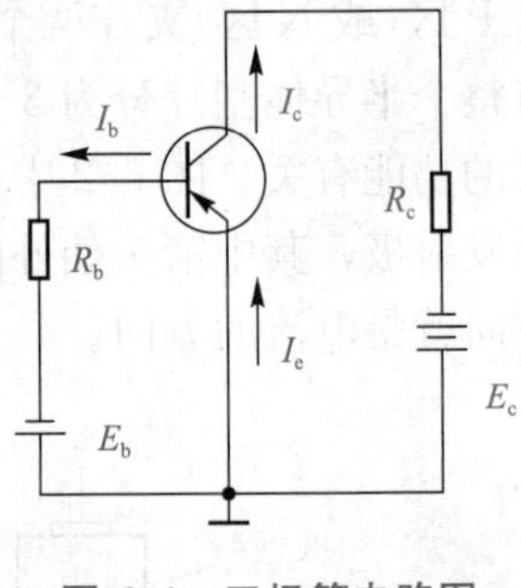

图 6.4　三极管电路图

根据公式：$\beta = \dfrac{I_c}{I_b}$

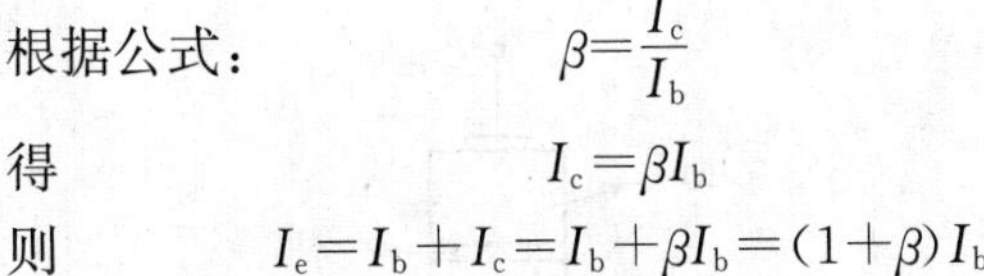

得　$I_c = \beta I_b$

则　$I_e = I_b + I_c = I_b + \beta I_b = (1+\beta) I_b$

4. 三极管的特性

(1)三极管的三种连接方式

三极管有三个电极，在放大电路中可有三种连接方式，共基极、共发射极(简称共射极)和共集电极。这三种接法分别以发射极、集电极、基极作为输入回路和输出回路的公共端，如图 6.5 所示。无论是哪种连接方式，要使三极管有放大作用，都必须保证发射极正偏、集电极反偏。

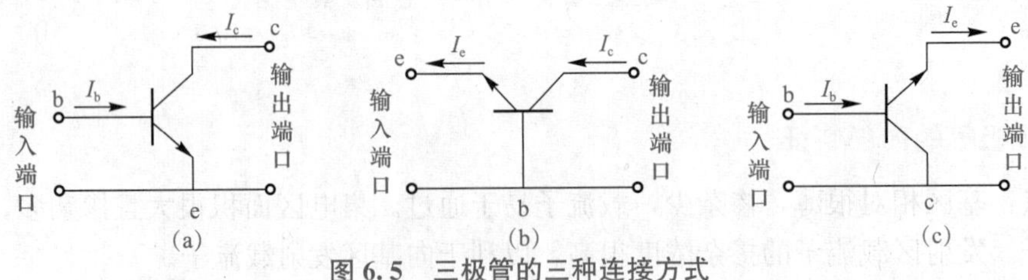

图 6.5　三极管的三种连接方式

(a)共射接法；(b)共基接法；(c)共集接法

(2)特性曲线

①输入特性曲线(图 6.6)。

a. 死区电压：硅管 0.5 V，锗管 0.2 V。

b. 工作电压：硅管 $U_{be} \approx 0.6 \sim 0.7$ V

锗管 $U_{be} \approx 0.2 \sim 0.3$ V

②输出特性曲线(图 6.7)。

a. 饱和区：$U_{ce} < U_{be}$ 的区域，发射极正偏，集电极正偏。I_c 明显受 U_{ce} 控制的区域，但不随 I_b 的增加而增大。在饱和区，可近似认为 U_{ce} 保持不变。对于小功率硅管，一般 $U_{ces} = 0.2$ V。

b. 放大区：此时，发射极正偏，集电极反偏。I_c 不随 U_{ce} 变化，但随 I_b 的增大而线性增大，且 $I_c = \beta I_b$。

c. 截止区：$I_b = 0$ 的输出曲线以下的区域。此时，发射极和集电极均反偏。I_c 只有很小的反向电流。

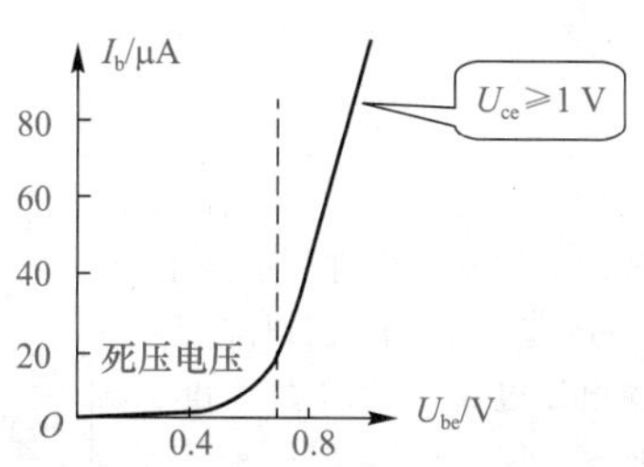

图 6.6　三极管输入特性曲线

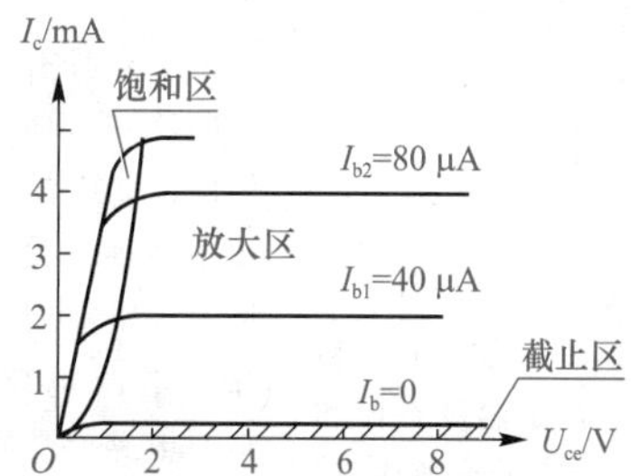

图 6.7　三极管输出特性曲线

(3)三极管的三种工作状态

截止状态：发射极反偏，集电极反偏。$I_b = 0$，$U_{ce} \approx U_{cc}$。

放大状态：发射极正偏，集电极反偏。NPN：$V_c > V_b > V_e$，PNP：$V_c < V_b < V_e$。

饱和状态：发射极正偏，集电极正偏。$I_c \neq \beta I_b$，$U_{ce} \leqslant 1$ V。

6.2.2　几种常用的三极管

三极管的种类很多，按材料和极性分有硅材料的 NPN 与 PNP 三极管，锗材料的 NPN 与 PNP 三极管；按用途分有高频放大管、中频放大管、低频放大管、低噪声放大管、光电管、开关管、高反压管、达林顿管、带阻尼的三极管等；按功率分有小功率三极管、中功率三极管、大功率三极管；按工作频率分有低频三极管、高频三极管和超高频三极管；按制作工艺分有平面型三极管、合金型三极管、扩散型三极管；按外形封装的不同可分为金属封装三极管、玻璃封装三极管、陶瓷封装三极管、塑料封装三极管等。常用三极管的特点如表 6.1 所示。

表 6.1　常用三极管的特点

名称	光敏三极管	开关三极管	稳压三极管	大功率三极管	高频三极管
实物图					

续表

名称	光敏三极管	开关三极管	稳压三极管	大功率三极管	高频三极管
图形符号			或		
结构	有锗管和硅管两种	一般为平面型硅三极管，通常采用面接触型工艺	通常为硅管，平面型	既有硅管又有锗管	通常为扩散型管
用途	一些光敏三极管的基极有引出，用于温度补偿和附加控制等作用	由于它具有完成断路和接通的作用，被广泛应用于各种开关电路中，如常用的开关电源电路、驱动电路、高频振荡电路、模数转换电路、脉冲电路及输出电路等	主要用于控制板电路的稳压，以便使电压过高烧毁电路	是电流控制性器件，主要用于放大弱电流信号。常用在继电器、电动机、扬声器、大功率照明灯	可广泛应用于（VHF/UHF）移动通信、数据传输、安全防护、遥控线路中做振荡、信号放大、倍频等作用

6.2.3 三极管的选用

1. 三极管的主要参数

选用三极管需要了解三极管的主要参数。三极管的参数很多，根据实践经验，主要了解三极管的四个极限参数：I_{cm}、$U_{(br)ceo}$、P_{cm}及 f_t 即可满足95%以上的使用需要。

①I_{cm}是集电极最大允许电流。三极管工作(工作总结)时当它的集电极电流超过一定数值时，它的电流放大系数β将下降。为此规定三极管的电流放大系数β变化不超过允许值时的集电极最大电流称为I_{cm}。所以在使用中当集电极电流 I_c 超过 I_{cm}时不至于损坏三极管，但会使β值减小，影响电路的工作(工作总结)性能。

②$U_{(br)ceo}$是三极管基极开路时，集电极—发射极反向击穿电压。如果在使用中加在集电极与发射极之间的电压超过这个数值时，将可能使三极管产生很大的集电极电流，这种现象叫击穿。三极管击穿后会造成永久性损坏或性能下降。

③P_{cm}是集电极最大允许耗散功率。三极管在工作(工作总结)时，集电极电流在集电极上会产生热量而使三极管发热。若耗散功率过大，三极管将烧坏。在使用中如果三极管在大于 P_{cm}下长时间工作(工作总结)，将会损坏三极管。需要注意的是大功率三极管给出的最大允许耗散功率都是在加有一定规格散热器情况下的参数，使用中一定要注意这一点。

④特征频率 f_t。随着工作(工作总结)频率的升高，三极管的放大能力将会下降，对应

于 $\beta=1$ 时的频率 f_t 叫作三极管的特征频率。

2. 常用三极管的选用

选用三极管的基本思路：

①根据三极管的主要参数进行选用，在选好三极管种类、型号的基础上，再看一下晶体三极管的各项参数是否符合电路要求。

②根据具体电路要求，选用不同类型晶体三极管。

③选用合适的外形尺寸和封装形式。晶体三极管的外形和封装形式有多种，我们在选用晶体管时，要根据整机的尺寸和价格比，合理的选用三极管的尺寸和封装形式。

④有些情况下，还要判别三极管的好坏和极性。

6.2.4　三极管的识读与测量

1. 型号命名方法

总共分五部分：第一部分表示电极数目，第二部分表示材料和极性，第三部分表示类别，第四部分是序号，第五部分是规格号。

例如：3DG130C，第一个 3 表示三极管。

第二部分 A 表示 PNP 锗材料，B 表示 NPN 锗材料，C 是 PNP 硅材料，D 是 NPN 硅材料。

第三部分 Z 是整流管，L 是整流堆，S 是隧道管，N 是阻尼管，U 是光电器件，X 低频小功率管，G 是高频小功率管，T 是体效应管，B 是雪崩管，J 是节约恢复管，CS 是场效应管，BT 是半导体特殊器件，FH 是复合管，PIN 是 PIN 型管，JG 是激光器件。

第四部分是序号，第五部分是规格号。

2. 三极管管脚的识别

(1)三极管的极性判别

①目测判别极性：从封装及外形上识别管脚，如图 6.8 所示。

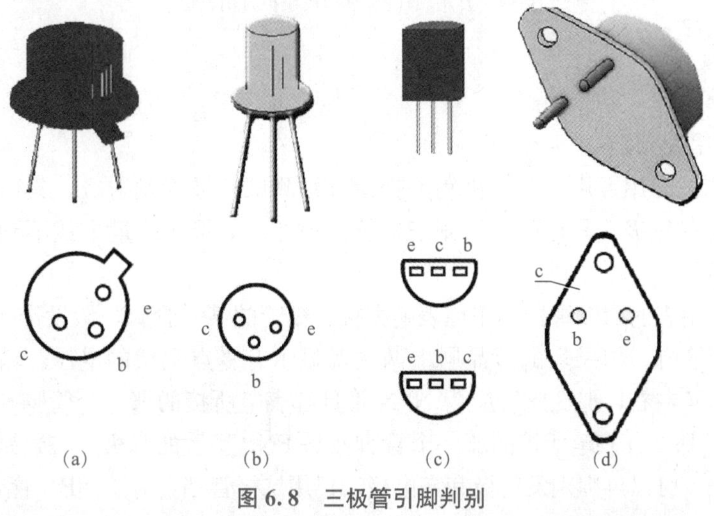

图 6.8　三极管引脚判别

②模拟万用表判别管脚。基极 b 的判断：将万用表调到 $R\times100$(或 $R\times1$ k)挡，黑(红)表笔接某一极，红(黑)表笔分别依次接另外两极。若在两次测量中表针均偏转很大(说明管子的 PN 结已通，电阻较小)，则黑笔接的电极为 b 极，同时该管为 NPN(PNP)。

c、e 极的判断：基极确定后，比较 b 与另外两个极间的正向电阻，较大者为发射极 e，较小者为集电极 c。

③数字万用表判别管脚。

a. 首先将数字万用表功能旋钮置于二极管挡(蜂鸣挡)，将红表笔接在某一只脚上不动，黑表笔分别测量另外两只引脚，在两次测量中，若数字万用表都显示 560 左右，则红表笔接的电极为基极，且该三极管为 NPN 型，否则将黑表笔换一只脚重测。

b. 将黑表笔接在某一只引脚上不动，红表笔分别测量另外两只引脚，在两次测量中，数字万用表都显示 560 左右，则黑表笔接的电极为基极，且该三极管为 PNP 型，否则将黑表笔换一只脚重测。

④用万用表的 h_{FE} 挡测 β 值，如图 6.9 所示。

a. 把开关调到 h_{FE} 的挡位，这是三极管放大倍数的专用挡位。

b. 根据三极管的型号，将三极管插到测三极管的插座，读出此时的放大倍数，然后将三极管反向插到插座里，读出此时的放大倍数。

c. 比较两次测量的放大倍数，读数比较大的那个倍数就是可直接判断出三极管的极性。

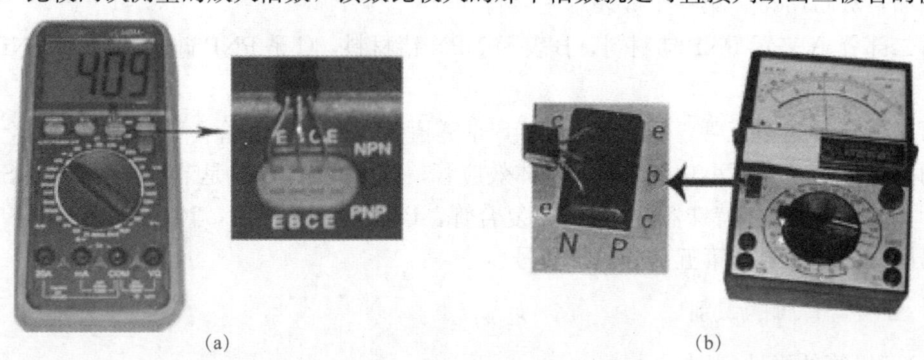

(a)　　(b)

图 6.9　万用表检测三极管

(a)用数字万用表检测；(b)用模拟万用表检测

3. 三极管好坏的判别

(1)数字万用表判别

方法一：测试时用万用表测二极管的挡位分别测试三极管发射极、集电极的正、反偏是否正常，正常的三极管是好的，否则三极管已损坏。如果在测量中找不到公共 b 极、该三极管已为坏管子。

方法二：万用表的二极管挡，用红表笔去接三极管的某一管脚，假设作为基极；用黑笔分别接另外两个管脚，如果表的液晶屏上两次都显示有零点几伏的电压：锗管为 0.3 V 左右，硅管为 0.7 V 左右，那么此管应为 NPN 管且红表笔所接的那一个管脚是基极。如果两次所显的为"OL"那么红表笔所接的那一个管脚便是 PNP 型管的基极。在判别出管子的型号和基极的基础上，可以再判别发射极和集电极。仍用二极管挡，对于 NPN 管令红表笔接其 b

极，黑表笔分别接另两个脚上，两次测得的极间电压中，电压微高的那一极为 e 极，电压低一些的那一极为 c 极。如果是 PNP 管，则令黑表笔接 b 极，方法和上面一样。

(2)模拟万用表判别

用万用表的欧姆挡($R\times1$ k 挡)。测量三极管集电极，发射极的正向和反向电阻大小，正向电阻一般为几千欧，反向电阻一般为几百千欧姆以上时说明三极管基本正常。

①若测得阻值为零或很小，说明存在击穿故障。

②若测得正向电阻和反向电阻均为无穷大，说明存在开路故障。

③在测量两个 PN 结的正向，反向电阻时，只要有一个的正向或反向电阻不正常，这个三极管就已经损坏了。

④若测得有一个 PN 结的正向，反向电阻相差不大，则说明该三极管性能变劣，已损坏。

6.3　项目实施

6.3.1　制订计划

全班同学分成 8 个小组，每组 6～7 人，设小组长一名。小组成员集体讨论，按表 6.2 工作流程，制订工作计划并填写表。

表 6.2　工作计划表

序号	工作流程	时间分配/min	人员分工
1	理论学习		
2	三极管的识别		
3	三极管管脚极性的识别		
计划时间：________小时，实际时间：________小时，审核：			

6.3.2　实施计划

1. 查阅资料，完成题目

让学生通过手机上网查找相关资料，着重培养学生利用互联网获取知识的能力，让他们知道手机不只是用来玩的，更重要的是可以作为学习和生活的好帮手。在课堂完成以下练习题。

①什么是半导体三极管？

②画出 NPN 型和 PNP 型三极管的电路符号。

③判断图 6.10 所示各三极管处于什么工作状态。

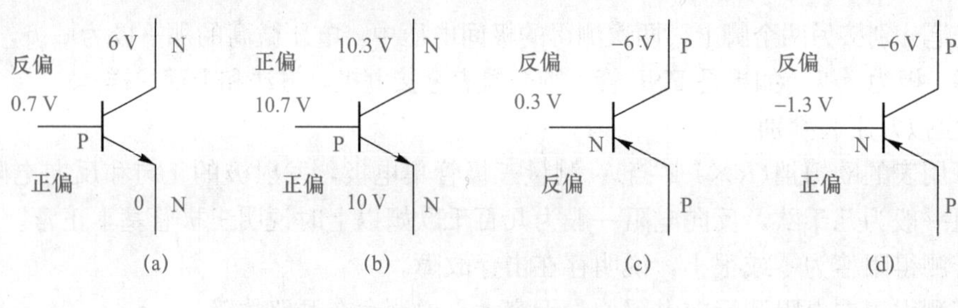

图 6.10　三极管

2. 检测

①三极管的识别。老师提供 5 个不同三极管或提供电路板(如彩电板)，分别完成记录表 6.3。

表 6.3　普通三极管的测量

三极管	型号	类型	放大系数	极性
1				
2				
3				
4				
5				
小组名次			得分	评委签名：

②三极管好坏的判别，完成表 6.4。

表 6.4　普通三极管好坏的判别

三极管	发射极		集电极		材料	极性	结果
	正向电阻	反向电阻	正向电阻	方向电阻			
1							
2							
3							

3. “6S”管理

工作任务全部完成后，关闭工作台总电源，拆下测量线及导线，归还工具，对实训台及实训室开展“整理、整顿、清扫、清洁、素养、安全”6S 行动。

6.3.3　项目评价

1. 成果展示

小组内选择出 1～2 件优秀作品，在班级同学中展示，讲解作品成功之处，并填写表 6.5。

表 6.5　作品评价表

作品成功之处	
作品成功原因	

2. 经验分享

学生在班级中谈收获、体会及建议，完成表 6.6。

表 6.6　经验分享表

收获	
体会	
建议	

3. 评分

根据表 6.7 要求，按自评、组评、师评的顺序进行评分，各小组推荐优秀成员。

表 6.7　评分表

项目	考核要求	配分	评分标准	自评	组评	师评
理论学习	认真学习理论，并完成相关问题	20	每少填写一空扣 2 分			
指定三极管的识别	教师给出某一三极管的型号，学生能熟练判断出来	30	每错一个，扣 3 分			
指定三极管管脚极性的识别	根据老师提供的三极管，迅速判断出三极管各个管脚的极性	30	每错一题，扣 5 分			
6S 管理	工作台上工具排放整齐。严格遵守安全操作规程	15	工作台上杂乱扣 5～15 分。违反安全操作规程扣 5 分			
合作学习	团结小组成员，乐于助人，合作精神好。遵守实训制度	5	评分为优秀组长或组员得 5 分，其他组长或组员评分由教师、组长评分			
总分						
教师点评						

6.4 项目总结

①三极管最主要的功能是电流放大和开关作用。

②三极管是由两个PN结构成的，两个PN结把整块半导体基片分成三部分，中间部分是基区，从三个区引出相应的电极，分别称为基极b、发射极e和集电极c。

③三极管的主要参数有：β、I_{cbo}、I_{ceo}、I_{cm}、$U_{(br)ceo}$、P_{cm}、f_t。

④三极管识别及检测。

6.5 项目考核

1. 填空题

①二极管的符号________，NPN三极管的符号________，PNP三极管的符号________。

②三极管的三个工作区是________、________、________。

③三极管的主要特性是具有电流放大作用，其处于放大状态的条件是：________、________。

④三极管的三个管脚电流关系是：________，测得$I_b=30\ \mu A$，若直流电流放大倍数$\beta=99$，则$I_e=$________。

⑤晶体三极管是一种________控制器件，而场效应管是一种________控制器件。

2. 判断题

①所有晶体三极管均有三只引脚，因此也必须有三只引出线用于安装到电路板上。（　）

②正常情况下。NPN型晶体三极管的基极与集电极、基极与发射极之间正向阻值为一个固定阻值，其余引脚间阻值为无穷大，则表明该晶体三极管正常。（　）

③检测NPN型晶体三极管基极与发射极之间的正向阻值是指，用模拟万用表红表笔接基极，黑表笔接发射极进行检测。（　）

3. 选择题

①晶体三极管的三引脚极性分别为(　)。

A. a、b、c　　B. b、c、e　　C. d、s、g　　D. a、s、k

②三极管工作在放大区，要求(　)。

A. 发射极正偏，集电极正偏　　B. 发射极正偏，集电极反偏

C. 发射极反偏，集电极正偏　　D. 发射极反偏，集电极反偏

③有万用表测得PNP晶体管三个电极的电位分别是$V_c=6$ V，$V_b=0.7$ V，$V_e=1$ V则晶体管工作在(　)状态。

A. 放大　　B. 截止　　C. 饱和　　D. 损坏

④晶体三极管根据内部PN结的结构不同可以分为(　　)。

A. NPN型和PNP型　　B. 大功率和小功率

C. 低频和高频　　D. 电压型和电流型

⑤工作在放大区的一只晶体三极管，当 I_b 从20 μA时增大到40 μA时，I_c 从1 mA变为2 mA，则它的放大倍数 β 值约为(　　)。

A. 10　　B. 20　　C. 50　　D. 100

⑥晶体三极管放大电路无输入信号时，集电极电流与基极电流的比值为(　　)。

A. 穿透电流　　B. 直流放大倍数　　C. 交流放大倍数　　D. 饱和电流

⑦要是晶体三极管具有放大作用，必须满足的外部条件是(　　)。

A. 发射极正偏、集电极正偏　　B. 发射极反偏、集电极正偏

C. 发射极正偏、集电极反偏　　D. 发射极反偏、集电极反偏

⑧在数字电路中通常选用(　　)。

A. 小功率开关晶体三极管　　B. 高频晶体三极管

C. 低频大功率复合管　　D. 光敏晶体三极管

⑨在音频功率输出电路中，通常选用(　　)。

A. 高频晶体三极管　　B. 低频大功率晶体三极管

C. 门控管　　D. 带阻晶体三极管

4. 综合题

①用万用表测的放大电路中某个三极管两个电极的电流值如图6.11所示。

a. 求另一个电极的电流大小，在图6.11上标出实际方向。

b. 判断是PNP还是NPN管?

c. 图上标出管子的e、b、c极。

图6.11　三极管

②简要叙述NPN型晶体三极管好坏的判断方法。

模 电 篇

项目七　稳压二极管并联型直流稳压电源

7.1　项目描述和要求

7.1.1　项目描述

学校电子实验室的电子实验箱经过多年的使用，部分实验箱电源已经损坏了很多，为了保障同学们能使用它做实验，负责设备管理的黄老师找电子制作中心的张老师帮忙制作一款实验箱的稳压电源。请根据张老师以下的设计(图 7.1)，解决实验箱的问题。

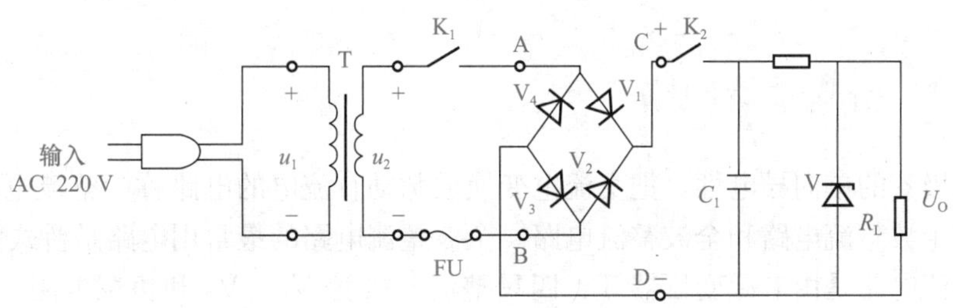

图 7.1　稳压二极管并联型直流稳压电源电路原理图

7.1.2　项目要求

①输出电压：12 V。

②用万能板进行布局、连线，要求布局合理，插装、焊接符合工艺标准。

③使用仪表调试电路，做好测量数据记录。

7.2 理论分析

7.2.1 直流稳压电源的结构

交流电是大小和方向随时间变化而变化的电压或电流，在电能的输送和分配方面它有很多优点，因此发电厂生产的是交流电。但是，在生活中很多家用电器必须使用方向不变和大小稳定的直流电，如手机、计算机等。这就需要将交流电通过变压、整流、滤波和稳压电路变为方向不变和大小稳定的直流电。直流稳压电源就是把交流电变换处理后得到稳定的直流电压的电路，其组成框图如图 7.2 所示。

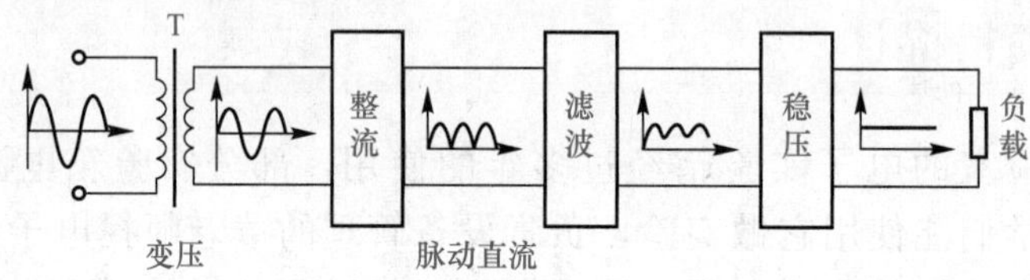

图 7.2　直流稳压电源组成框图

7.2.2 桥式整流电路

利用二极管的单向导电性，把交流电变换成脉动直流电的电路称为整流电路。常见的整流电路有半波整流电路和全波整流电路。全波整流电路的最常用电路是桥式整流电路。

桥式整流电路是由电源变压器 T、四只整流二极管 $V_1 \sim V_4$ 和负载电阻 R_L 组成。四只整流二极管接成电桥形式，所以称为桥式整流。图 7.3(a)、(b)分别是桥式整流电路的原理图、简化画法。

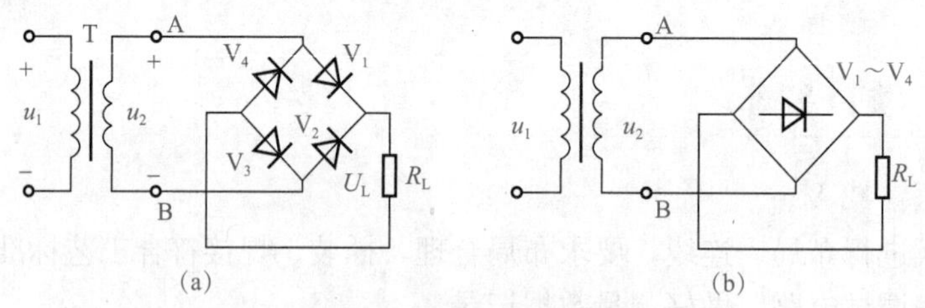

图 7.3　桥式整流波形图

(a)桥式整流电路的原理图；(b)简化画法

1. 工作原理

当 u_2 为正半周时，A 端为正、B 端为负，二极管 V_1 和 V_3 正向导通，V_2 和 V_4 反向截止。电路中电流流向如图 7.4(a)所示，在负载 R_L 上得到一个上正下负的电压，是一个

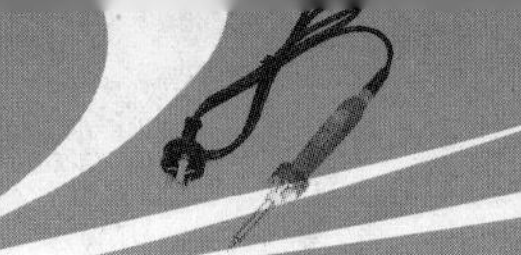

正向的半波电压。

当 u_2 为负半周时，A 端为负、B 端为正，二极管 V_2 和 V_4 正向导通，V_1 和 V_3 反向截止。电路中电流流向如图 7.4(b)所示，在负载 R_L 上仍然得到一个上正下负的电压，也是一个正向的半波电压。

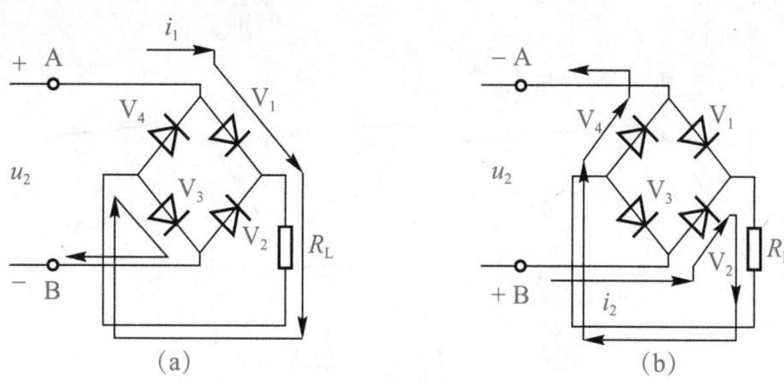

图 7.4　桥式整流电路工作过程

(a)u_2 为正半波时的电流方向；(b)u_2 为负半波时的电流方向

可见，在桥式整流电路中，四个二极管分为两组，交流电正、负半周各有一组二极管导通，且流过负载 R_L 的电流是同一方向的，在负载上得到全波脉动直流电，以后周期地重复上述过程。桥式整流电路波形如图 7.5 所示。

2. 桥式整流电路的特点

桥式整流电路具有输出电压高，脉动较小，二极管承受的最大反向电压较低等特点，同时因电源变压器在正、负半周内都有电流供给负载，电源变压器得到了充分的利用，效率较高。因此，这种电路在半导体整流电路中得到了广泛应用。

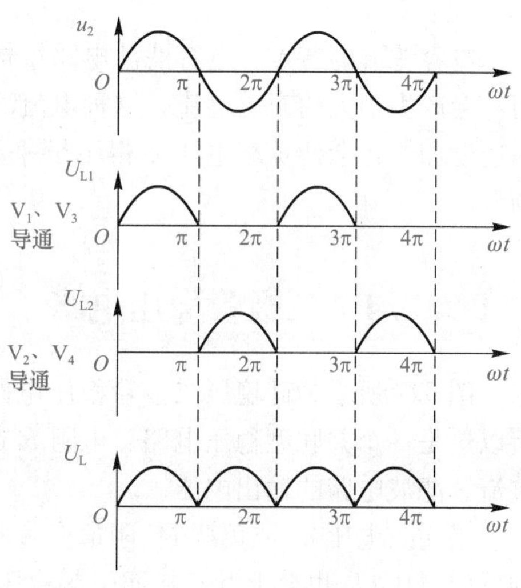

图 7.5　桥式整流电路波形

7.2.3　电容滤波电路

交流电经过二极管整流后，方向单一了，但是大小还是处在不断地变化之中，这种方向不变、大小变化的脉动直流电一般是不能直接用来给电子线路供电的。要把脉动直流电变成波形平滑的直流电，还需要再做一番“填平取齐”的工作，这便是滤波。换句话说，滤波的任务，就是把整流电路输出电压中的波动成分尽可能地减小，改造成接近平稳的直流电。常用的滤波电路有电容滤波电路、电感滤波电路和复式滤波电路。本项目电路采用的是电容滤波。

电容器是一个储能元件。在电路中，当有电压加到电容器两端时，便对电容器充电，电容器把电能储存起来；当外加电压消失(或降低)后，电容器将储存的电能释放出来。充电时，电容器两端的电压逐渐升高，直到接近充电电压；放电时，电容器两端的电压逐渐降低，直到完全消失。电容器的容量越大，负载电阻值越大，充电和放电时电容器两端电压的变化越小。电容器两端电压不能突变的这种特性，正好可以用来承担滤波的任务。

电容滤波电路是将电容器接在整流电路后面，与负载并联。图 7.6 所示为桥式整流电容滤波电路的输出波形。

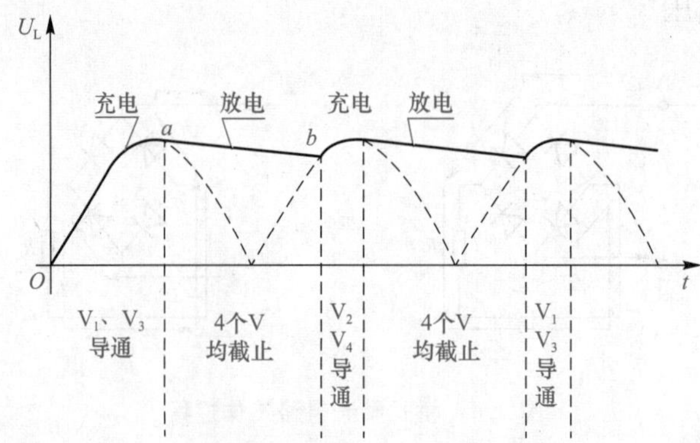

图 7.6　桥式整流电容滤波电路的输出波形

电容滤波的特点：电容滤波电路结构简单，输出电压高，脉动小。但在接通电源的瞬间，会产生很大的充电电流，这种电流称为“浪涌电流”。如果负载电流太大时，电容放电的速度加快，会使负载电压变得不够平稳。所以电容滤波电路只适用于负载电流较小的场合。

7.2.4　二极管稳压电路

图 7.7 所示为硅稳压二极管稳压电路。其中稳压二极管 V 反向并联在负载 R_L 两端，所以这是一个并联型稳压电路。电阻 R 起限流和分压作用。稳压电路的输入电压 u_1 来自整流、滤波电路的输出电压。

当输入电压 u_1 或负载 R_L 阻值变大时，造成输出电压 U_o 随之增大，那么稳压二极管的反向电压 U_Z 也会上升，从而引起稳压二极管电流 I_Z 的急剧加大，流过 R 的电流 I_R 也加大，导致 R 上的压降 U_R 上升，从而抵消了输出电压 U_o 的波动。

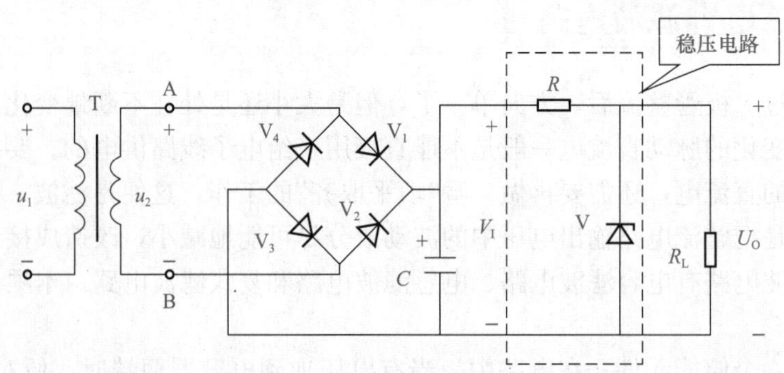

图 7.7　硅稳压二极管稳压电路

7.2.5　稳压二极管并联型直流稳压电源电路原理

电路如图 7.1 所示，电源变压器 T 担任把 AC 220 V 的电压降至 AC 12 V 的任务。AC 12 V 经过熔丝 FU 及电源开关 K_1 后，送到 V_1～V_4 组成的桥式整流电路，整流后成为直流电，但是此直流电的脉动性极大，因此不适合作电子电路的电源。经过开关 K_2 送致滤波电容 C_1，经 C_1 滤波以后成为脉动较小的直流电，虽然不是很平稳的直流，但已可作为一般电子电路的电源。此脉动极小的直流再经过 V、R 组成稳压电路后，即成为较稳定的直流电源。

7.3　项目实施

7.3.1　制订计划

全班学生分成 8 个小组，每组 6～7 人，各组设小组长一名。小组成员集体讨论，按表 7.1 工作流程，制订工作计划，并填写下表。

表 7.1　工作计划表

序号	工作流程	时间分配/min	人员分工
1	理论学习		
2	画元件布局图		
3	画 PCB 板连线图		
4	器材选择及检测		
5	电路装配与调试		
6	电路检测		
计划时间：________小时，实际时间：________小时，审核：			

7.3.2　计划实施

1. 理论学习检验

①写出各部分电路组成。

变压电路：

整流电路：

滤波电路：

稳压电路：

②分析下列元件的作用。

T：

FU：

R：

③分析稳压过程。(假如电源电压升高)

2. 画元件布局图及连线图

根据以下原则，在图7.8上设计出自己的元件布局图及连线图。

①元器件的排列与布局以合理、美观为标准，充分利用万能板的空间，发挥自己的创新能力。

②元件的摆放方向要求一致，其中电阻器、整流二极管采用卧式安装，电容器、开关、熔丝管采用立式安装。

③完成元件布局设计图后，设计连线图，对于交叉不相连的地方，需用跳线表示。

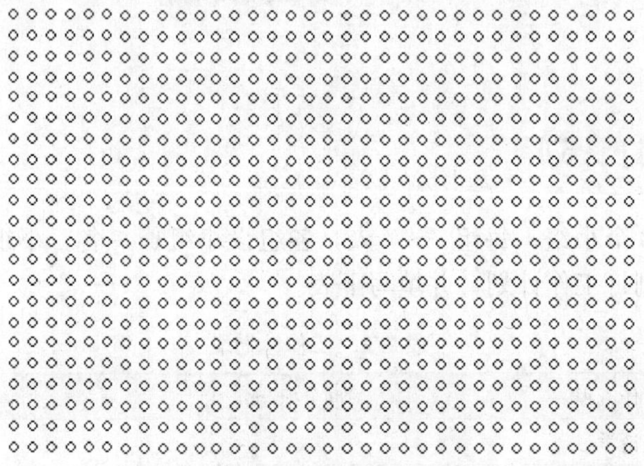

图7.8 直流稳压电源布局图

3. 器材准备及检测

图7.1的元器件材料见表7.2，根据表内数据，组长向老师领元器件并检测，并将检测结果填至表中。

表7.2 制作材料表

名称	标号	规格	数量	检测结果	备注
电阻器	R	120 Ω 1/2 W	1	测量值：	
	R_L	1 kΩ 1/4 W	1	测量值：	
电容器	C	470 μF、25 V	1	质量：	
二极管	V_1～V_4	1N4007	4	正向导通电压： 质量：	
稳压二极管	V	12 V、250 mW	1	正向导通电压： 质量：	

续表

名称	标号	规格	数量	检测结果	备注
电源变压器	T	12 V	1	原边线圈电阻值： 副边线圈电阻值：	
电源线		220 V、6 A 含插头	1	质量：	
电源开关	K_1、K_2	220 V、2 A	1	质量：	拨动开关
熔丝及熔丝管	FU	2 A、30 mm	1	质量：	
接线端子		红色、黑色	2		
螺丝		ϕ3 mm、1 cm	2		
螺母		ϕ3 mm	2		
万能板		(7×9)cm^2	1		

检测注意事项：

(1)电阻器、电容器、二极管

①色环电阻：主要识读其标称阻值，用万用表检测其实际阻值。

②电解电容器：识别其正负极性，并用万用表检测其质量的好坏。

③二极管：主要判断其正负极性及检测导通电压、质量的好坏。

(2)电源变压器

①采用 220 V∶12 V 的电源变压器。

②用数字万用表 $R\times2$ k 挡测量原边线圈，电阻值应为 600 Ω 左右(根据变压器实际情况)，副边线圈阻值约为 5 Ω，若电阻值为∞，则内部线圈断路。

(3)电源线

①电源线大多采用 AC 220 V、6 A。

②电源线使用数字万用表的蜂鸣挡测量，若分别测 L、N 线两根导线的两端有蜂鸣声，L、N 两端无蜂鸣声，则为良品，如图 7.9 所示。

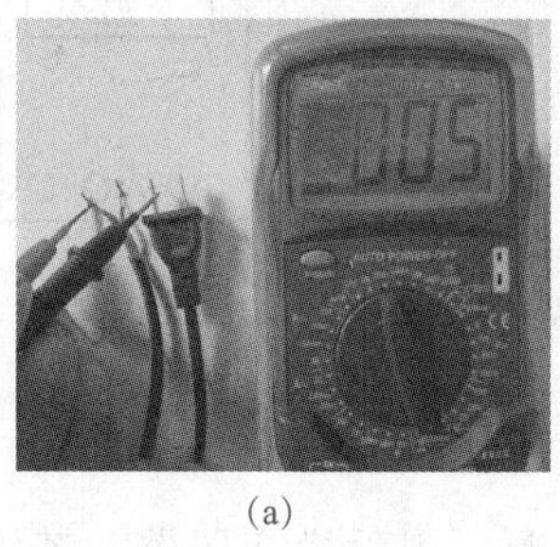

(a)

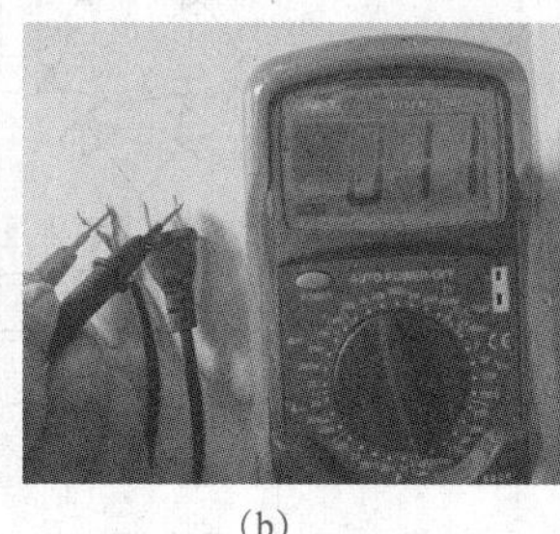

(b)

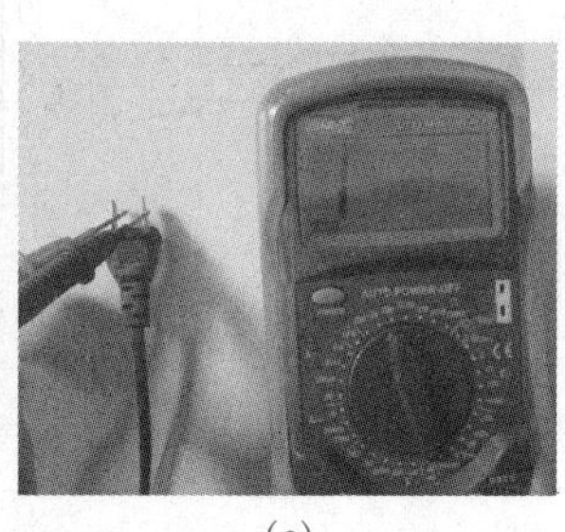

(c)

图 7.9　电源线检测方法

(4)电源开关

必须用万用表蜂鸣挡测量后才能使用。当开关处于“ON”时，接点有蜂鸣声；当开关处于“OFF”时，接点无蜂鸣声。

(5)熔丝

①多采用 2 A 的管状熔丝。为方便安装，还需购买熔丝座。

②同样用万用表蜂鸣挡测量其是否断掉，正常的应有蜂鸣声。

(6)接线端子

需购买红色和黑色的接线端子各 1 个，以方便电源供应器与负载间的连接。

(7)机箱

为了坚固、美观、耐用，最好找一些金属或塑料做一个机箱，在机箱上装两个接线端子，以方便直流电输出。

4. 装配与调试

(1)装配工艺要求

在印制电路板上所焊接的元器件的焊点大小适中、光滑、圆润、干净，无毛刺；无漏焊、假焊、虚焊、连焊，引脚加工尺寸及成形符合工艺要求；导线长度、剥线头长度符合工艺要求，芯线完好，捻线头镀锡。元器件上字符标示方向均应一致；电路板上插件位置正确，接插件、紧固件安装可靠牢固。

(2)电路的装配

①按工艺要求对元器件的引脚进行成形处理。

②按布局图在万能板上依次进行元器件的排列、插装。

③焊接，固定所有元器件。

④连线，根据原理图连接好电路。

⑤安装好接线端子，并从两端引出两根引线用于连接负载。

(3)调试

①变压器。将变压器 T 的原边线圈通上 AC 220 V 电源，然后以万用表的 AC 20 V 挡测量副边线圈的电压，如图 7.10 所示，万用表所示应为 12 V 左右，否则该电压器不良，应该更换。

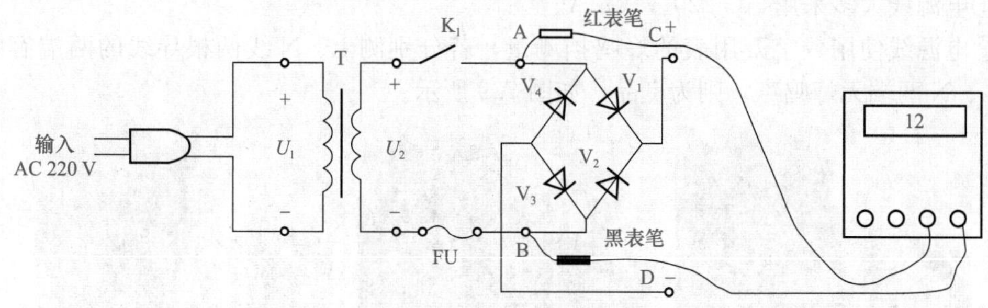

图 7.10　测量变压器输出电压

移走万用表，让变压器 T 继续通电，10 min 后拔掉电源，用手摸变压器，若铁芯很烫，表示变压器内部有层间短路，应该更换。

②确定变压器 T 良好后，安装好熔丝，认真检查四个二极管的安装位置，不允许有错误连接，否则二极管或变压器 T 将有可能烧坏，检查无误后，接上电源 AC 220 V 电源，然后电源开关 K_1 闭合。用万用表测量图 7.10 中 A、B 两点间的电压，数据在 12 V 左右，否则说明熔丝或电源开关断路，断开 AC 220 V 检查并排除故障。用万用表按照图 7.11 所示测量 C、D 两点间的电压，数据大约为 10.8 V。若数据为负值，表示二极管的方向装反

了，立即改正。

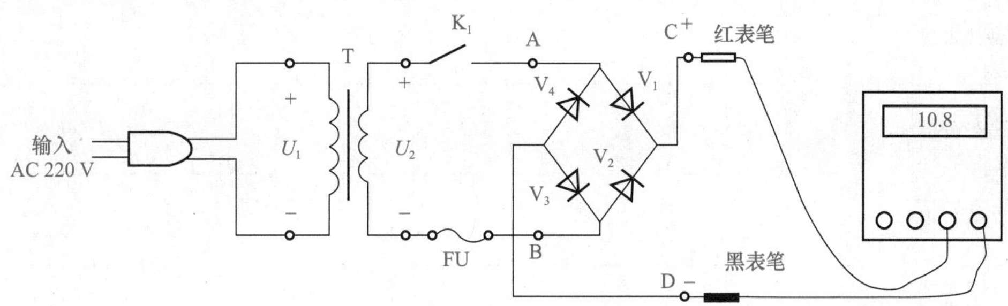

图 7.11　测量桥式整流电路输出电压

③滤波电容器 C_1＝1 000 μF 的“＋”“－”极性，不得反接。打开开关 K_2，用万用表 DC 20 V 挡测量 C_1 两端的电压，电压应为 14.4 V 左右。若测得 DC 10.8 V 左右，则 C_1 接触不良，重新焊接；若测得 DC 电压很低，则说明 C_1 的正负脚反接了。应立即拔掉变压器 T 的电源，将极性改正过来，否则不久 C_1 将发热、膨胀，甚至爆炸。

④用万用表 DC 20 V 挡测量 V 两端，指示 12 V。若万用表测得 0.7 V 左右，则表示 V 接反了，关掉 220 V 电源后，更正过来。

(4)测量

根据上述调试过程，将测量的电路关键点电压填写至表 7.3 中。

表 7.3　电压测量表

测量点	测量值/V	分析
变压器副边电压(交流电)		
滤波电容两端电压(直流电)		
稳压输出电压(直流电)		

5. 产品检测

(1)目测

认真观察作品，找出虚焊或不符合工艺要求的地方进行重新连接。

(2)检修

稳压二极管并联型直流稳压电源可能出现的故障情况：

①变压器输出端无电压，应断电检查变压器的好坏。

②桥式整流电路输出端无电压，应断电检查熔丝及开关 K_1 是否接触不良。

③桥式整流电路输出端电压为 5.4 V，应检查调整管是否开路或损坏。

④R_L 两端电压为 10.8 V 左右，应检查 C_1 是否开路。

根据电路故障现象，检修电路，并填写表 7.4。

表 7.4　故障检修表

故障现象	
故障分析	
检修过程	
结果	

6. "6S"管理

工作任务全部完成后，关闭工作台总电源，拆下测量线及导线，归还工具，对实训台及实训室开展"整理、整顿、清扫、清洁、素养、安全"6S行动。

7.3.3　项目评价

1. 成果展示

小组内选择出 1～2 件优秀作品，在班级同学中展示，讲解作品成功之处，并填写表 7.5。

表 7.5　作品评价表

作品成功之处	
作品成功原因	

2. 经验分享

学生在班级中谈收获、体会及建议，并完成表 7.6。

表 7.6　经验分享表

收获	
体会	
建议	

3. 评分

按自评、组评、师评的顺序进行评分并完成表 7.7，各小组推荐优秀成员。

表 7.7 评分表

项目	考核要求	配分	评分标准	自评	组评	师评
理论学习	认真学习理论，并完成相关问题	10	每少填写一空扣 2 分			
元器件识别与检测	按要求对所有元器件进行识别与检测	10	元器件识别错一个，扣 1 分。检测错一个扣 2 分			
元器件布局	元器件排列整齐，标记方向一致，布局合理	10	元器件排列参差不齐，标记方向混乱，布局不合理，每处扣 1 分			
元器件装配	元器件成形、插装符合工艺要求，连接线呈直线或直角，紧贴电路板，无短路	30	元器件成形、插装不符合工艺要求，每处扣 1～2 分。导线弯曲、拱起每根扣 2 分；弯曲时不呈直角每处扣 2 分			
电路功能	电源输出电压稳定，符合设计要求	10	输出电压不符合设计要求，得 0 分			
电路检测	正确使用万用表测各关键点电压	15	每测错一处扣 2 分			
6S 管理	工作台上工具排放整齐。严格遵守安全操作规程	10	工作台上杂乱扣 5～10 分。违反安全操作规程扣 5 分			
合作学习	团结小组成员，乐于助人，合作精神好。遵守实训制度	5	评分为优秀组长或组员得 5 分，其他组长或组员评分由教师、组长评分			
总分						
教师点评						

7.4 项目总结

①稳压二极管并联型直流稳压电源电路的装配关键点：

a. 根据材料清单正确清点元件。

b. 正确测量元件，确保元件的质量。

c. 合理、正确的画好布局、布线图，根据布局图转换成实物焊接。

d. 元件的极性要逐一检查，包括整流二极管、稳压二极管、滤波电容器。

e. 确认焊点合格，特别注意不要出现搭焊和漏焊现象。

②稳压二极管并联型直流稳压电源电路的调试关键点：

a. 安全规范用电，接好线再通电，通电时不接线、不焊接修改电路，确保插头与变压器的连接处无裸露，变压器的副边无短路。

b. 注意用好万用表的挡位，整流前是交流电，用交流电压挡；整流后是直流电，则用直流电压挡。正在测量时不能调节挡位。

7.5 项目考核

1. 填空题

①稳压管通常工作于________。

②单相________电路用来将交流电压变换为单相脉动的直流电压。

③直流电源中，除电容滤波电路外，其他形式的滤波电路包括________、________等。

④直流稳压电源一般由________、________、________、________组成。

2. 判断题

①二极管在反向电压超过最高反向工作电压 U_{RM} 时会损坏。 (　　)

②稳压二极管在电路中只能做反向连接。 (　　)

③电容滤波电路适用于小负载电流，而电感滤波电路适用于大负载电流。 (　　)

④在单相桥式整流电容滤波电路中，若有一只整流管断开，输出电压平均值变为原来的一半。 (　　)

⑤二极管的反向漏电流越小，其单向导电性能就越好。 (　　)

3. 选择题

①下列符号中表示稳压二极管的为(　　)。

A. 　　B. 　　C. 　　D.

②从二极管伏安特性曲线可以看出，二极管两端压降大于(　　)时处于正向导通状态。

A. 0　　B. 死区电压　　C. 反向击穿电压　　D. 正向压降

③直流稳压电源中滤波电路的作用是(　　)。

A. 将交流电变为较平滑的直流电

B. 将交流电变为稳定的直流电

C. 滤除直流电中的交流成分

④在直流稳压电路中，稳压管工作在(　　)。

A. 反向击穿区　　B. 正向导通区　　C. 反向截止区

⑤硅稳压管稳压电路中，限流电阻 R 的作用是(　　)。

A. 限制电流　　B. 调节电压　　C. 限制电压　　D. 无作用

4. 画图连线

图 7.12 所示为一些元器件的电路符号，请合理连线，稳压二极管的稳压值是 9 V，构

成一个 9 V 的直流稳压电源，并标记好电路符号。

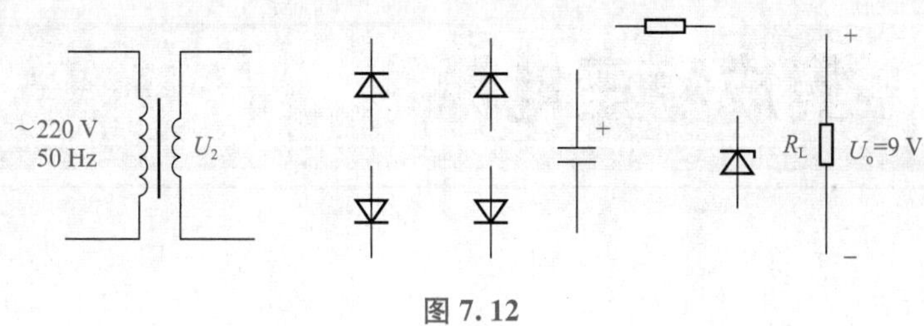

图 7.12

5. 综合题

①二极管电路如图 7.13 所示，判断图中二极管是导通还是截止，并确定各电路的输出电压 U_o。设二极管的导通压降为 0.7 V。

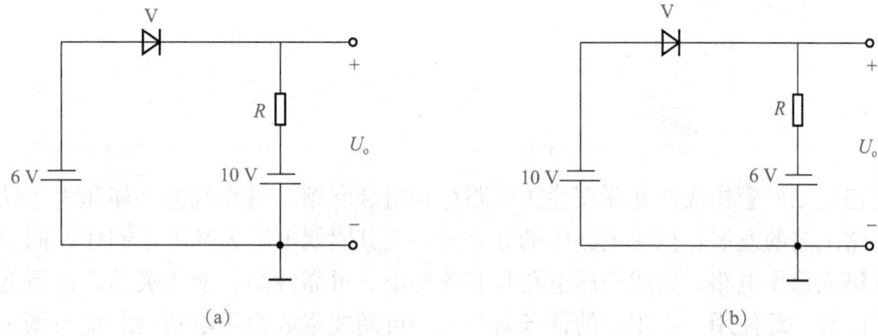

图 7.13　二极管电路

②两个稳压二极管，稳压值分别为 7 V 和 9 V，将它们组成图 7.14 所示的四种不同电路，设输入端电压 U_1 是 20 V，求各电路输出电压 U_2 的值是多少？（设稳压二极管均为硅管）

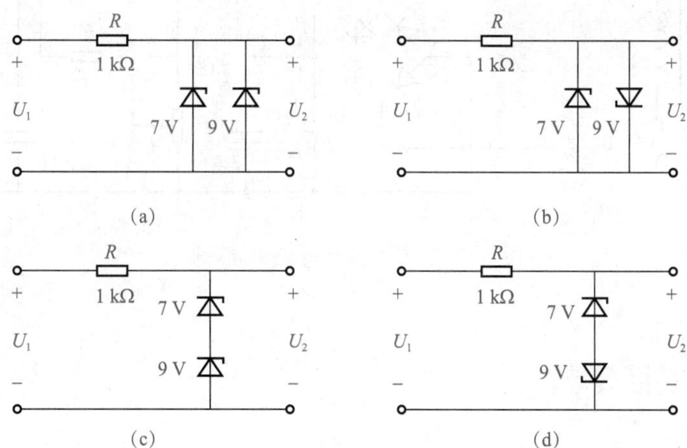

图 7.14

项目八　集成稳压电源

8.1　项目描述和要求

8.1.1　项目描述

由于稳压二极管构成的并联型稳压电路存在组装麻烦、可靠性差、体积大等缺点；随着集成电路工艺的发展，稳压电路中的分立元件及其附属电路大都可以制作在同一块硅片内，形成集成稳压电路。集成稳压电路具有体积小、可靠性高、使用灵活、价格低廉等优点，目前已被广泛使用。本项目的任务就是三端可调式集成稳压电路的装配与调试，具体电路如图 8.1 所示。

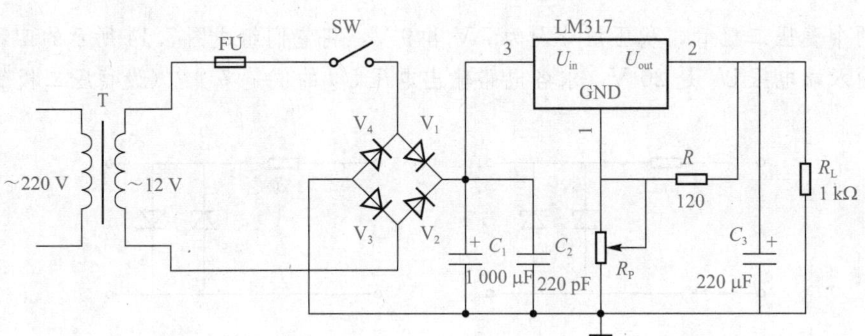

图 8.1　集成稳压电源电路原理图

8.1.2　项目要求

①输出电压为 1.25～14 V。

②用万能板进行布局、连线，要求布局合理，插装、焊接符合工艺标准。

③使用仪表调试电路，做好测量数据记录。

8.2　理论分析

8.2.1　三端集成稳压器

最简单的集成稳压电路只有输入、输出和公共引出端，故称之为三端集成稳压器，如图 8.2 所示。三端集成稳压器根据输出电压是否可调，可分成固定式三端集成稳压器和可调式三端集成稳压器。

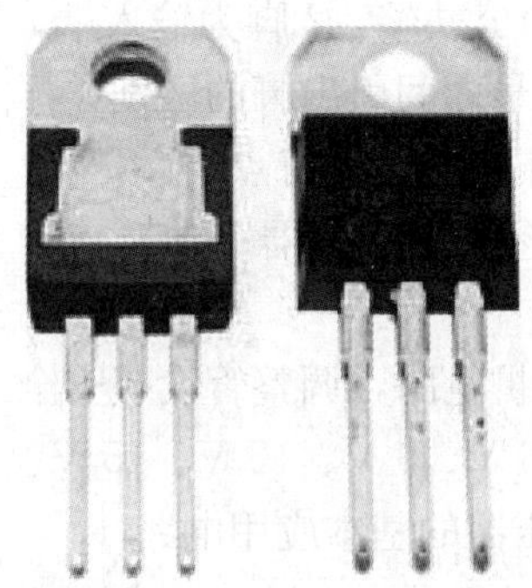

图 8.2　三端集成稳压器实物图

1. 三端固定输出式集成稳压器

(1)三端固定输出式集成稳压器的型号

目前常用的三端固定输出式集成稳压器是 W78XX 和 W79XX 系列。

W78XX 系列是三端固定输出正值电压的稳压器，而 W79XX 系列则是三端固定输出负值电压的稳压器。其中型号后 XX 两位数字代表输出电压值。例如 W7805，它的输出电压是 5 V；W7912，它的输出电压是−12 V。

(2)三端固定输出式集成稳压器的外形和电路符号

图 8.3 和图 8.4 分别为 W78XX 系列和 W79XX 系列集成稳压器的外形和电路符号。

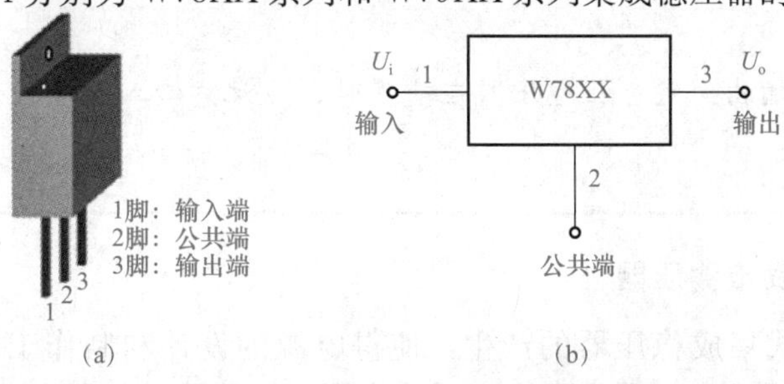

图 8.3　W78XX 系列集成稳压器

(a)W78XX 系列外形；(b)W78XX 系列电路符号

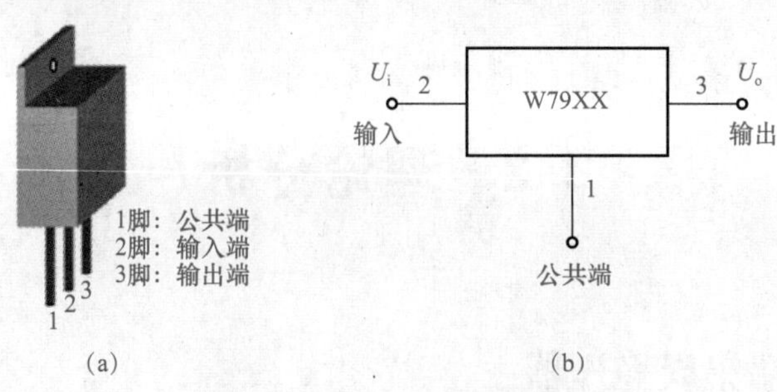

图 8.4　W79XX 系列集成稳压器

(a)W79XX 系列外形图；(b)W79XX 系列电路符号

集成稳压器对外有三个引脚，W78XX 系列中，1 脚为输入端，2 脚为公共端，3 脚为输出端；W79XX 系列中，1 脚为公共端，2 脚为输入端，3 脚为输出端。使用时一定要注意集成稳压器的型号以及不同型号之间引出脚的区别，不能连错。

(3)三端固定输出式集成稳压器的性能特点

①输出电流超过 1.5 A，必须加装散热器；

②不需要外接元件；

③内部有过热保护和过流保护电路，调整管设有安全工作区保护；

④输出电压额定值有 5 V、6 V、9 V、12 V、15 V、18 V、24 V 等。

(4)三端固定输出式集成稳压器的基本应用电路

三端固定输出电压电路如图 8.5 所示。U_i 是整流滤波电路的输出电压，作为稳压器的输入电压。电容 C_i 的作用是防止稳压电路自激振荡，而 C_o 的作用是滤除噪声干扰。

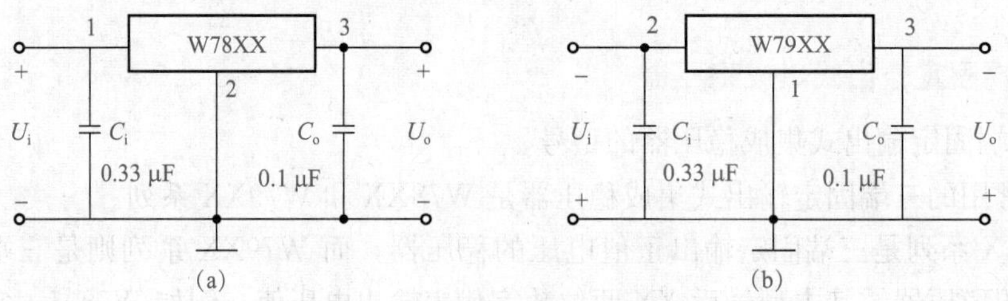

图 8.5　三端固定输出电压电路

(a)固定输出正稳压电路；(b)固定输出负稳压电路

> **小提示**
>
> 上述三端输出固定电压稳压器在使用时，应注意输入与输出端之间的电压不得低于 3 V。

2. 三端可调式集成稳压器

三端固定输出式集成稳压器的产生，使得电源的设计和制作工作极大简化，因此 78XX 系列和 79XX 系列稳压器得到了广泛的应用。但是固定电压集成稳压器的输出电压是一固定值，若系统需要的电源为非标准输出电压时，虽然它们也可以接成非标准输出电压，但要增加外围元器件，同时其性能指标也将降低。为此，需要用到三端可调式集成稳

压器来实现电压连续可调。

(1)三端可调式集成稳压器的型号

目前常用的三端可调式集成稳压器分为正电压输出和负电压输出两类。

LM117/LM217/LM317 系列是正电压输出，而 LM137/LM237/LM337 系列则是负电压输出。型号中的第一个数字(1、2、3)代表产品类型，1 为军工、2 为工业、3 为一般民用。

(2)三端可调式集成稳压器的外形和电路符号

图 8.6 和图 8.7 分别为 LMX17 系列和 LMX37 系列集成稳压器的外形和电路符号。

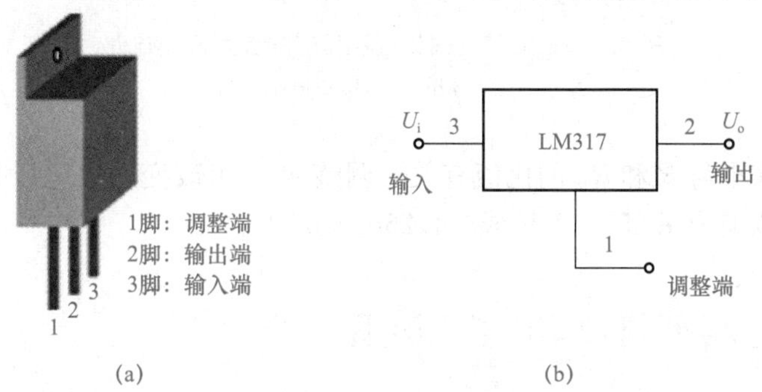

图 8.6　LMX17 系列集成稳压器

(a)LMX17 系列外形；(b)LMX17 系列电路符号

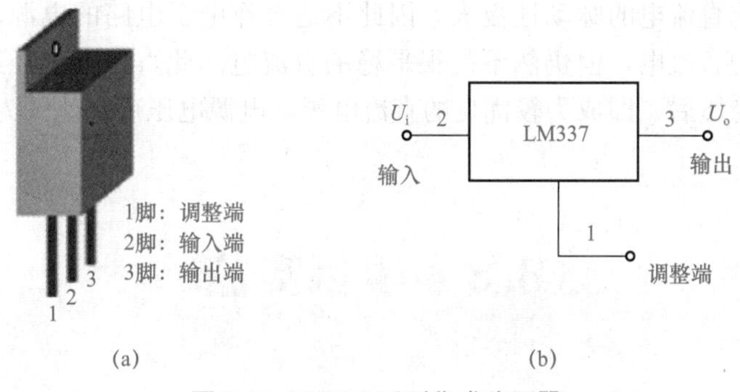

图 8.7　LMX37 系列集成稳压器

(a)LMX37 系列外形；(b)LMX37 系列电路符号

三端可调式集成稳压器对外有三个引脚，LMX17 系列中，1 脚为调整端，2 脚为输出端，3 脚为输入端；LMX37 系列中，1 脚为调整端，2 脚为输入端，3 脚为输出端。三端可调式集成稳压器没有公共的接地端，调整端通过外接电阻接地，且输出端和调整端之间在集成块内部接入固定不变的基准电压 $U_{REF}=1.25\ V$。

(3)三端可调式集成稳压器的性能特点

①输出电压连续可调。

②稳压精度高，输出纹波小。

③具有全过载保护功能，包括限流、过热和安全区域的保护。

④各项性能指标都优于三端固定输出式集成稳压器。

(4)三端可调式集成稳压器的基本应用电路

三端可调式集成稳压器的典型应用电路如图 8.8 所示。

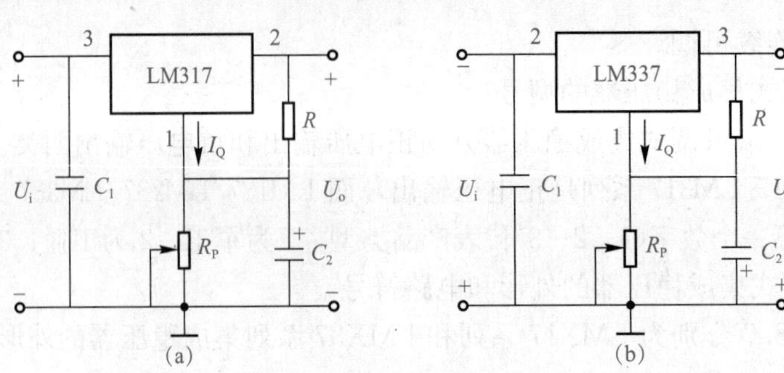

图 8.8　三端可调式集成稳压器的典型应用电路

(a)正电压输出；(b)负电压输出

输出电压的大小与 R 和 R_P 的比值有关，调整 R_P，可改变输出电压 U_o 的大小，一般输出电压的调整范围为 1.25～37 V 或－1.25～－37 V。

8.2.2　三端可调式集成稳压电路原理

如图 8.1 所示电路，电源变压器 T 担任把 AC 220 V 的电压降至 AC 12 V 的任务。AC 12 V 经过熔丝 FU 及电源开关 SW 后，送到 V_1～V_4 组成的桥式整流电路，整流后成为直流电，但是此直流电的脉动性极大，因此不适合作电子电路的电源。经过 C_1 滤波以后成为脉动较小的直流电，但仍然不是很平稳的直流电。此直流电再经过 LM317 三端可调式集成稳压器稳压后，即成为较优良的直流电源，电源电压可调范围为 1.25～14 V。

8.3　项目实施

8.3.1　制订计划

全班同学分成 8 个小组，每组 6～7 人，各组设小组长一名。小组成员集体讨论，按表 8.1 工作流程，制订工作计划，并填写下表。

表 8.1　工作计划表

序号	工作流程	时间分配/min	人员分工
1	理论学习		
2	画元件布局图		
3	画 PCB 板连线图		
4	器材选择及检测		
5	电路装配与调试		
6	电路检测		
计划时间：________小时，实际时间：________小时，审核：			

8.3.2　实施计划

1. 理论学习检验

①写出各部分电路组成。

变压电路：

整流电路：

滤波电路：

稳压电路：

②分析下列元件的作用。

C_1：

R_p：

LM317：

2. 画元件布局图及连线图

请同学们根据以下原则，在图 8.9 上设计出自己的元件布局图及连线图。

①元器件的排列与布局以合理、美观为标准，充分利用万能板的空间，发挥自己的创新能力。

②元件的摆放方向要求一致，其中电阻器、整流二极管采用卧式安装，电容器、开关、熔丝管采用立式安装。

③完成元件布局设计图后，设计连线图，对于交叉不相连的地方，需用跳线表示。

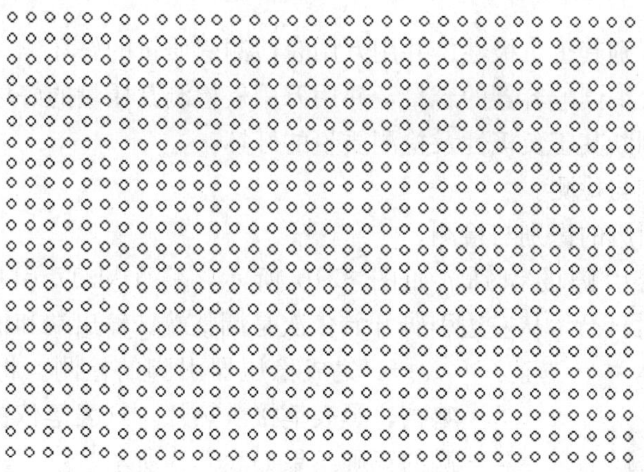

图 8.9　直流稳压电源布局图

3. 器材准备及检测

图 8.1 中的元器件材料如表 8.2 所示，根据表内数据，组长向老师领元器件并检测，将检测结果填至表 8.2 中。

①电阻器、电位器、电容器、二极管的检测方法可参考前面相关章节内容。

色环电阻：主要识读其标称阻值，用万用表检测其实际阻值。

表 8.2 制作材料表

名称	标号	规格	数量	检测结果	备注
电阻器	R	120 Ω、1/2 W	1	测量值：	
	R_L	1 kΩ、1/5 W	1	测量值：	
可调电阻器	R_p	5 kΩ	1	可调范围：	
电解电容器	C_1	1 000 μF、25 V	1	质量：	
	C_3	220 μF、25 V	1	质量：	
涤纶电容器	C_2	0.22 μF	1	质量：	
二极管	$V_1 \sim V_4$	1N4007	4	正向导通电压： 质量：	
三端集成稳压器	LM317	LM317	1	质量：	
电源变压器	T	12 V	1	原边线圈电阻值： 副边线圈电阻值：	
电源线		220 V、6 A 含插头	1	质量：	
电源开关	SW	220 V、2 A	1	质量：	拨动开关
熔丝及熔丝管	FU	2 A、30 mm	1	质量：	
接线端子		红色、黑色	2		
螺丝		ϕ3 mm、1 cm	2		
螺母		ϕ3 mm	2		
万能板		(7×9)cm²	1		

电解电容器：识别其正负极性，并用万用表检测其质量的好坏。

绦沦电容器：会识读电容器的容量，并用万用表检测其质量的好坏。

二极管：主要判断其正负极性及检测质量的好坏。

②电位器的识别与检测。

③集成稳压器引脚的识别与检测。

a. 集成稳压器引脚的识别。如图 8.10 所示，将 LM317 引脚朝下，将标记有“LM317”的一面正对自己，从左边引脚开始依次是调整端、输出端和输入端。

图 8.10 识读 LM317 的引脚

b. 集成稳压器引脚的检测。将数字万用表拨至蜂鸣挡，黑表笔接散热片，红表笔依次接 1、2、3 脚，检测的正确结果如表 8.3 所示。

表 8.3 LM317

引脚	是否有蜂鸣声	说明
1 调整端	是	正常
2 输出端	否	正常
3 输入端	否	正常

4. 电路的装配与调试

(1)电路的装配

①按工艺要求对元器件的引脚进行成形处理。

②按布局图在万能板上依次进行元器件的排列、插装。

③焊接，固定所有元器件。

④连线，根据原理图连接好电路。

⑤安装好接线端子，并从两端引出两根引线用于连接负载。

(2)电路的调试

电路检测正确无误后，通电进行如下调试：

使用万用表，测量该电路关键点电压，填写表 8.4。

表 8.4　电压测量表

测量点	测量值/V	分析
变压器副边电压(交流电)		
整流滤波电容两端电压(直流电)		
稳压输出电压范围(直流电)		

稳压输出电压范围的检测方法是将数字万用表置于 DC 20 V 挡，黑表笔接地，红表笔接 LM317 的第二脚，用起子调节电位器 R_p 的阻值。

5. 产品检测

(1)目测

认真观察作品，找出虚焊或不符合工艺要求的地方进行重新连接。

(2)检修

集成稳压电源可能出现的故障情况：

①LM317 输出端无电压，应断电检查 LM317 的好坏。

②LM317 输出端电压只有 2 V 左右并且不可调，检查电阻 R_1 是否开路，或 R_p 是否短路。

③LM317 输出端电压调整范围很小，检查电阻器 R_1 和电位器 R_p 是否损坏。

④LM317 输出端电压为最大值 14 V，并且不可调，应检查 R_p 电位器是否开路。

根据电路故障现象检修电路，并填写表 8.5。

表 8.5　故障检修表

故障现象	
故障分析	
检修过程	
结果	

6. "6S"管理

工作任务全部完成后，关闭工作台总电源，拆下测量线及导线，归还工具，对实训台及实训室开展"整理、整顿、清扫、清洁、素养、安全"6S行动。

8.3.3 项目评价

1. 成果展示

小组内选择出1～2件优秀作品，在班级同学中展示，讲解作品成功之处，并填写表8.6。

表8.6 作品评价表

作品成功之处	
作品成功原因	

2. 经验分享

学生在班级同学中自由谈收获、体会及建议，并完成表8.7。

表8.7 经验分享表

收获	
体会	
建议	

3. 评分

按自评、组评、师评的顺序进行评分，并完成表8.8各小组推荐优秀成员。

表8.8 评分表

项目	考核要求	配分	评分标准	自评	组评	师评
理论学习	认真学习理论，并完成相关问题	10	每少填写一空扣2分			
元器件识别与检测	按要求对所有元器件进行识别与检测	10	元器件识别错一个，扣1分。检测错一个扣2分			
元器件布局	元器件排列整齐，标记方向一致，布局合理	10	元器件排列参差不齐，标记方向混乱，布局不合理，每处扣1分			

续表

项目	考核要求	配分	评分标准	自评	组评	师评
元器件装配	元器件成形、插装符合工艺要求，连接线呈直线或直角，紧贴电路板，无短路	30	元器件成形、插装不符合工艺要求，每处扣 1～2 分。导线弯曲、拱起每根扣 2 分，弯曲时不呈直角每处扣 2 分			
电路功能	电源输出电压稳定，符合设计要求	10	输出电压不符合设计要求，得 0 分			
电路检测	正确使用万用表测各关键点电压	15	每测错一处扣 2 分			
6S 管理	工作台上工具排放整齐。严格遵守安全操作规程	10	工作台上杂乱扣 5～10 分。违反安全操作规程扣 5 分			
合作学习	团结小组成员，乐于助人，合作精神好。遵守实训制度	5	评分为优秀组长或组员得 5 分，其他组长或组员评分由教师、组长评分			
总分						
教师点评						

8.4　项目总结

1. 可调式集成稳压电源电路的装配关键点

①根据材料清单正确清点元件。

②正确测量元件，确保元件的质量。

③合理、正确的画好布局、布线图，根据布局图转换成实物焊接。

④元件的极性要逐一检查，包括整流二极管、滤波电容器、特别注意 LM317 三个引脚的排列顺序。

⑤确认焊点合格，特别注意不要出现搭焊和漏焊现象。

2. 可调式集成稳压电源电路的调试关键点

①安全规范用电，接好线再通电，通电时不接线、不焊接修改电路，确保插头与变压器的连接处无裸露，变压器的副边无短路。

②注意用好万用表的挡位，整流前是交流电，用交流电压挡；整流后是直流电，则用直流电压挡。正在测量时不能调节挡位。

③测量电源电路输出电压范围时，注意用绝缘工具对电位器的调节。

④由于变压器的输出值是 12 V，电源电路的输出电压范围受到了限制。

8.5 项目考核

1. 填空题

①W7805 的输出电压为________；W7912 的输出电压为________。

②LM317 的可输出电压范围为________；LM337 的可输出电压范围为________。

③三端集成稳压器的三端是指________、________、________。

2. 技能实践题

如图 8.11 所示，欲在点 A 和点 B 之间插入集成稳压电路，使之输出 15 V 的直流电压，试画出用固定输出三端集成稳压器组成的稳压电路，并标出三端集成稳压器的型号。

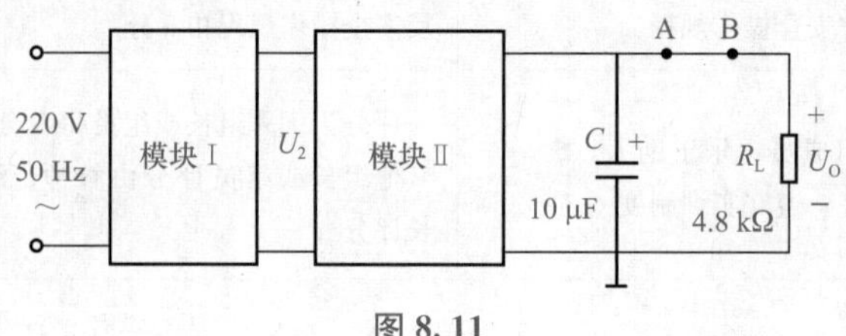

图 8.11

3. 综合题

阅读图 8.12 所示电路，回答下列问题：

①说明该电路由哪几部分组成？各组成部分包括哪些元件？

②在图 8.12 中标出 U 和 U_L 的极性。

③求出 U 和 U_L 的大小。

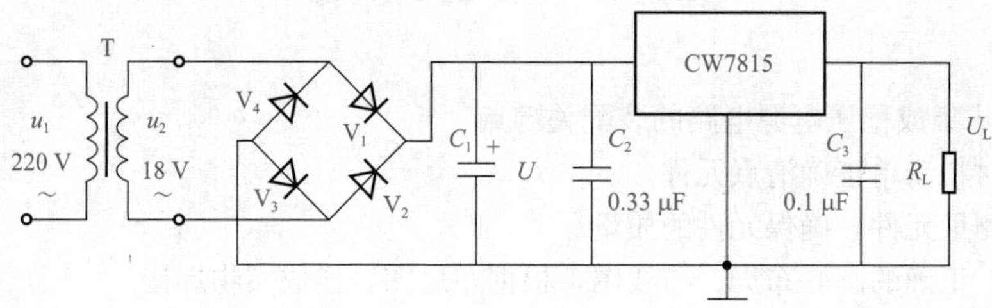

图 8.12 电路

项目九　音频放大电路输入级

9.1　项目描述和要求

9.1.1　项目描述

很多人都喜欢音乐。有的人喜欢一边听音乐，一边工作；有的人喜欢躺在床上休息，一边听着音乐放松；有的甚至喜欢一边洗澡，一边听音乐。喜欢音乐的你假如想拥有一个自己制作的音频放大器，那我们就一起行动吧，下面我们先来制作音频放大电路输入级电压放大电路部分。

9.1.2　项目要求

①有一定量的电压放大倍数。

②用万能板进行布局、连线，要求布局合理，插装、焊接符合工艺标准。

③使用仪表调试电路，做好测量数据记录。

9.2　理论分析

放大电路(amplification circuit)是指能够将一个微弱的交流小信号(叠加在直流工作点上)，通过一个装置(核心元件为三极管或场效应管)，得到一个波形相似(不失真)，但幅值却大很多的交流大信号输出的电路。实际的放大电路通常是由信号源、晶体三极管构成的放大器及负载组成。

9.2.1　分压式偏置放大电路的分析

放大电路也称放大器，收音机、电视机、扩音机都是放大电路的典型应用，图 9.1 所示为扩音机的结构和外形示意图。首先话筒把声音信号转换为电信号，然后经扩音机内部的放大电路对其放大后，送给扬声器，最后扬声器又把被放大的电信号还原成了声音信号。

图 9.1　扩音机的结构和外形示意图

实际放大器的类型各种各样，但都可以用以下的框图 9.2 来表示。放大器由信号源、放大电路、直流电源和负载四部分组成。其中信号源代表被放大的弱小电信号；负载代表实际用电设备(如扬声器、显像管等)。

分压偏置式放大电路如图 9.3 所示。该电路为稳定放大器的静态工作点，在结构上采取了一定的措施，就是在基本放大电路的基础上增加分压式偏置电路。图 9.3 中，R_{b1} 称为上偏置电阻，R_{b2} 称为下偏置电阻。由于基极电位 V_{BQ} 是通过 R_{b1} 与 R_{b2} 分压得到，所以，称其为分压式偏置电路。

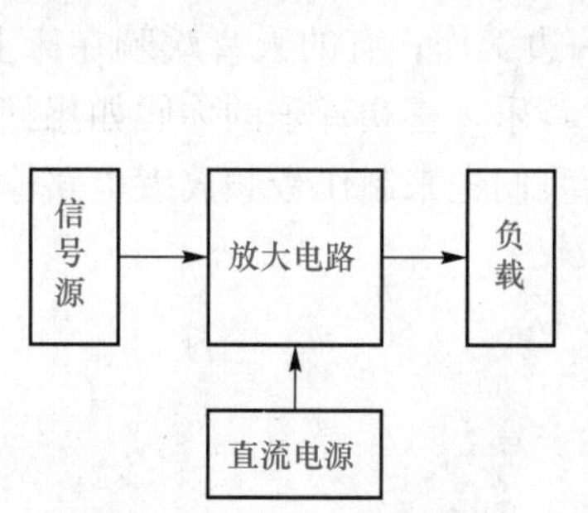

图 9.2　放大器结构框图

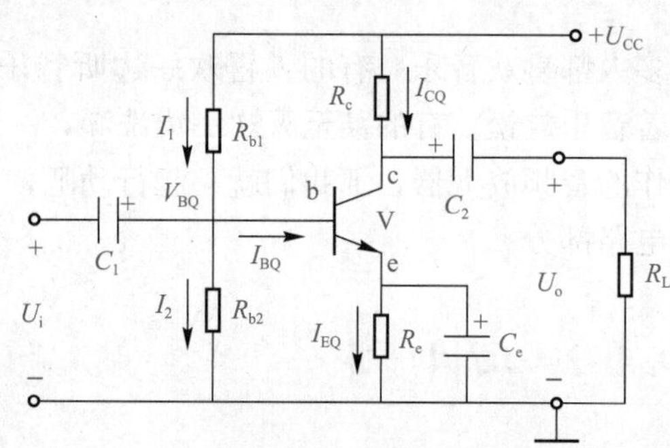

图 9.3　分压偏置式放大电路

1. 放大电路中各元件的作用

基本共射放大电路中各元件的作用如下。

①V：三极管，起电流放大作用，是放大电路的核心器件。

②U_{CC}：直流电源，有两个作用，一是为三极管的发射极提供正偏电压、为集电极提供反偏电压，保证三极管工作于放大区；二是给放大电路提供能源。

③R_{b1}：称为上偏置电阻，R_{b2} 称为下偏置电阻。基极电位 V_{BQ} 是通过 R_{b1} 与 R_{b2} 分压得到，使发射极获得固定的正偏置电压，向三极管的基极提供稳定的偏置电流。

④R_c：集电极负载电阻，把三极管的电流放大转换为电压放大，其阻值的大小影响放大器的电压放大倍数。

⑤R_e：发射极电阻，起稳定三极管静态电流的作用。

⑥C_e：称为发射极旁路电容，其作用是旁路 R_e 上的交流信号，即使三极管的发射极交流接地，保证放大电路对交流信号的放大能力不因 R_e 而降低。

⑦C_1 和 C_2：耦合电容器，传递交流信号、隔断直流电，避免放大电路的输入端与信号源之间、输出端与负载之间直流分量的互相影响。

2. 放大电路的静态工作点

在放大电路中，直流量和交流量共存。由于电容、电感等电抗元件的存在，使直流量所流经的通路与交流量所流经的通路是不完全相同的。为了分析电路方便起见，常把放大电路的转化成直流通路研究。

(1)直流通路

直流通路是指放大电路未加输入信号时，在直流电源作用下直流电流流经的通路。它用于研究电路的静态工作点等问题。

画直流通路的原则为：电容视为开路；电感线圈视为短路。分压偏置放大电路直流通路的转变如图 9.4 所示。

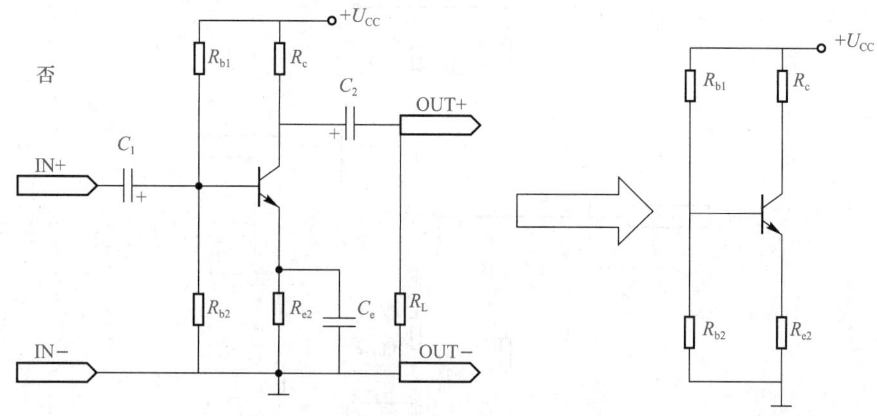

图 9.4　分压偏置放大电路直流通路的转变

(2)静态工作点

静态分析主要是分析未加输入信号时放大电路的工作状态，放大电路的静态工作点Q，即静态时电路中各处的直流电流和直流电压：I_{BQ}、I_{CQ}、U_{BQ}、U_{CQ}、U_{EQ}。

(3)静态工作点稳定的条件

要使分压式偏置电路真正起到稳定静态工作点的作用，必须满足如下条件：$I_1 \approx I_2 \gg I_{BQ}$

(4)静态工作点稳定的过程

分压偏置放大电路静态工作点稳定的过程可简单地表示为如图 9.5 所示：可见分压式偏置电路具有自动稳定静态工作点的功能。

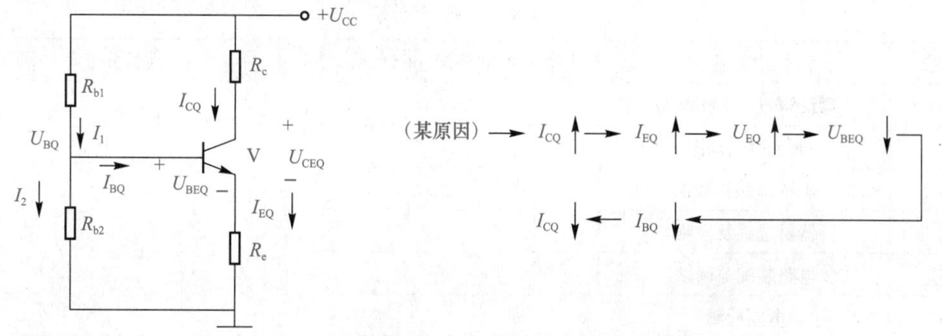

图 9.5　分压偏置放大电路静态工作点稳定的过程

9.3 项目实施

9.3.1 项目电路

放大电路的原理图如图 9.6 所示。

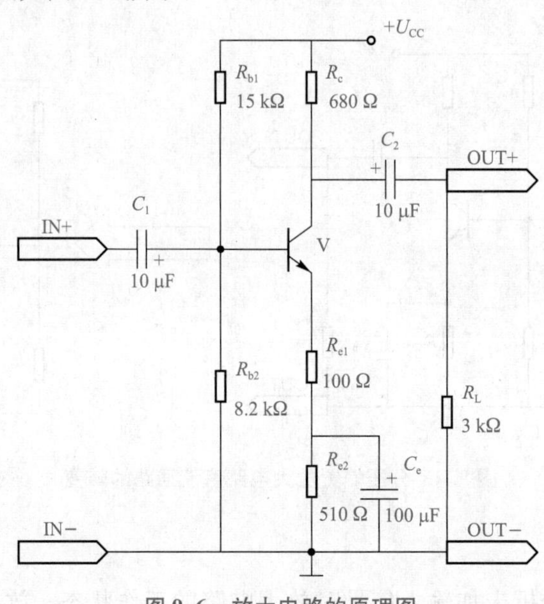

图 9.6 放大电路的原理图

9.3.2 实施计划

全班同学分成 8 个小组，每组 6～7 人，各组设小组长一名。小组成员集体讨论，选择合适的电路，按表 9.1 工作流程，制订工作计划，并填写下表。

表 9.1 工作计划表

序号	工作流程	时间分配/min	人员分工
1	理论学习，选择电路		
2	画元件布局图		
3	画 PCB 板连线图		
4	器材选择及检测		
5	电路装配与调试		
6	电路检测		
计划时间：________小时，实际时间：________小时，审核：			

1. 理论学习检验

①写出各部分电路的组成。

放大核心元件：

偏置电路：

耦合电路：

②分析下列元件的作用。

R_{b1}、R_{b2}：

R_e：

③分析放大倍数稳定过程(假如电源电压升高)。

2. 画元件布局图及连线图

请同学们根据以下原则，在图 9.7 中设计出自己的元件布局图及连线图。

①元器件的排列与布局以合理、美观为标准，充分利用万能板的空间，发挥自己的创新能力。

②元件的摆放方向要求一致，其中电阻器采用卧式安装，电容器、三极管采用立式安装。

③完成元件布局设计图后，设计连线图，对于交叉不相连的地方，需用跳线表示。

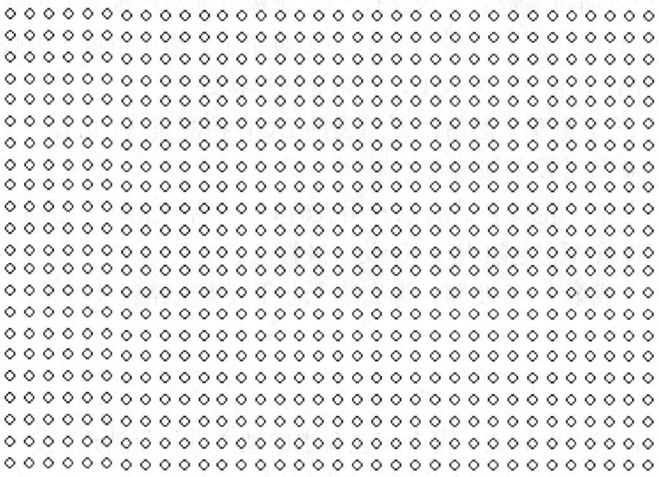

图 9.7　三极管放大电路布局图

3. 器材准备及检测

图 9.6 的元器件材料如表 9.2 所示，根据表内数据，组长向老师领元器件并检测，并将检测结果填至表中。

表 9.2　制作材料表

名称	标号	规格	数量	检测结果	备注
电阻器	R_{b1}	15 kΩ	1	测量值：	
	R_{b2}	8.2kΩ	1	测量值：	
	R_c	680 Ω	1	测量值：	

续表

名称	标号	规格	数量	检测结果	备注
电阻器	R_{e1}	100 Ω	1	测量值：	
	R_{e2}	510 Ω	1	测量值：	
	R_L	3 kΩ	1	测量值：	
电容器	C_1、C_2	10 μF 25 V	2	质量：	
	C_e	100 μF 25 V	1	质量：	
三极管	V	9013	1	管型： 写出管外形示意图标出管脚名称： 9013	
插座	P_1	2P 插座	1		
万能板		(4×5)cm²	1		

4. 装配与调试

①注意 C_1 正极方向与三极管 b 极连接，C_2 正极方向与三极管 c 极连接。

②注意分清三极管的 b、c、e 三个极，不要装错了，否则可能导致烧坏三极管。

③在 PC 板上依次安装 R、V 及 C，并用导线连接好。

④P_1 通上 DC 12 V 电源，然后以万用表的 DCV 挡测量 V_b 电压，万用表指示在 3 V 左右，否则检测三极管 V 及基极偏置电阻。

⑤保持通上 DC 12 V 电源，然后以万用表的 DCV 挡测量 U_{CE} 电压，万用表指示在6 V 左右，否则检测三极管 V、电阻 R_c、R_e 及三极管 V。

⑥只要细心地完成第 1～5 步骤，那么这个电压放大电路就装好了。

5. 产品检测

(1)目测

认真观察作品，找出虚焊或不符合工艺要求的地方进行重新连接。

(2)电压测量

使用万用表，测量该电路静态工作点电压，填写表 9.3。

表 9.3 电压测量表

测量点	测量值	分析
U_{BQ}		
U_{CQ}		
U_{EQ}		

(3)信号测量

利用示波器检测信号发生器，同步调节信号发生器使其输出的波形是正弦波，峰峰值 U_{pp}=100 mV，频率 f=1 kHz，使其作为放大电路的输入信号并记录波形，填表 9.4。

表 9.4 检测记录表

显示波形	峰峰值 U_{pp}	周期
	VOLTS/DIV 挡位：	TIME/DIV 挡位：
	信号峰峰值 U_{pp}=	频率 f_{rq}=

把信号发生器调节出来的以上信号接入放大电路的输入端 P_1，接通电源，用示波器检测放大电路的输出波形，并记录填表 9.5。

表 9.5 检测记录表

显示波形	峰峰值 U_{pp}	周期
	VOLTS/DIV 挡位：	TIME/DIV 挡位：
	信号峰峰值 U_{pp}=	频率 f_{rq}=

比较信号经放大路后的波形形状及相关参数的变化。

(4)检修

根据检修流程，填写表 9.6。

表 9.6 故障检修表

故障现象	
故障分析	
检修过程	
结果	

6. "6S"管理

工作任务全部完成后，关闭工作台总电源，拆下测量线及导线，归还工具，对实训台及实训室开展"整理、整顿、清扫、清洁、素养、安全"6S行动。

9.3.3 项目评价

1. 成果展示

小组内选择出1～2件优秀作品，在班级同学中展示，讲解作品成功之处，并填写表9.7。

表9.7 作品评价表

作品成功之处	
作品成功原因	

2. 经验分享

学生在班级中谈收获、体会及建议并填表9.8。

表9.8 经验分享表

收获	
体会	
建议	

3. 评分

按自评、组评、师评的顺序进行评分，各小组推荐优秀成员，并填表9.9。

表9.9 评分表

项目	考核要求	配分	评分标准	自评	组评	师评
理论学习	认真学习理论，并完成相关问题	10	每少填写一空扣2分			
元器件识别与检测	按要求对所有元器件进行识别与检测	10	元器件识别错一个，扣1分。检测错一个扣2分			
元器件布局	元器件排列整齐，标记方向一致，布局合理	10	元器件排列参差不齐，标记方向混乱，布局不合理，每处扣1分			
元器件装配	元器件成形、插装符合工艺要求，连接线呈直线或直角，紧贴电路板，无短路	30	元器件成形、插装不符合工艺要求，每处扣1～2分。导线弯曲、拱起每根扣2分，弯曲时不呈直角每处扣2分			

续表

项目	考核要求	配分	评分标准	自评	组评	师评
电路功能	能实现一定倍数的放大，符合设计要求	10	不符合设计要求，得10分			
电路检测	正确使用万用表测各关键点电压，使用信号发生器、示波器调试电路	15	每测错一处扣2分			
6S管理	工作台上工具排放整齐。严格遵守安全操作规程	10	工作台上杂乱扣5～10分。违反安全操作规程扣5分			
合作学习	团结小组成员，乐于助人，合作精神好。遵守实训制度	5	评分为优秀组长或组员得5分，其他组长或组员评分由教师、组长评分			
总分						
教师点评						

9.4　项目总结

1. 分压式偏置放大电路的装配关键点

①根据材料清单正确清点元件。

②正确测量元件，确保元件的质量，特别是要正确判断三极管 b、c、e 三个引脚的排序。

③合理、正确的画好布局、布线图，根据布局图转换成实物焊接。

④确认焊点合格，特别注意不要出现搭焊和漏焊现象。

2. 分压式偏置放大电路的调试关键点

①安全规范用电，接好线再通电，通电时不接线、不焊接修改电路。

②万用表测电位，黑表笔可接电路中的任何一个接地的位置，一般选择电源的负极接线处。

③波形检测时，由于信号不强，因此接触要稳，数字示波器必要时手动调节挡位，使波形更清晰，记录数据时充分利用示波器的 STOP 按键。

9.5 项目考核

1. 选择题

①某放大状态的三极管，三个电极的电位分别为 $V_b=-4.7$ V，$V_c=4$ V，$V_e=-5$ V，该管是(　　)。

A. PNP 锗管　　B. NPN 硅管

C. NPN 锗管　　D. PNP 硅管

②工作于截止及饱和状态的三极管在电路中起(　　)作用。

A. 放大　　B. 开关　　C. 限流　　D. 分压

③在单级放大电路中，若输入电压为正弦波，用示波器观察 U_o 和 U_i 的波形，当放大电路分别为共射、共集、共基电路时，U_o 和 U_i 的相位(　　)。

A. 同相、反相、同相　　B. 反相、同相、反相

C. 同相、反相、反相　　D. 反相、同相、同相

④在共射、共集、共基三种基本放大电路中，电压放大倍数小于 1，输入电阻大，输出电阻小的是(　　)组态。

A. 共射　　B. 共集　　C. 共基　　D. 不确定

⑤在 NPN 三极管组成的单管共射放大电路中，输入为正弦波信号，输出波形如图 9.8 所示，则该放大电路(　　)。

A. 产生了饱和失真，应减小偏置电流 I_b

B. 产生了饱和失真，应增大偏置电流 I_b

C. 产生了截止失真，应增大偏置电流 I_b

D. 产生了截止失真，应减小偏置电流 I_b

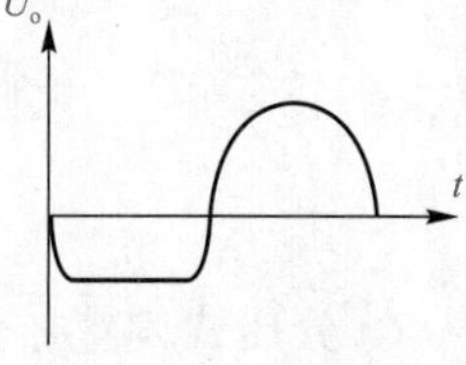

图 9.8　输出波形

⑥晶体三极管工作在饱和区，发射极、集电极的偏置是(　　)。

A. 发射极正向偏置，集电极反向偏置

B. 发射极反向偏置，集电极正向偏置

C. 发射极反向偏置，集电极反向偏置

D. 发射极正向偏置，集电极正向偏置

⑦NPN 型三极管处于放大状态的电压关系式为(　　)。

A. $U_e>U_b>U_c$　　B. $U_b>U_e>U_c$　　C. $U_e>U_c>U_b$　　D. $U_c>U_b>U_e$

⑧在图 9.8 中，工作在截止状态的有(　　)，工作在饱和状态的有(　　)。

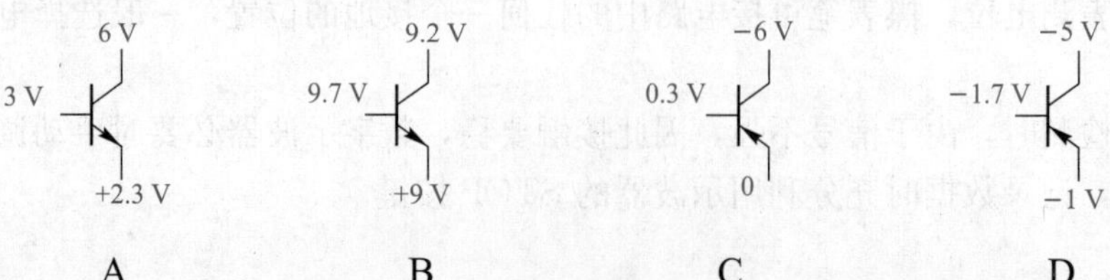

⑨三极管在开关电路中是使用哪两种状态(　　)。

A. 动态与静止　　B. 放大与导通

C. 饱和导通与截止　　D. 放大与静止

2. 综合分析题

图 9.9 中，R_1、R_2 其中一个为光敏电阻器，其特点是：照到它上面的光越强，它的电阻值越小；光越弱，阻值越大。现已知光弱时 LED 会亮，请问哪一个是光敏电阻？为什么？

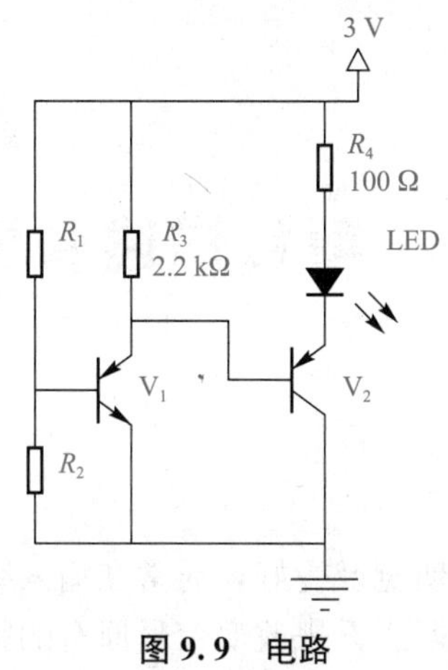

图 9.9　电路

项目十　音频放大电路中间级

10.1　项目描述和要求

10.1.1　项目描述

为了使声音信号符合人们的听觉及爱好，通常在输入级后增加音调调整电路，音调调整电路是通过对不同频率的衰减与提升来改变信号原有的频率特性。下面我们先来制作音频放大电路中间级电路部分，这一电路能够实现高低音调整并有一定的信号放大作用，同时还能够进行音量控制，如图 10.1 所示。

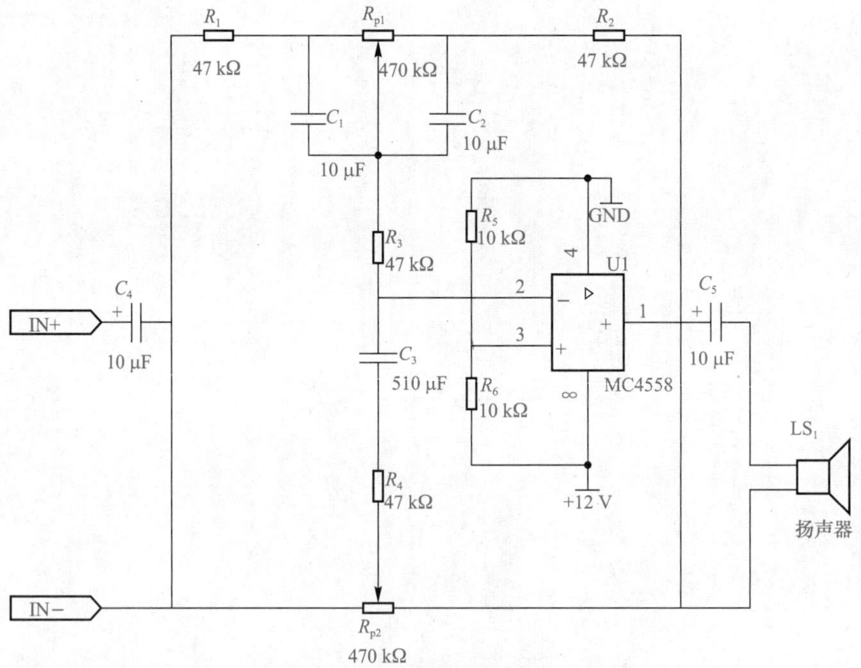

图 10.1　音频放大电路中间级

10.1.2　项目要求

①电路能够实现音频信号高低音调调整。

②用万能板进行布局、连线，要求布局合理，插装、焊接符合工艺标准。

③使用仪表调试电路，做好测量数据记录。

10.2　理论分析

10.2.1　集成运放的简介

1. 电路符号

集成运放是多端器件，画电路图时，为了简便，通常只画其输入端和输出端。其电路符号如图 10.2 所示。

图 10.2 中，“u_{i+}”为同相输入端，“u_{i-}”为反相输入端；“u_o”为输出端；“Δ”表示运算放大器。“∞”表示开环放大倍数极高。同相输入端表示其输出信号与该输入信号相位相同，反相输入端表示其输出信号与该输入信号相位相反。

2. 双运放集成 MC4558 引脚排列

实际集成运放的引脚包括两个基本运放电路，每个运放电路有两个输入端和一个输出端外，还有正负电源端，图 10.3 所示为 MC4558 双列直插式集成单运放的引脚排列图。

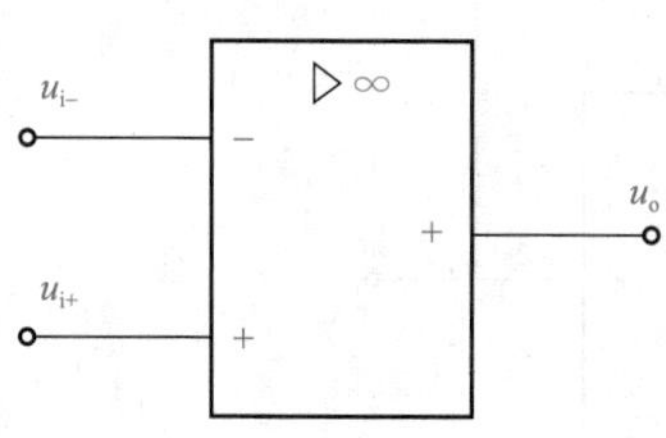

图 10.2　集成运放电路符号

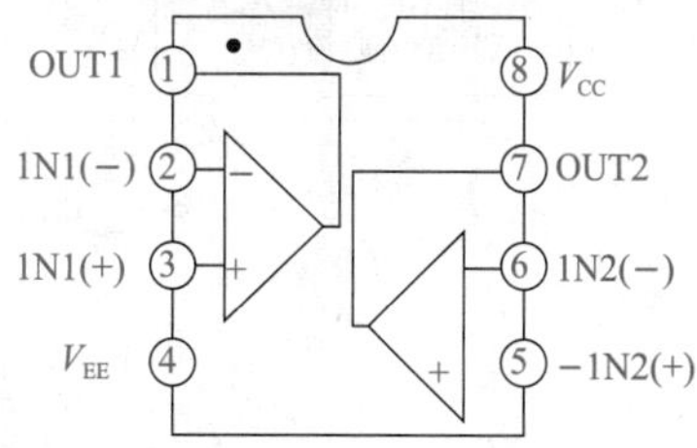

图 10.3　MC4558 双列直插式集成运放引脚排列图

3. 理想集成运放两个重要结论

在分析集成运放电路时，一般将集成运放看成是一个理想的运放。

集成运放理想状态下的参数是：

开环电压放大倍数 $A_{VD}\to\infty$；

差模输入电阻 $R_{id}\to\infty$；

输出电阻 $R_0\to 0$；

共模抑制比 $K_{CMR}\to\infty$。

根据上述的理想条件，若运放工作在线性放大区，便可得出如下两个重要结论：

①理想运放两输入端电位相等，即 $u_{i+}=u_{i-}$；放大电路的电压放大倍数为 $A_{VD}=\frac{u_o}{u_{i+}-u_{i-}}$。在线性区，理想运放的开环电压放大倍数 $A_{VD}\to\infty$，而输出电压 u_o 为有限值，因此，有 $u_{i+}-u_{i-}=\frac{u_o}{A_{VD}}=0$，即 $u_{i+}=u_{i-}$。

可见，集成运放同相输入端和反相输入端电位相等，相当于同相与反相输入端之间短路，但不是实际短路，故称为虚假短路，简称虚短。

②理想运放输入电流等于零，即 $i_{i+}=i_{i-}=0$；由于理想运放的差模输入电阻 $R_{id}\to\infty$，因此在其两个输入端均没有电流，即 $i_{i+}=i_{i-}=0$。

可见，集成运放同相和反相输入端的净输入电流都为零，好像电路断开一样，但又不是实际断路，故称为虚假断路，简称虚断。

“虚短”和“虚断”是理想运放工作在线性区时的两点重要结论，因此必须牢牢掌握。

10.2.2 集成运放应用电路

集成运放作为通用性很强的有源器件，它不仅可用于信号的运算、处理、变换和测量，还可用来产生正弦和非正弦信号；不仅在模拟电路中得到广泛应用，而且在脉冲数字电路应用中也日益广泛。因此，它的应用电路种类繁多，下面仅介绍三种常用电路。

1. 反相输入电路

反相输入电路如图 10.4 所示。

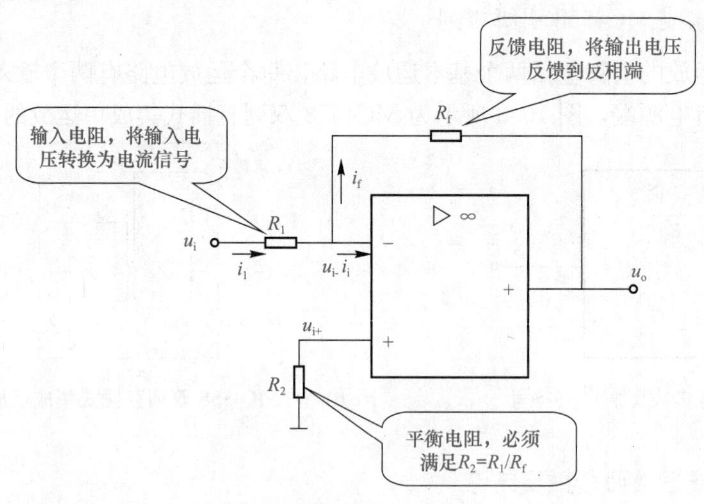

图 10.4 反相输入电路

输入输出电压关系：

根据理想运放“虚断”和“虚短”结论，得出电路的输出电压为 $u_o=-\frac{R_f}{R_1}u_i$。因而反相输入电路的电压放大倍数为 $A_{VF}=-\frac{R_f}{R_1}$。

例　如图 10.5 所示电路中，已知 $R_1=10\ \text{k}\Omega$，$R_f=20\ \text{k}\Omega$，$R_2=R_1//R_f=6.7\ \text{k}\Omega$，$U_i=10\ \text{mV}$，求输出电压 u_o。

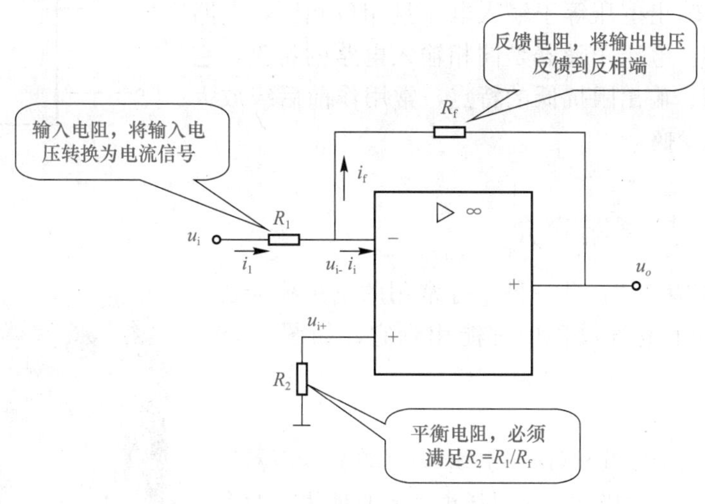

图 10.5　电路

解　由反相输入电路的公式可知

$$u_o=-\frac{R_f}{R_1}u_i=-\frac{20}{10}\times10=-20(\text{mV})$$

从运算结果可知，输出电压比输入电压放大了 2 倍，且输出电压与输入电压电位相反。

2. 同相输入电路

同相输入电路如图 10.6 所示。

输入输出电压关系：

根据理想运放"虚断"和"虚短"结论，得出电路的输出电压为 $u_o=\left(1+\dfrac{R_f}{R_1}\right)u_i$，因而同相输入电路的电压放大倍数为 $A_{VF}=\dfrac{u_o}{u_i}=1+\dfrac{R_f}{R_1}$。

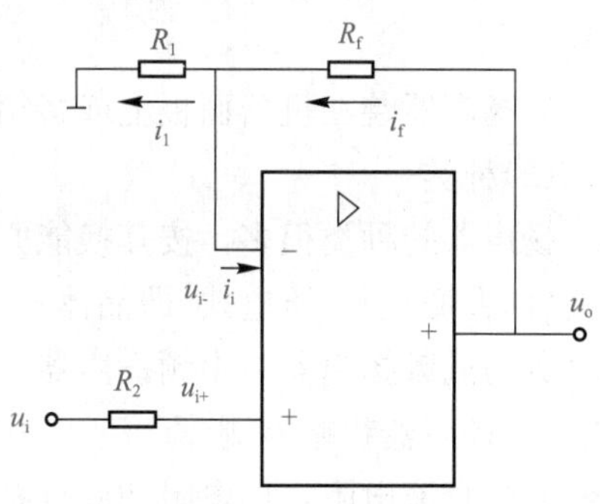

图 10.6　同相输入电路

例　图 10.7 所示电路中，已知 $R_1=10\ \text{k}\Omega$，$R_f=40\ \text{k}\Omega$，$R_2=R_1//R_f=8\ \text{k}\Omega$，$u_i=10\ \text{mV}$，求输出电压 u_o。

解：由同相输入电路的公式可知

$$u_o=\left(1+\frac{R_f}{R_1}\right)u_i=\left(1+\frac{40}{10}\right)\times10=50(\text{mV})$$

从运算结果可知，输出电压比输入电压放大了 5 倍，且输出电压与输入电压电位相同。

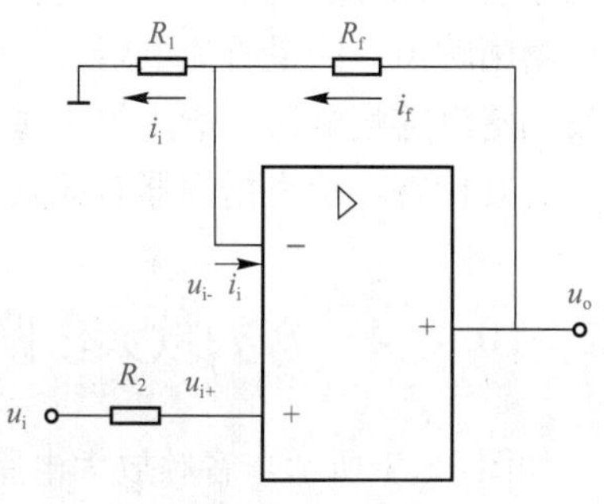

图 10.7　电路

3. 电压跟随器

在同相输入电路中，如果选择电阻和短路，开路，电路如图 10.8 所示，则有 $A_{VF}=1+\frac{R_f}{R_1}=1+0=1$。

此时，电路输出电压等于输入电压且相位相同，电路成为电压跟随器。电压跟随器是同相输入电路的特例，它具有输入阻抗高、输出阻抗低的特点，常用作前后级放大电路之间的阻抗变换。

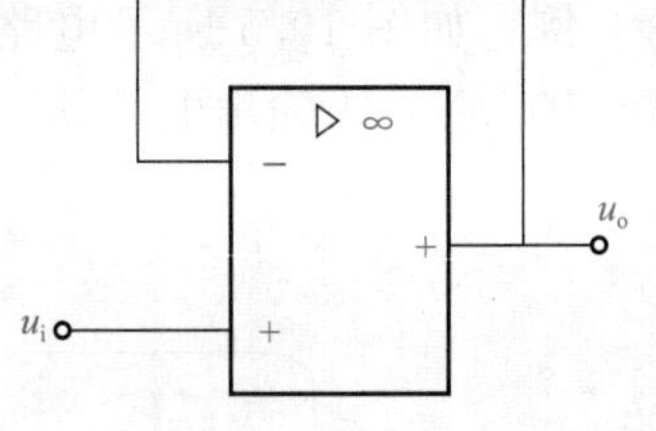

图 10.8　电压跟随器

10.2.3　扬声器简介

扬声器又称“喇叭”，是一种十分常用的电声换能器件，在发声的电子电气设备中都能用到它，如图 10.9 所示。

图 10.9　扬声器实物图

(1)特征

①扬声器有两个接线柱(两根引线)，当单只扬声器使用时两根引脚不分正负极性，多只扬声器同时使用时两个引脚有极性之分。

②扬声器有一个纸盆，它的颜色通常为黑色，也有白色的。

③扬声器的外形有圆形、方形和椭圆形等几大类。

④扬声器纸盆背面是磁铁，外磁式扬声器用金属螺丝刀去接触磁铁时会感觉到磁性的存在；内磁式扬声器中没有这种感觉，但是外壳内部确有磁铁。

⑤扬声器装在机器面板上或音箱内。

(2)种类

扬声器的种类很多，按其换能原理可分为电动式(即动圈式)、静电式(即电容式)、电磁式(即舌簧式)、压电式(即晶体式)等几种，后两种多用于农村有线广播网中；按频率范围可分为低频扬声器、中频扬声器、高频扬声器，这些常在音箱中作为组合扬声器使用。

(3)扬声器粗略检测

测量直流电阻：用电阻 200 Ω 挡测量扬声器两引脚之间的直流电阻，正常时应比铭牌扬声器阻抗略小。例如 8 Ω 的扬声器测量的电阻正常为 7 Ω 左右。测量阻值为无穷大，或远大于它的标称阻抗值，说明扬声器已经损坏。

喀喇响声：测量直流电阻时，用模拟万用表一只表棒断续解除引脚，应该能听到扬声器发出喀喇喀喇响声，响声越大越好，无此响声说明扬声器音圈被卡死。

直观检查：检查扬声器有无纸盆破裂的现象。

10.2.4　音频放大电路中间级电路工作原理

如图 10.1 所示，音频放大电路中间级音调控制电路由集成运放 MC4558U，电阻 R_1 ~ R_6，电容 C_1 ~ C_6，电位器 R_{p1} ~ R_{p2} 组成。其中 MC4558U 组成的反相输入放大器构成电压

放大部分，音调控制电路中的 R_1、R_2、C_1、C_2、R_{p1} 组成低音控制电路，C_3、R_4、R_{p2} 组成高音控制电路。音调控制是指人为地调节输入信号的低频、中频、高频成分的比例，改变音响系统的频率响应特性，以补偿音响系统各环节的频率失真或用来满足聆听者对音色的不同爱好。反馈式音调电路通过改变电路频率响应特性曲线的转折频率来改变音调。

对于输入信号的低频成分，C_3 可视为开路；对于高频成分 C_1、C_2 可视为短路。调节 R_{p1} 可调节低音增益，调节 R_{p2} 可调节高音增益。

10.3　项目实施

10.3.1　制订计划

全班同学分成 8 个小组，每组 6～7 人，各组设小组长一名。小组成员集体讨论，按表 10.1 工作流程，制订工作计划并填写表 10.1。

表 10.1　工作计划表

序号	工作流程	时间分配/min	人员分工
1	理论学习，选择电路		
2	画元件布局图		
3	画 PCB 板连线图		
4	器材选择及检测		
5	电路装配与调试		
6	电路检测		
计划时间：________小时，实际时间：________小时，审核：			

10.3.2　实施计划

1. 理论学习检验

①写出各部分电路组成。

高音滤波电路：

低音滤波电路：

集成运放电路：

②分析高音、低音的信号流程。

2. 画元件布局图及连线图

请同学们根据以下原则，在图 10.10 中设计出自己的元件布局图及连线图。

①元器件的排列与布局以合理、美观为标准，充分利用万能板的空间，发挥自己的创新能力。

②元件的摆放方向要求一致，其中电阻器采用卧式安装，电容器采用立式安装。

③完成元件布局设计图后，设计连线图，对于交叉不相连的地方，需用跳线表示。

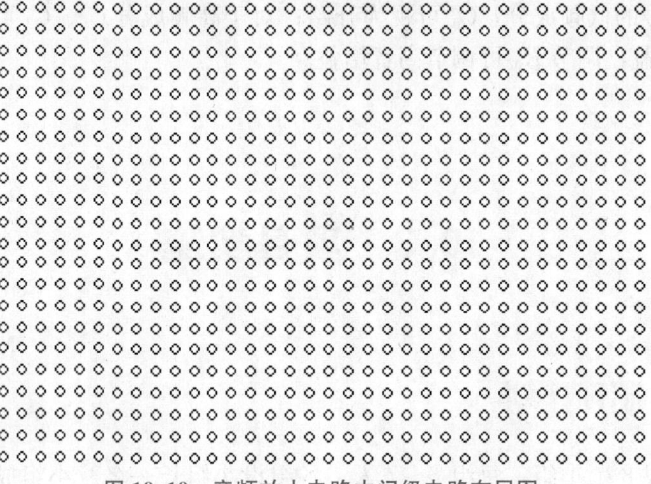

图 10.10　音频放大电路中间级电路布局图

3. 器材准备及检测

图 10.1 的元器件材料见表 10.2 所示，根据表内数据，组长向老师领元器件并检测，并将检测结果填至表 10.2 中。

表 10.2　制作材料表

名称	标号	规格	数量	检测结果	备注
电阻器	$R_1 \sim R_4$	47 kΩ	4	测量值：	
	$R_5 \sim R_6$	10 kΩ	2	测量值：	
电位器	R_{p1}、R_{p2}	470 kΩ	2	电阻可调范围：	
瓷介电容	C_1、C_2	10 nF	2	质量：	
	C_3	510 nF	1	质量：	
电解电容	$C_4 \sim C_5$	10 μF　25 V	2	质量：	
扬声器	LS_1	8 Ω/2 W	1	质量：	
集成运放	U_1	MC4558U	1	质量：	
万能板		$(4\times5)cm^2$	1		
插座	P_1、P_2	2P 插座	2		
万能板		$(4\times5)cm^2$	1		

4. 装配与调试

①注意集成运放的引脚排序及功能。

②注意电解电容的正、负极。

③在 PC 板上依次安装电阻器、运放、电容器、电位器，并用导线连接好。

5. 产品检测

(1)目测

认真观察作品，找出虚焊或不符合工艺要求的地方进行重新连接。

(2)测量

使用万用表，测量该电路集成运放各引脚电压，填写表 10.3。

表 10.3　各引脚电压

引脚号	1	2	3	4	5	6	7	8
电压值/V								

在不接信号的情况下，通上 12 V 电源，用数字万用表检测 U_1 的①脚电压，在正常情况下，读数应在电源电压一半左右，否则应断电检查电路板。

若万用表读数在正常的范围内，则表明该电路板的功能基本正常。接上扬声器，输入音乐信号(选择音频丰富的信号效果较明显)，上电调试，调节高低音旋钮，可分辨扬声器的音调变化。本电路主要的高低音增益的调节，输出功率较低，因此音量较弱。输入信号可利用手机音乐通过耳机线输出，耳机线去掉耳塞，把线接入电路的信号输入端。

(3)检修

根据检修流程，填写表 10.4。

表 10.4　故障检修表

故障现象	
故障分析	
检修过程	
结果	

5. “6S”管理

工作任务全部完成后，关闭工作台总电源，拆下测量线及导线，归还工具，对实训台及实训室开展“整理、整顿、清扫、清洁、素养、安全”6S 行动。

10.3.3　项目评价

1. 成果展示

小组内选择出 1～2 件优秀作品，在班级同学中展示，讲解作品成功之处，并填写表 10.5。

表 10.5　作品评价表

作品成功之处	
作品成功原因	

2. 经验分享

学生在班级中自由谈收获、体会及建议并填表 10.6。

表 10.6 经验分享表

收获	
体会	
建议	

3. 评分

按自评、组评、师评的顺序进行评分，各小组推荐优秀成员，并填表 10.7。

表 10.7 评分表

项目	考核要求	配分	评分标准	自评	组评	师评
理论学习	认真学习理论，并完成相关问题	10	每少填写一空扣 2 分			
元器件识别与检测	按要求对所有元器件进行识别与检测	10	元器件识别错一个，扣 1 分。检测错一个扣 2 分			
元器件布局	元器件排列整齐，标记方向一致，布局合理	10	元器件排列参差不齐，标记方向混乱，布局不合理，每处扣 1 分			
元器件装配	元器件成形、插装符合工艺要求，连接线呈直线或直角，紧贴电路板，无短路	25	元器件成形、插装不符合工艺要求，每处扣 1～2 分。导线弯曲、拱起每根扣 2 分，弯曲时不呈直角每处扣 2 分			
电路功能	高低音调节正常，符合设计要求	20	不符合设计要求，得 0 分			
电路检测	正确使用万用表测各关键点电压	10	每测错一处扣 2 分			
6S 管理	工作台上工具排放整齐。严格遵守安全操作规程	10	工作台上杂乱扣 5～10 分。违反安全操作规程扣 5 分			
合作学习	团结小组成员，乐于助人，合作精神好。遵守实训制度	5	评分为优秀组长或组员得 5 分，其他组长或组员评分由教师、组长评分			
总分						
教师点评						

10.4　项目总结

1. 音频放大电路中间级电路装配的关键点

①根据材料清单正确清点元件。

②正确测量元件，确保元件的质量。

③合理、正确的画好布局、布线图，认清 MC4558U 集成运放的各引脚位置，根据布局图转换成实物焊接。

④确认焊点合格，特别注意不要出现搭焊和漏焊现象。

2. 音频放大电路中间级电路调试的关键点

①安全规范用电，接好线再通电，通电时不接线、不焊接修改电路。

②万用表测电位，黑表笔可接电路中的任何一个接地的位置，一般选择电源的负极接线处。

③集成运放的引脚排列较为紧密，测量时表笔接触点要稳，不能出现表笔滑脱，卡在两个引脚中间造成短路，导致集成运放的烧坏。

④输入信号可利用手机音乐通过耳机线输出，耳机线去掉耳塞，把线接入电路的信号输入端，接入前确保电路能正常工作，避免电路的故障祸及手机。

10.5　项目考核

1. 填空题

①集成运放中与输出端电压极性相反的输入端称为________，与输出端电压极性相同的输入端称为________。

②集成运放电路一般由输入级、________、输出级和________ 4 部分组成。

③理想运放线性运用时的两个重要结论：一是“虚短”，是指两输入端的________；一是“虚断”，是指两输入端的________。

2. 选择题

①理想运放的两个重要结论是(　　)。

A. 虚断 $u_{i+}=u_{i-}$，虚短 $i_{i+}=i_{i-}$　　B. 虚断 $u_{i+}=u_{i-}=0$，虚短 $i_{i+}=i_{i-}=0$

C. 虚断 $u_{i+}=u_{i-}=0$，虚短 $i_{i+}=i_{i-}$　　D. 虚断 $i_{i+}=i_{i-}=0$，虚短 $u_{i+}=u_{i-}$

②对于运算关系为 $u_o=-10u_i$，较合适运算放大电路的是(　　)。

A. 反相输入电路　　B. 同相输入电路

C. 电压跟随器　　D. 加法运算电路

③反相输入电路，$R_1=10\ \text{k}\Omega$，$R_f=100\ \text{k}\Omega$，输入电压 U_i 为 10 mV，输出电压 U_o 为(　　)。

A. －100 mV　　B. 100 mV　　C. 10 mV　　D. －10 mV

④根据反馈电路和基本放大电路在输出端的接法不同，可将反馈分为(　　)。

A. 直流反馈和交流反馈　　B. 电压反馈和电流反馈

C. 串联反馈和并联反馈　　D. 正反馈和负反馈

⑤电流并联负反馈可以使输入电阻(　　)输出电阻(　　)。

A. 增大，减小　　B. 增大，增大　　C. 减小，减小　　D. 减小，增大

⑥下列集成块引脚的识读正确的是(　　)。

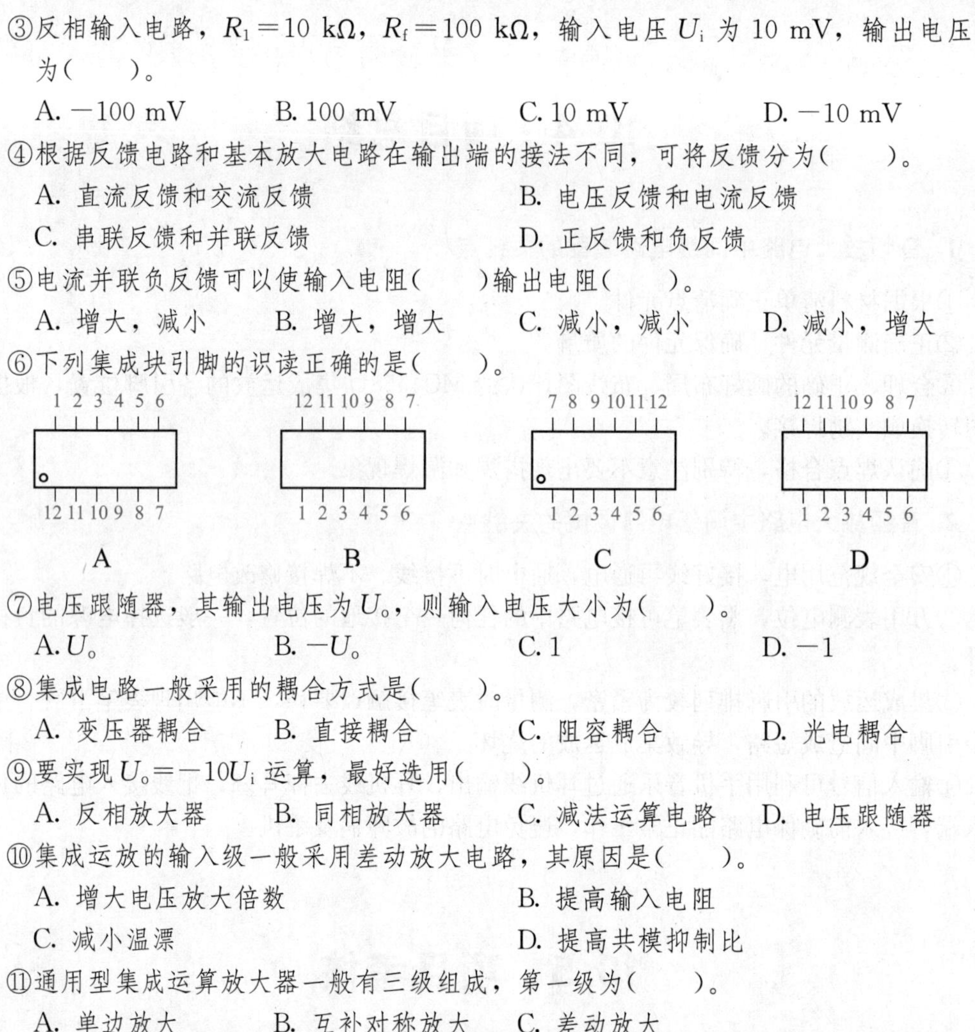

⑦电压跟随器，其输出电压为 U_o，则输入电压大小为(　　)。

A. U_o　　B. $-U_o$　　C. 1　　D. －1

⑧集成电路一般采用的耦合方式是(　　)。

A. 变压器耦合　　B. 直接耦合　　C. 阻容耦合　　D. 光电耦合

⑨要实现 $U_o=-10U_i$ 运算，最好选用(　　)。

A. 反相放大器　　B. 同相放大器　　C. 减法运算电路　　D. 电压跟随器

⑩集成运放的输入级一般采用差动放大电路，其原因是(　　)。

A. 增大电压放大倍数　　B. 提高输入电阻

C. 减小温漂　　D. 提高共模抑制比

⑪通用型集成运算放大器一般有三级组成，第一级为(　　)。

A. 单边放大　　B. 互补对称放大　　C. 差动放大

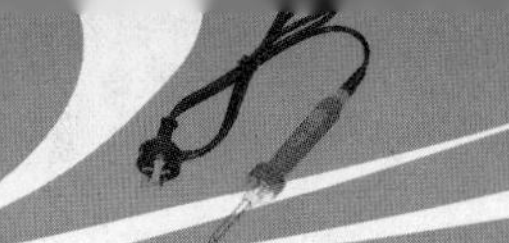

项目十一　音频放大电路输出级

11.1　项目描述和要求

11.1.1　项目描述

多级放大电路虽然能够增大输入信号电压的幅度，若在其输出端连接一定效果的负载并驱动负载工作，这就要求提供足够大的输出功率，即输出端不但要有足够大的电压，还要有足够大的电流。这种能够放大功率的放大电路通称为功率放大电路。本项目的音频放大电路的输出级就是功率放大电路。项目任务就是介绍功率放大电路的相关原理及制作，其电路如图 11.1 所示。

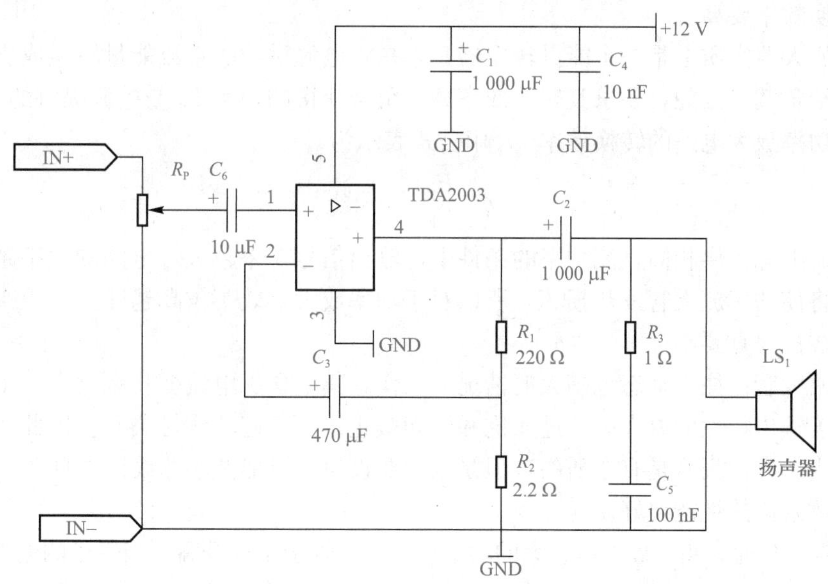

图 11.1　音频放大电路输出级

11.1.2　项目要求

①电路能够实现音频信号功率放大作用，同时还能够进行音量控制。

②用万能板进行布局、连线，要求布局合理，插装、焊接符合工艺标准。

③使用仪表调试电路，做好测量数据记录。

11.2 知识准备

11.2.1 功率放大器的认识

1. 低频功率放大电路的基本要求

功率放大器和电压放大器是有区别的。电压放大器的主要任务是把微弱的信号电压进行放大，一般输入、输出的电压和电流都比较小，是小信号放大器。它消耗能量少，输出信号的功率小，失真小。功率放大器的主要任务是输出大的信号功率，它的输入、输出电压和电流都比较大，是大信号放大器。它消耗能量多，输出信号的功率大，容易产生失真。这就决定了一个性能良好的功率放大器应满足下列基本要求：

①输出功率 P_{om} 尽可能大。

功率放大器提供给负载的信号功率称为输出功率，用 P_{om} 表求。为了得到足够大的输出功率，三极管工作时的电压和电流应尽可能接近极限参数。

②转换效率要高。

功率放大器实质上是一个能量转换器，它是将电源供给的直流能量转换成交流信号的能量输送给负载，因此，要求其转换效率高。负载获得的功率 P_o 与电源提供的功率 P_E 之比定义为功率放大电路的转换效率 η，用公式表示为

$$\eta=\frac{P_o}{P_E}\times 100\%$$

在直流电源提供相同直流功率的条件下，输出信号功率越大，电路的效率越高。由于管耗过大将使功率放大管发热损坏，所以对于功率放大器效率越高越好。

③非线性失真要小。

功率放大管往往在动态范围大的情况下工作，其电压、电流变化幅度大，工作时有可能超越管子输出特性的放大区，进入饱和区和截止区而引起非线性失真。因此，提高输出功率与减少非线性失真是有矛盾的，但是依然要设法尽可能减小非线性失真。

④功放管散热性能要好。

功放管工作时，集电极上有较大的功率损耗，使管子温度升高。当管子的温度超过极限值时，将导致其损坏。在电路安装时，功放管要装于通风良好的地方，外加的散热板(或片)要与管子的金属外壳或散热片良好接触，确保功放管的热量及时散发出去，如图 11.2 所示。

2. 常用低频功率放大器

甲类功放电路由于在信号为零时，功放管存在很大的静态电流，电路效率很低，因而在一般情况下很少使用，而应用更多的是乙类或甲乙类电路，常用电路有 OCL 或 OTL 功

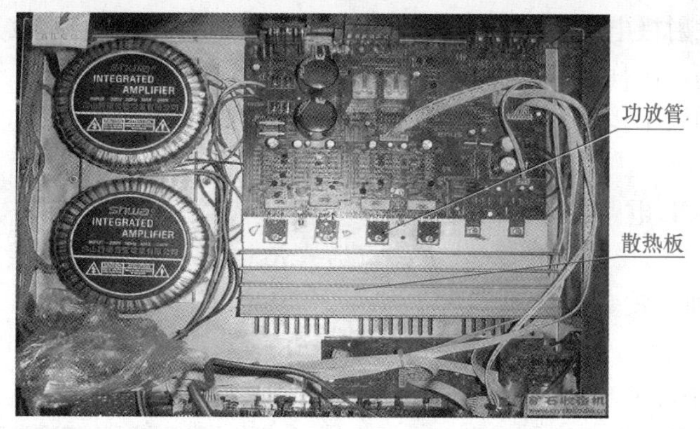

图 11.2　常见功放内部电路实物图

放电路。为使功放管在信号的正、负半周都能导通，这类功放电路主要由一对性能参数相同、类型相反的管子共同构成。

(1)OCL 功率放大器

OCL 是无输出电容(Output Capacitorless)的英文简称。OCL 功率放大器属直接耦合功放电路，采用双电源互补对称的电路结构。

①电路组成。OCL 功率放大器是由一对特性及参数完全相同、类型不同的三极管组成的发射极输出器构成，采用正、负两个电源供电，电路如图 11.3 所示，图中 V_1、V_2 为功率三极管。

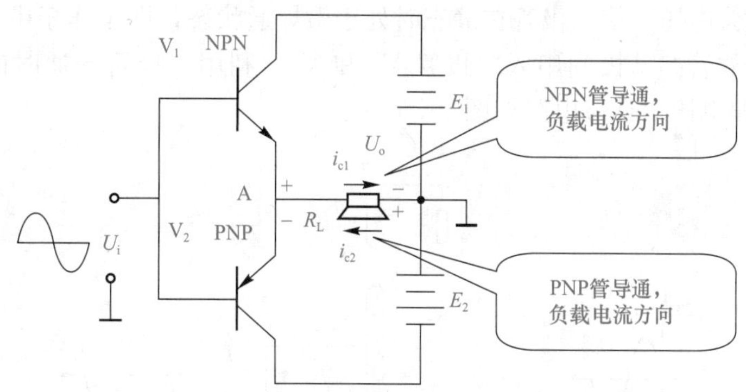

图 11.3　OCL 基本电路原理图

②工作原理。静态时，即 $U_i=0$ 时，由于两管特性相同，供电电源对称，所以输出端的 A 点电位为零，V_1、V_2 均截止，没有直流电流通过 R_L，电路中无功率损耗。

当输入交流信号 U_i 为正半周期时，V_1 正偏导通，V_2 反偏截止，V_1 管集电极电流 i_{c1} 流经负载 R_L 形成输出电压 U_o 的正半周，电流方向如图 11.3 中箭头所示。

当输入信号 U_i 为负半周时，V_1 反偏截止，V_2 正偏导通，V_2 管集电极电流 i_{c2} 流经 R_L 形成输出电压 U_o 的负半周，电流方向与正半周相反。

综上所述，由于 V_1、V_2 管交替导通，相互补充对方缺少的半个周期，因而在 R_L 上仍能得到与输入信号波形相似的电流和电压。电路中，由于 V_1、V_2 管工作于乙类状态，且两管类型相反(即互补)、特性及参数相同，故称这种电路为乙类互补对称放大电路。又由于静态时公共发射极电位为零，与负载的连接不必采用电容耦合，故又称这种电路为无输出电容功放电路，简称 OCL 电路。

③输出功率和效率。在 OCL 电路中，每只三极管的集电极静态电流为零，因而该电路效率高。

可以证明，OCL 电路最大输出功率为

$$P_{om}=U_{CC}^2/2R_L$$

OCL 电路的理想效率为

$$\eta=P_{om}/P_E=78.5\%$$

式中，P_E 为电源消耗的功率。

④交越失真及其消除方法。实际上，由于三极管输入特性存在死区电压（硅管为 0.5 V，锗管为 0.2 V），因而当输入信号的电压小于死区电压期间，V_1、V_2 都截止，输出电压 U_o 为零，输出信号的波形将出现正负半周衔接不理想而形成失真的现象，如图 11.4 所示。

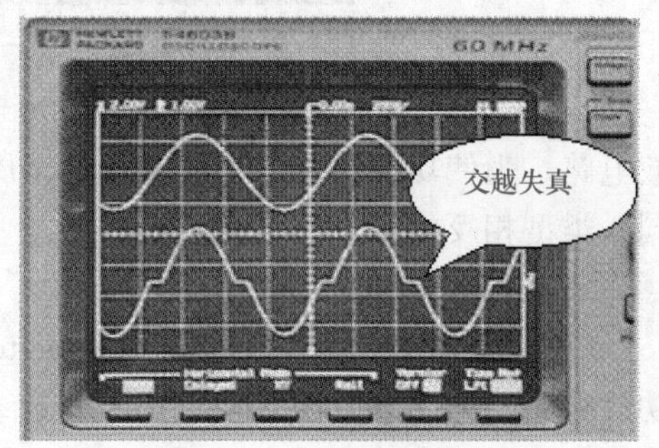

图 11.4　交越失真波形图

这种失真称为“交越失真”。如果音频功率放大器出现交越失真，会使小信号时音质变差；如果是电视机的场扫描电路出现交越失真，则会在电视屏的中间出现一条较亮的水平线。为了消除交越失真，可给两个三极管同时加上略大于死区电压的正偏电压，使三极管在静态时处于微导通状态，即工作于甲乙类状态。具体办法是在两个功放管的基极间串入二极管 V_3 和 V_4，利用二极管导通时的压降为三极管 V_1、V_2 提供正偏电压，具体电路如图 11.5 所示。

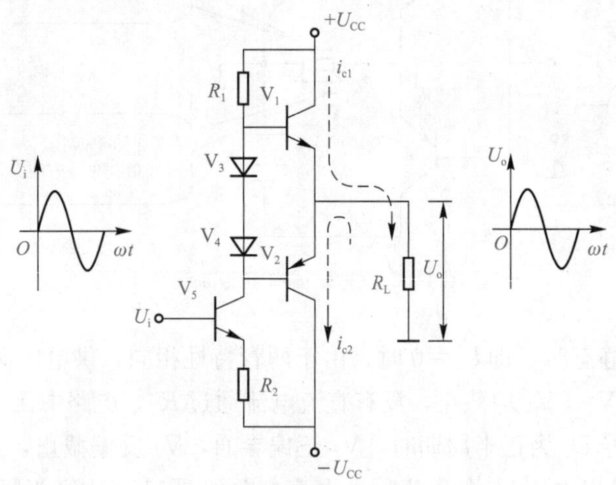

图 11.5　改进型 OCL 电路原理图

(2)OTL 功率放大器

OCL 电路的低频响应好、便于集成化，但需要两个独立的电源，实际应用不太方便。下面介绍使用单电源供电的互补对称功率放大电路——OTL(Output Transformerless，无输出变压器)功放电路，如图 11.6 所示。

①电路组成。相对 OCL 电路而言，OTL 电路省去了负电源，加接输出电容 C_1，它在正半周充电，负半周放电，起到负电源的作用，使负载上得到完整的波形。

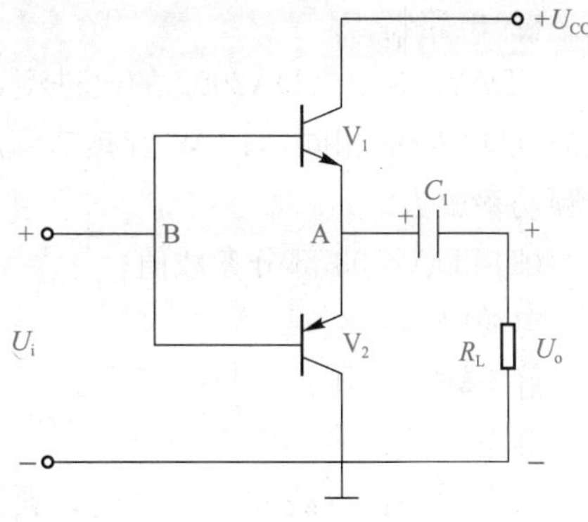

图 11.6　OTL 基本电路原理图

②工作原理

静态时，因电路对称，两管发射极与负载连接处的电位为电源电压的一半，即 A 点的电压为 $\frac{1}{2}U_{CC}$，由于电容 C_1 起到隔直流通交流的作用，负载中没有直流电流。电容 C_1 两端的电压也稳定在$\frac{1}{2}U_{CC}$，这样两管的集—射极之间如同加上$\frac{1}{2}U_{CC}$的电源电压。

动态时，在输入信号 U_i 正半周，V_1 导通，V_2 截止，V_1 以射极输出的形式向负载 R_L 提供电流，使得负载 R_L 上得到正半周输出电压，同时对电容 C 充电；在输入信号 U_i 负半周，V_1 截止，V_2 导通，电容 C_1 通过 V_2、R_L 放电，V_2 也以射极输出的形式向负载 R_L 提供电流，负载 R_L 上得到负半周的输出电压，电容 C_1 这时起到负电源的作用。这样，负载 R_L 上得到一个完整的信号波形。

③输出功率和效率。采用单电源供电的互补对称电路，由于每个管子的工作电压是$\frac{1}{2}U_{CC}$，所以 OTL 电路的最大输出功率为

$$P_{om}=U_{CC}^2/8R_L$$

OTL 电路的理想效率为

$$\eta=78.5\%$$

4. TDA2003 典型功放集成电路简介

(1)引脚说明

如图 11.7 所示，按从左至右的顺序排列，TDA2003 各引脚功能分别为：①脚是同相输入端；②脚是反相输入端；③脚是接地；④脚是功率输出端；⑤脚是正电源输入端。

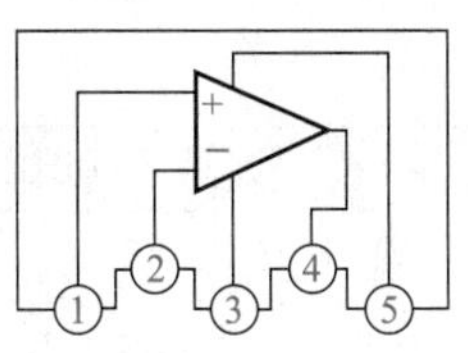

引出端序号	符号	功能
1	+IN	同相输入端
2	−IN	反相输入端
3	GND	地
4	OUT	输出
5	U_{CC}	电源

图 11.7　TDA2003 引脚说明和实物图

(a)引脚说明；(b)实物图

(2)电路特点

TDA2003 是 TDA2002 的改进型，其输出功率更大，电路特点及内设的各种保护电路也与 TDA2002 相同，10 W 音频功率放大器 TDA2003 适用于收录机及其他音响设备中做音频功率放大。

(3)TDA2003 部分参数值。

电源电压：8～18 V。

静态输出电压：6.1～7.7 V。

静态电流：典型值 44 mA。

输出功率：负载 R_L＝4 Ω 时，典型值 6 W；负载 R_L＝2 Ω 时，典型值 10 W。

频率响应：40～15 kHz。

效率：负载 R_L＝4Ω 时，69%；负载 R_L＝2 Ω 时，65%。

11.2.2 音频放大输出级原理

电路工作原理如图 11.1 所示，信号经过上一级的耦合输出，输入到 TDA2003 的输入端进行音频放大。其中 R_1、R_2 组成负反馈电路，决定了电路的放大倍数(约 100 倍)；C_2 为输出耦合电容；R_3、C_5 为防自激网络，防止自激信号损坏集成功放；C_1、C_4 为电源高、低通滤波电容。

11.3 项目实施

11.3.1 制订计划

全班同学分成 8 个小组，每组 6～7 人，各组设小组长一名。小组成员集体讨论，按表 11.1 工作流程，制订工作计划并填写表。

表 11.1 工作计划表

序号	工作流程	时间分配/min	人员分工
1	理论学习，选择电路		
2	画元件布局图		
3	画 PCB 板连线图		
4	器材选择及检测		
5	电路装配与调试		
6	电路检测		
计划时间：_______小时，实际时间：_______小时，审核：			

11.3.2　实施计划

1. 理论学习检验

①写出各部分元件的作用。

②分析电路信号流程。

2. 画元件布局图及连线图

请同学们根据以下原则，在图 11.8 中设计出自己的元件布局图及连线图。

①元器件的排列与布局以合理、美观为标准，充分利用万能板的空间，发挥自己的创新能力。

②元件的摆放方向要求一致，其中电阻器采用卧式安装，电容器采用立式安装。

③完成元件布局设计图后，设计连线图，对于交叉不相连的地方，需用跳线表示。

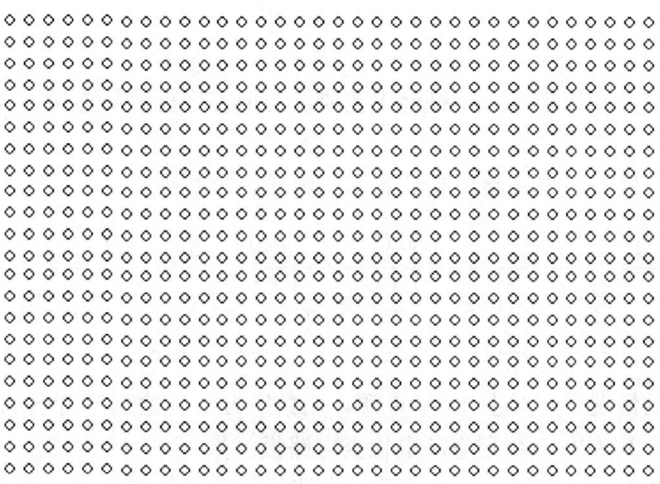

图 11.8　音频放大电路中间级电路布局图

3. 器材准备及检测

图 11.1 的元器件材料见表 11.2 所示，根据表内数据，组长向老师领元器件并检测，并将检测结果填至表 11.2 中。

表 11.2　制作材料表

名称	标号	规格	数量	检测结果	备注
电阻器	R_1	220 Ω	1	测量值：	
	R_2	2.2 Ω	1	测量值：	
	R_3	1 Ω	1	测量值：	
电解电容器	C_1、C_2	1 000 μF/25 V	2	质量：	
	C_3	470 μF/25 V	1	质量：	

续表

名称	标号	规格	数量	检测结果	备注
瓷介电容器	C_4	10 nF	1	质量：	
	C_5	100 nF	1	质量：	
集成功放	U_1	TDA2003	1	质量：	
扬声器	LS_1	4 Ω/16 W	1	质量：	
万能板		$(4\times5)\text{cm}^2$	1		

4. 产品装配

①注意集成功放的引脚排序及功能。

②注意电解电容器的正、负极。

③在 PC 板上依次安装 R、U、C、LS_1，并用导线连接好。

5. 产品检测

(1)目测

认真观察作品，找出虚焊或不符合工艺要求的地方进行重新连接。

(2)测量

使用万用表，测量该电路集成功放各引脚电压，填写表 11.3。

表 11.3　引脚电压

引脚号	1	2	3	4	5
电压/V					

在不接信号的情况下，通上 12 V 电源，用数字万用表检测 U_1 的④脚电压，在正常情况下，读数应在 6 V 左右，否则应断电检查电路板。

若万用表读数在正常范围内，则表明该电路板的功能基本正常，接上扬声器，输入音乐信号，上电调试，调节音量旋钮，可分辨扬声器的音量变化。输入信号可利用手机音乐通过耳机线输出，耳机线去掉耳塞，把线接入电路的信号输入端。

(3)检修

根据检修流程，填写表 11.4。

表 11.4　故障检修表

故障现象	
故障分析	
检修过程	
结果	

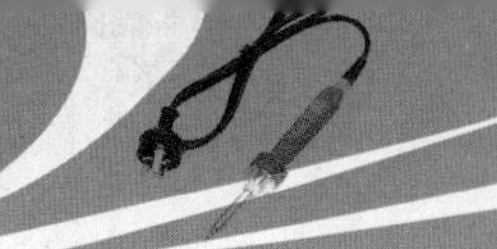

5. “6S”管理

工作任务全部完成后，关闭工作台总电源，拆下测量线及导线，归还工具，对实训台及实训室开展“整理、整顿、清扫、清洁、素养、安全”6S行动。

11.3.3　项目评价

1. 成果展示

小组内选择出1～2件优秀作品，在班级同学中展示，讲解作品成功之处，并填写表11.5。

表11.5　作品评价表

作品成功之处	
作品成功原因	

2. 经验分享

学生在全班同学中自由谈收获、体会及建议并填表11.6。

表11.6　经验分享表

收获	
体会	
建议	

3. 评分

按自评、组评、师评的顺序进行评分，完成表11.7，各小组推荐优秀成员。

表11.7　评分表

项目	考核要求	配分	评分标准	自评	组评	师评
理论学习	认真学习理论，并完成相关问题	10	每少填写一空扣2分			
元器件识别与检测	按要求对所有元器件进行识别与检测	10	元器件识别错一个，扣1分。检测错一个扣2分			
元器件布局	元器件排列整齐，标记方向一致，布局合理	10	元器件排列参差不齐，标记方向混乱，布局不合理，每处扣1分			

续表

项目	考核要求	配分	评分标准	自评	组评	师评
元器件装配	元器件成形、插装符合工艺要求，连接线呈直线或直角，紧贴电路板，无短路	25	元器件成形、插装不符合工艺要求，每处扣 1～2 分。导线弯曲、拱起每根扣 2 分，弯曲时不呈直角每处扣 2 分			
电路功能	音频放大正常，符合设计要求	20	不符合设计要求，得 0 分			
电路检测	正确使用万用表测各关键点电压	10	测错扣 10 分			
6S 管理	工作台上工具排放整齐。严格遵守安全操作规程	10	工作台上杂乱扣 5～10 分。违反安全操作规程扣 5 分			
合作学习	团结小组成员，乐于助人，合作精神好。遵守实训制度	5	评分为优秀组长或组员得 5 分，其他组长或组员评分由教师、组长评分			
总分						
教师点评						

11.4 项目总结

1. 音频放大电路输出级电路装配的关键点

①根据材料清单正确清点元件。

②正确测量元件，确保元件的质量。

③合理、正确的画好布局、布线图，认清 TDA2003 的各引脚位置，根据布局图转换成实物焊接。

④确认焊点合格，特别注意不要出现搭焊和漏焊现象。

2. 音频放大电路输出级调试的关键点

①安全规范用电，接好线再通电，通电时不接线、不焊接修改电路。

②万用表测电位，黑表笔可接电路中的任何一个接地的位置，一般选择电源的负极接线处。

③功放集成的引脚排列较为紧密，测量时表笔接触点要稳，不能出现表笔滑脱，卡在两个引脚中间造成短路，导致集成运放的烧坏。

④输入信号可利用手机音乐通过耳机线输出，耳机线去掉耳塞，把线接入电路的信号

输入端，接入前确保电路能正常工作，避免电路的故障祸及手机。

11.5 项目考核

1. 填空题

①能使低频信号得到功率放大的放大器，即为________。

②对功率放大器的基本要求是：①________；②________；③________；④________。

③甲类功率放大器的静态工作点Q设置在________，乙类功率放大器的静态工作点Q设置在________，甲乙类功率放大器的Q点设置在________。

④OCL电路是由________型三极管与________型三极管构成的互补对称式功率放大电路。

⑤OTL电路与OCL电路不同之处主要体现在两点：①________；②________。

2. 选择题

①功率放大器的主要任务是(　　)。

A. 不失真地放大信号电流　　B. 不失真地放大信号功率

C. 向负载提供足够大的信号电压　　D. 向负载提供足够大的信号电流

②在音频功放电路中，为了避免信号失真，提高电路的效率，通常使功放管工作在(　　)状态。

A. 甲类　　B. 乙类　　C. 甲乙类　　D. 丙类

③以下几类功率放大器，效率最高的是(　　)。

A. 甲类　　B. 乙类　　C. 甲乙类　　D. 不确定

④在功率放大器通常处于多级放大器中的(　　)位置。

A. 前级　　B. 中间级　　C. 末级　　D. 不确定

⑤放大电路的效率是指(　　)。

A. 管子消耗功率与电源功率之比

B. 管子消耗功率与负载功率之比

C. 静态时的电源功率与动态时的电源功率之比

D. 负载功率与电源功率之比

⑥OCL功放电路中，输出端(即中点)的静态电位为(　　)。

A. U_{CC}　　B. $2U_{CC}$　　C. $U_{CC}/2$　　D. 0

⑦如果OCL电路工作于乙类状态，理想的效率为(　　)。

A. 87.5%　　B. 78.5%　　C. 50%　　D. 68.5%

⑧TDA2030集成电路主要用于(　　)。

A. 整流电路　　B. 电压放大电路　　C. 电流放大电路　　D. 功率放大电路

⑨下列消除乙类功放失真最好的措施是在两管基极之间串入(　　)。

A. 一个大电阻　　B. 两个二极管　　C. 二极管串联一小电阻

⑩若要设计一负载为 4 Ω，最大输出功率 32 W 的 OCL 电路，则电源电压应选(　　)。

A. 8 V　　B. 10 V　　C. 16 V　　D. 32 V

3. 综合分析题

如图 11.9 所示的 OTL 功率放大电路中，U_i 为正弦输入信号，假设三极管的饱和压降可忽略，$+U_{CC}=12$ V，$R_L=8$ Ω，请完成以下题目。

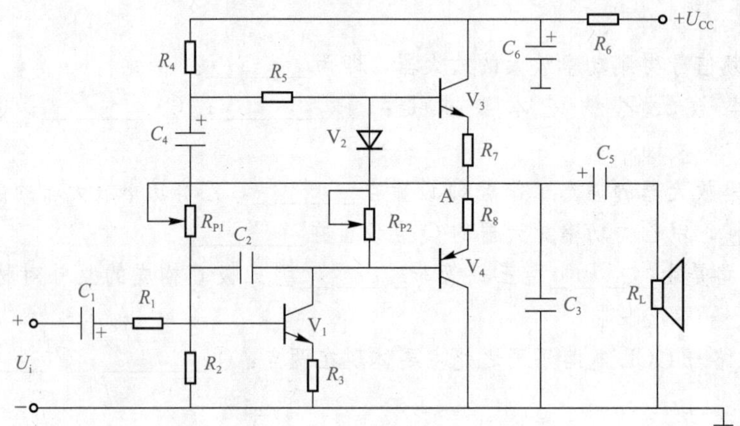

图 11.9　OTL 功率放大电路

①该电路由三部分组成，分别是：________、________、________。

②V_2、R_{P2} 的作用是清除________失真。

③A 点的电位是：________。

数 电 篇

项目十二　裁判电路

12.1　项目描述和要求

12.1.1　项目描述

请同学们为中国达人秀的三位评委制作一个三人裁判电路。裁判以少数服从多数原则投票决定是否晋级；按下按键表示同意，否则为不同意；若选手晋级，发光二极管点亮，否则灯不亮。请用与非门完成电路制作。

12.1.2　项目要求

①能根据原理图，分析三人裁判电路的工作原理。
②会根据原理电路选择所需元器件，并做简易检测。
③会根据原理图绘制电路安装连接图。
④能按工艺要求正确安装电路，并做简单调试。

12.2　理论分析

12.2.1　理论准备

1. 逻辑门电路

(1)基本逻辑门电路

基本逻辑门电路是构成数字电路的基本单元。基本逻辑门电路有与门、或门和非门。三种基本逻辑门的逻辑符号、函数表达式和逻辑功能如表 12.1 所示。

表 12.1　基本逻辑门表示方法

名称	逻辑符号	函数表达式	逻辑功能
与门	A, B → & → Y	$Y=AB$	有0出0，全1出1
或门	A, B → ≥1 → Y	$Y=A+B$	有1出1，全0出0
非门	A → 1 → Y	$Y=\overline{A}$	有0出1，有1出0

(2)复合逻辑门电路

用上述三种基本的逻辑门电路就可以组合成复合逻辑门电路，常用的复合逻辑门电路有与非、或非。它们的逻辑符号、函数表达式和逻辑功能如表 12.2 所示。

表 12.2　常用符合逻辑门表示方法

名称	逻辑符号	函数表达式	逻辑功能
与非门	A, B → & → Y	$Y=\overline{A\cdot B}$	有0出1，全1出0
或非门	A, B → ≥1 → Y	$Y=\overline{A+B}$	有1出0，全0出1

2. 集成逻辑门介绍及使用常识

将逻辑门电路的各个元件制作在一块面积很小的硅片上，即成为集成逻辑门电路。集成逻辑门电路具有体积小，重量轻，功耗低及负载能力强等优点。

数字集成电路按构成器件的种类不同，可分为两大类：一类是以双极型晶体管为主的 TTL 电路；另一类是以单极型晶体管(场效管)为主的 CMOS 电路。TTL 集成门电路主要有 74LS 系列、74S 系列、74ALS 系列等，其主要特点是速度快、功耗大。CMOS 集成门电路系列主要有 4000(普通)、74HC(高速)、74HCT(与 TTL 兼容)等产品系列，其中 4000 系列品种多、功能全，现仍被广泛使用，其主要特点为功耗小、电源范围大、抗干扰能力强。

(1)集成门电路的内部结构

一个集成门电路(俗称集成块)内部通常包含有多个逻辑功能相同的单元电路，它们在集成块内部相互独立，但共用电源和接地引脚。图 12.1 所示为四路二输入与门 74LS00 的内部逻辑结构和引脚功能图。其中，“四路”表示该集成块有四个逻辑功能相同的与门，“二输入”表示每个与门有两个输入端。图 12.1 中 A_1、B_1 表示第一个逻辑门电路的两个输入端，Y_1 表示第一个逻辑门电路的输出端，其他引脚以此类推；第 14 脚为电源端，第 7 脚为接地端(又称公共引脚或电源负端)。在实际的数字电路中，可根据需要选用集成块中的一个或多个门电路，没有用到的逻辑门可以闲置，不会影响到其他门电路的正常工作。

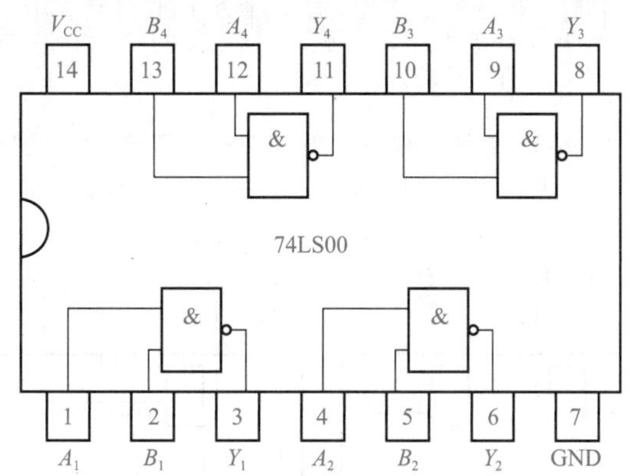

图 12.1　741S00 内部逻辑结构和引脚功能图

(2)数字集成电路的引脚识别

中小规模数字集成电路中最常用的是 TTL 电路和 CMOS 电路。数字集成电路有多种封装形式，目前大都采用双列直插封装，其外形图如图 12.2 所示。引脚编号的判断方法是：把凹槽标志置于左方，引脚向下，逆时针自下而上顺序依次为 1、2、3、…。

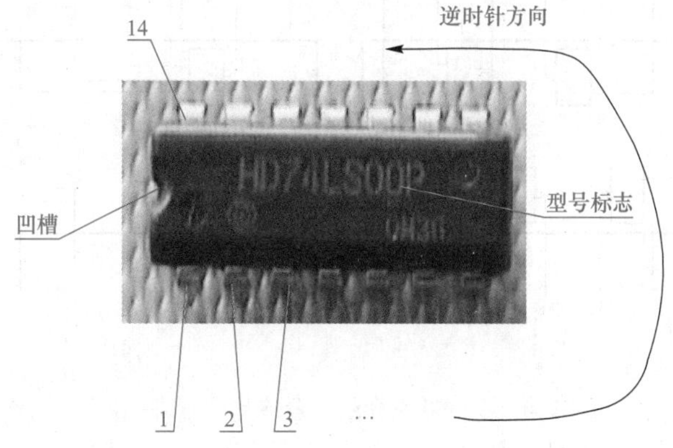

图 12.2　双列直插封装集成电路

在使用集成电路时，必须先弄清楚它的引脚功能，找对电源端和接地端，避免因接线错误造成器件损坏。接地端用“GND”(MOS 系列用 V_{SS})表示，电源端用“V_{CC}”(MOS 系列用 V_{DD})表示。

(3)常用集成逻辑门

常见的与门、或门、或非门等有 2 输入、3 输入和 4 输入等多种，非门是只有一个输入端的。图 12.3 所示为 74LS 和 74HC 系列或门及或非门管脚排列图；图 12.4 所示为 CD4000 系列或门及或非门管脚排列图；图 12.5 所示为六非门集成电路 74LS04 管脚排列图。

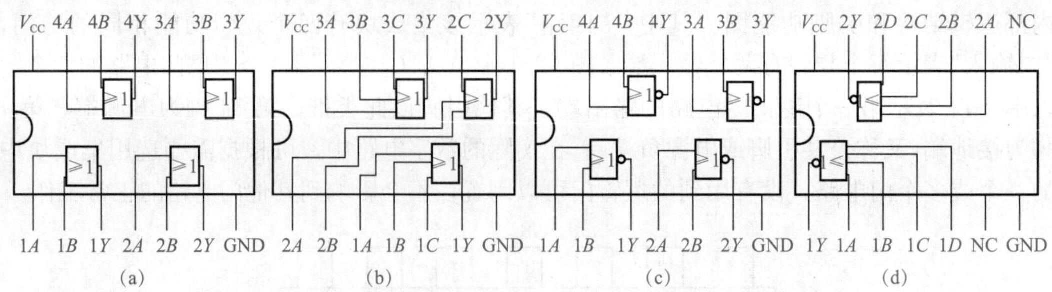

图 12.3 常见 74LS 系列或门及或非门管脚排列图

(a)74LS32(74HC32)；(b)74LS4075(74HC4075)；(c)74LS02(74HC02)；(d)74LS002(74HC4002)

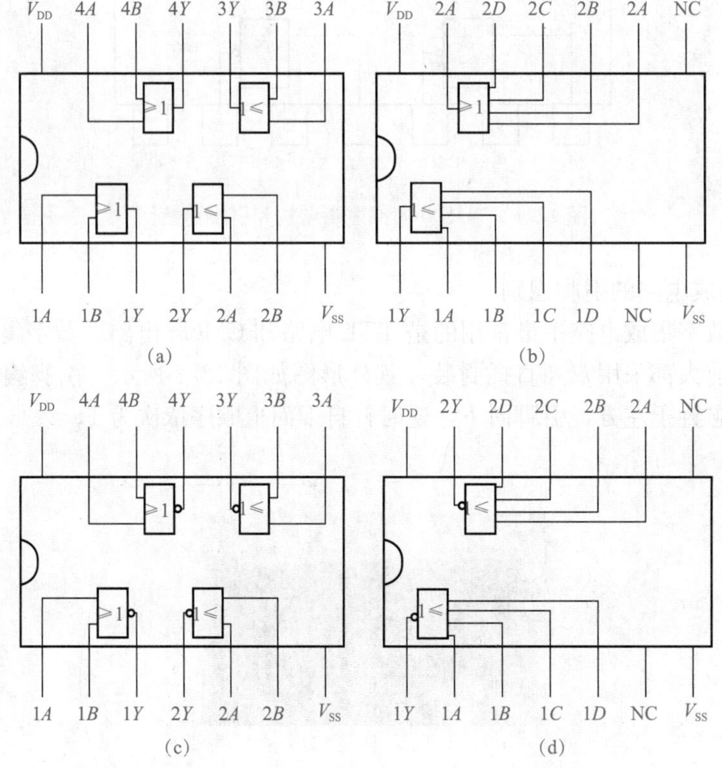

图 12.4 CD400 系列或门及或非门管脚排列图

(a)CD4071；(b)CD4072；(c)CD4001；(d)CD4002

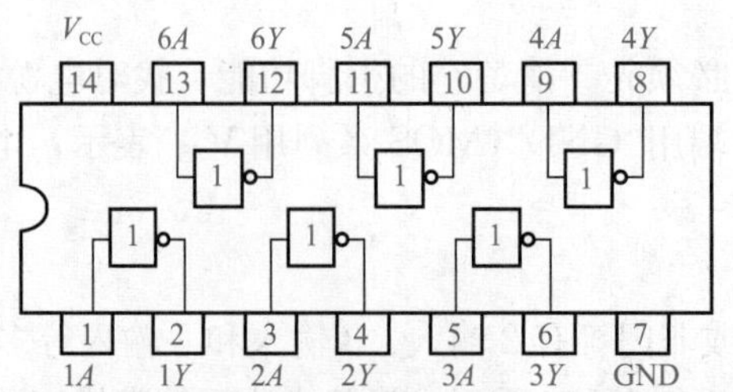

图 12.5 六非门集成电路 74LS04 管脚排列图

(4)数字集成电路的使用注意事项

①正确选择电源电压。TTL集成电路功耗较大，电源电压必须保证在4.75～5.25 V，建议使用稳压电源供电；CMOS集成电路功耗低，4000系列的产品电源电压在4.75～18 V均可正常工作，建议使用10 V电源电压供电。

②闲置输入引脚的处理。TTL集成电路若有不使用的多余引脚可以悬空，相当于高电平，但实际使用中抗干扰能力差，一般不建议采用；COMS集成电路若有不使用的多余输入端不能悬空。与门和与非门的多余引脚应将其接至固定的高电平(如直接接电源端)，如图12.6(a)所示。或门和或非门多余引脚应将其接地，如图12.6(b)所示。

闲置输入引脚处理的另一个方法就是：将个别闲置引脚通过电阻接地，电阻越大，输入电压越高，如图12.6(c)所示。对于TTL门电路，当电阻$R \leqslant 0.68\ k\Omega$时，输入端相当于输入低电平；而当电阻$R \geqslant 2\ k\Omega$时，输入端相当于输入高电平。因此，应根据输入端需要的高低电平确定电阻的阻值。

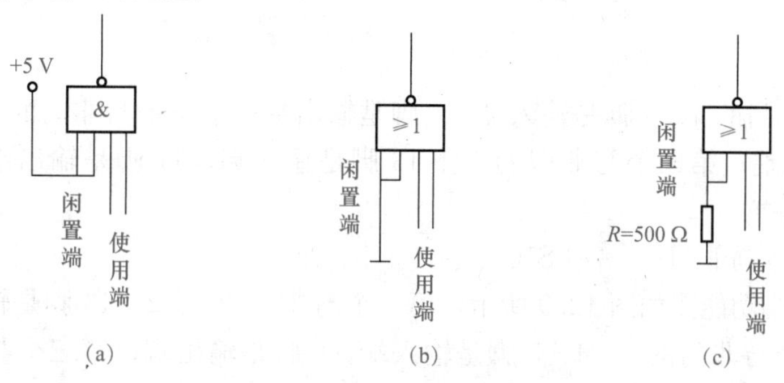

图 12.6　闲置输入引脚的处理方法

(a)接至固定的高电平；(b)接地；(c)通过电阻接地

③TTL集成电路的输入端不能直接与高于5.5 V或低于－0.5 V的低内阻电源连接，否则会造成器件损坏；COMS集成电路在存放、组装和调试时，要有一定的防静电措施。

④集成电路的输出端不允许与正电源或地短接，必须通过电阻与正电源或地连接。

12.2.2　裁判电路分析

1. 电路组成

三人裁判电路原理图如图12.7所示。按钮S_1、S_2、S_3，电阻R_1、R_2、R_3为裁判输入部分，无人按下按钮时，相当于输入低电平“0”；当有人按下按钮时，即接通电源相当于输入高电平“1”；G_1、G_2、G_3为二输入与非门，选用一块74LS00四2输入与非门集成块；G_4是三输入与非门，选用一块74LS10三3输入与非门集成块；R_4、LED_1组成裁判结果显示部分。

2. 主要元件介绍

(1)四2输入与非门——74LS00

与非门是执行与非功能的逻辑部件，其逻辑关系的特点是：全“1”出“0”，有“0”出“1”。74LS00引脚功能图如图12.8所示，第一个与非门的1、2脚是输入端，3脚是输出

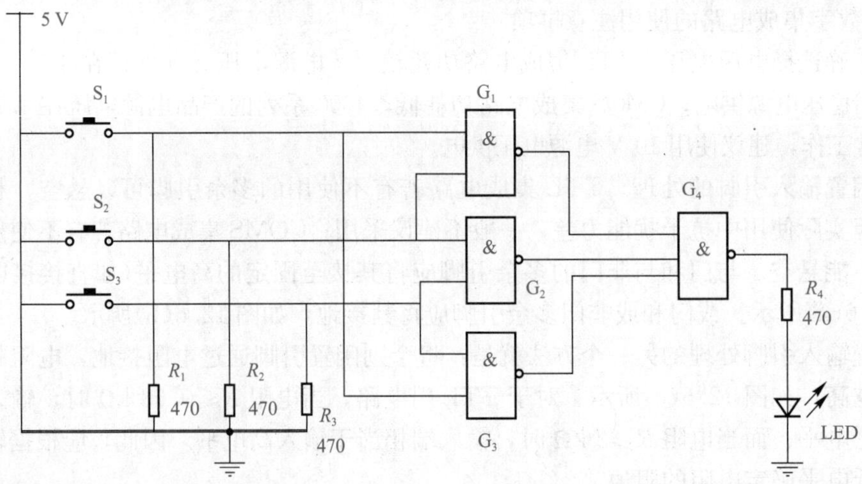

图 12.7 三人裁判电路

端；第二个与非门的 4、5 脚是输入端，6 脚是输出端；第三个与非门的 9、10 脚是输入端，8 脚是输出端；第四个与非门的 12、13 脚是输入端，11 脚是输出端；7 脚为 GND 端，14 脚为 V_{CC}端。

(2)三 3 输入与非门——74LS10

74LS10 引脚功能图如图 12.9 所示，第一个与非门的 1、2、13 脚是输入端，12 脚是输出端；第二个与非门的 3、4、5 脚是输入端，6 脚是输出端；第三个与非门的 9、10、11 脚是输入端，8 脚是输出端；7 脚为接地端，14 脚为电源端。

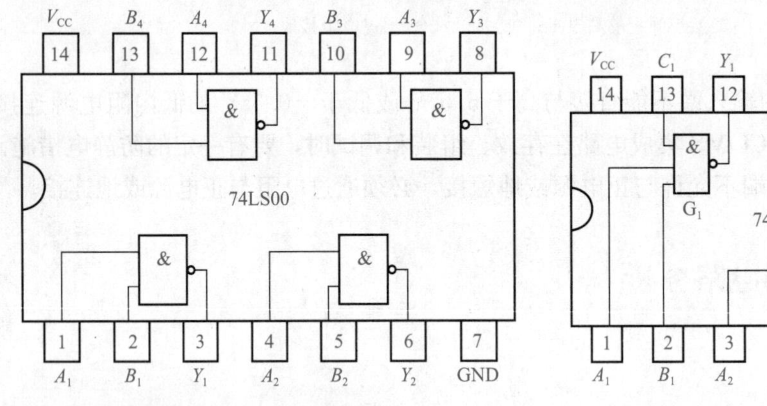

图 12.8 74LS00 引脚功能图

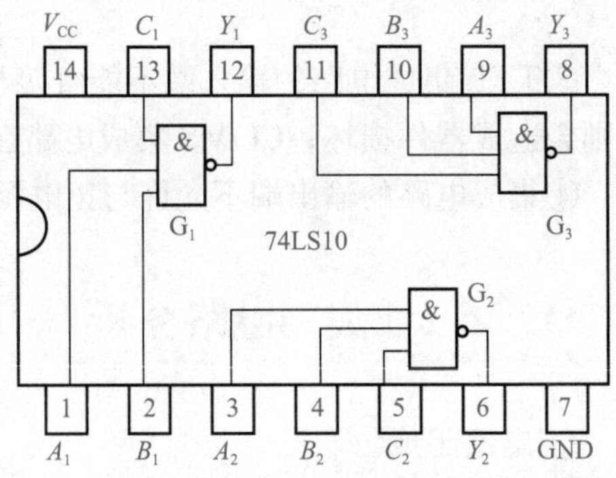

图 12.9 74LS10 引脚功能图

3. 工作原理

三人裁判电路原理如图 12.7 所示。当没人按下或只有一个人按下按钮时，与非门 G_1、G_2、G_3 的输出端都是高电平“1”，再经过与非门 G_4 后，最后输出端输出低电平“0”，发光二极管 LED 不亮；当有两人或两人以上按下按钮时，与非门 G_1、G_2、G_3 中至少有一个输出低电平“0”，再经过与非门 G_4 后，最后输出端输出高电平“1”，发光二极管 LED 亮。由以上分析可以看出，只有少数人投票“晋级”，多数人投票“淘汰”，结果是“淘汰”，多数人投票“晋级”，少数人投票“淘汰”，结果是“晋级”，符合少数服从多数的原则。

12.3　项目实施

12.3.1　制订计划

每组6～7人，设小组长一名。小组成员集体讨论，按表12.3工作流程，制订工作计划，并填写表12.3。

表12.3　工作计划表

序号	工作流程	时间分配/min	人员分工
1	理论学习		
2	画元件布局图		
3	画万能板连线图		
4	器材选择及检测		
5	电路装配与调试		
6	电路检测		
计划时间：________小时，实际时间：________小时，审核：			

12.3.2　实施计划

1. 电路分析

①对照三人裁判电路原理图12.7，写出表12.4各编号元件的名称。

表12.4　元件名称列表

编号	名称	编号	名称
S_1～S_3		LED	
G_1、G_2、G_3		R_1～R_4	
G_4			

②看图12.8，识读2输入与非门74LS00，回答下列问题：

a. 14脚接电源的________，7脚接电源的________；

b. 左下与非门的输入端为________脚，输出端为________脚；

右下与非门的输入端为________脚，输出端为________脚；

左上与非门的输入端为________脚，输出端为________脚。

c. 与非门的逻辑功能是________，表达式为________。

③看图 12.9，识读 3 输入与非门 74LS10，回答下列问题：

a. 14 脚接电源的________，7 脚接电源的________。

b. 与非门 G_1 的输入端为________脚，输出端为________脚；

与非门 G_2 的输入端为________脚，输出端为________脚；

与非门 G_3 的输入端为________脚，输出端为________脚。

c. 与非门的逻辑功能是________，逻辑表达式为________。

④看图 12.7，试分析三人裁判电路，完成表 12.5。

表 12.5 三人裁判电路分析表

按钮动作			输出		总输出		LED 的状态（亮或灭）
S_1	S_2	S_3	G_1	G_2	G_3	G_4	
没按	没按	没按					
没按	没按	按下					
没按	按下	没按					
没按	按下	按下					
按下	没按	没按					
按下	没按	按下					
按下	按下	没按					
按下	按下	按下					

2. 画元件布局图及连线图

①请根据图 12.7，在图 12.10 上画出三人裁判电路的连线图。

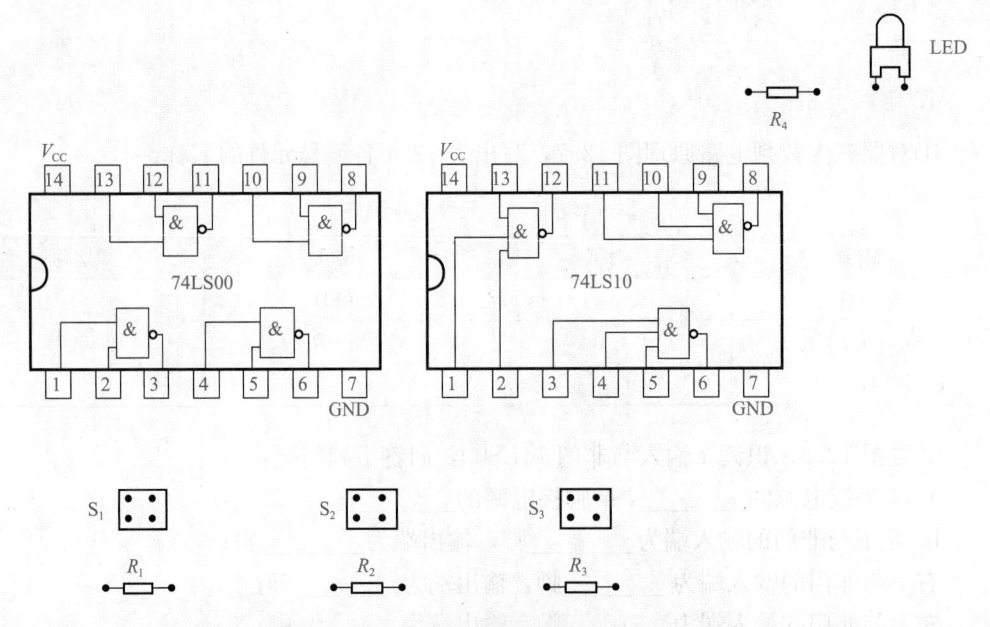

图 12.10 画三人裁判电路的连线图

②请同学们根据图 12.10，在图 12.11 万能板上先进行预布局。

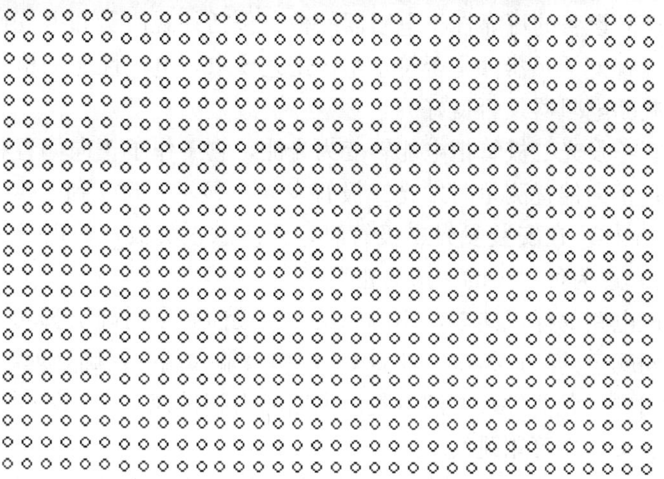

图 12.11　画三人裁判电路布局图

3. 器材准备及检测

图 12.10 的元器件材料如表 12.6 所示，根据表内数据，组长发放元器件，并将检测结果填至表中。

表 12.6　三人裁判电路元器件清单

序号	元器件代号	元器件名称	型号规格	数量	检测结果
1	S_1、S_2、S_3	按钮	不带锁	3	
2	R_1、R_2、R_3、R_4	电阻	470 Ω	4	
3	G_1、G_2、G_3	四 2 输入与非门	74LS00	1	
4	G_4	三 3 输入与非门	74LS10	1	
5	LED	发光二极管	5 mm	1	
6		IC 管座	DIP14	2	
7		万能板	$(7\times9)\text{cm}^2$	1	

4. 元件装配与调试

(1)装配注意事项

①轻触开关。对轻触开关进行安装时，应注意以下几点：

a. 轻触开关有两组引脚，以凹槽为分界，两边分别为开关的两端，同一凹槽边的两个脚内部已经相连为一个脚。

b. 检查按键本身是否良好，按键是否无法按压、损坏。

c. 在安装时，应使按键的各个引脚均匀受力，避免安装后部件倾斜、引脚断裂等问题。

d. 焊接时，注意电烙铁不要和电路板接触，造成电路板损坏。

e. 焊接完成后，检查焊接的位置是否存在虚焊、漏焊、搭焊等情况。

②电阻器：在电阻器安装之前应进行筛选检查，尽可能剔除不符合安装规范的元器件，以确保电子产品设备的可靠性。电阻器的检查包括外观质量和电气性能的检测。外观质量的检查主要检查电子元器件是否符合生产工艺要求，电气性能的检测主要是对电阻器功能的检测，以判断电阻器是否良好。

③发光二极管：发光二极管把电能转变为光能，它工作于正向偏置状态。检测时打到万用表的蜂鸣挡，正向偏置测量时发光二极管发光，显示 1 500 到 2 300 的字样，反向偏置测量时显示“1”字样。在安装发光二极管时，要注意正负极，长正短负，发光二极管里面的晶片是“大的一边为负，小的一边为正”。

④装接时集成电路的标识向左，不能插反，装接前必须明确引脚功能；其次最好同一种信号线路用相同颜色的线；再次，注意 G_4 门多余输入端的正确处理。

⑤按照装配图安装元器件，要注意集成电路的引脚排列。

⑥电路中有交叉地方可用跳线。

⑦焊接好后用万用表的电阻挡测量引脚与邻近有无短路现象，同时各集成电路的引脚也不应该有短路。

(2)电路的调试

电路安装完成后，应对电路图进行认真复查，确认安装无误后方可通电调试。S_1，S_2，S_3 为按键开关，当按下按钮和没有按下按钮各判断出 LED 指示灯亮、灭情况。验证实际安装电路是否符合前面所分析的一致，并完成表 12.7。

表 12.7　三人裁判电路测试

按钮动作			74LS10 引脚电平				LED 的状态（亮或灭）
S_1	S_2	S_3	3 脚	4 脚	5 脚	6 脚	
没按	没按	没按					
没按	没按	按下					
没按	按下	没按					
没按	按下	按下					
按下	没按	没按					
按下	没按	按下					
按下	按下	没按					
按下	按下	按下					

5. 产品检测

(1)目测

认真观察作品，找出虚焊或不符合工艺要求的地方进行重新连接。

(2)检修

三人裁判电路出现故障时，可按信号流通的途径逐一测试，从而找出故障。可能出现的故障情况有：

①LED 一直亮，应检查输入端及两个集成块的好坏。

②LED 不亮，应检查按钮输入端、集成块、发光二极管的好坏，线路是否有开路。

根据电路故障现象，检修电路，并填写表 12.8。

表 12.8　故障检修表

故障现象	
故障分析	
检修过程	
结果	

6. “6S”管理

工作任务全部完成后，关闭工作台总电源，拆下测量线及导线，归还工具，对实训台及实训室开展“整理、整顿、清扫、清洁、素养、安全”6S 行动。

12.3.3　项目评价

1. 成果展示

小组内选择出 1～2 件优秀作品，在班级同学中展示，讲解作品成功之处，并填写表 12.9。

表 12.9　作品评价表

作品成功之处	
作品成功原因	

2. 经验分享

学生在班级中谈收获、体会及建议，并填写表 12.10。

表 12.10　经验分享表

收获	
体会	
建议	

3. 评分

按自评、组评、师评的顺序进行评分，各小组推荐优秀成员，并填写表 12.11。

表 12.11 评分表

项目	考核要求	配分	评分标准	自评	组评	师评
理论学习	认真学习理论，并完成相关问题	10	每少填写一空扣 2 分			
元器件识别与检测	按要求对所有元器件进行识别与检测	10	元器件识别错一个，扣 1 分。检测错一个扣 2 分			
元器件布局	元器件排列整齐，标记方向一致，布局合理	10	元器件排列参差不齐，标记方向混乱，布局不合理，每处扣 1 分			
元器件装配	元器件成形、插装符合工艺要求，连接线呈直线或直角，紧贴电路板，无短路	30	元器件成形、插装不符合工艺要求，每处扣 1～2 分。导线弯曲、拱起每根扣 2 分，弯曲时不呈直角每处扣 2 分			
电路功能	能实现裁判功能	10	不能实现裁判功能，得 0 分			
电路检测	正确使用万用表测各关键点电位	15	每测错一处扣 2 分			
6S 管理	工作台上工具排放整齐。严格遵守安全操作规程	10	工作台上杂乱扣 5～10 分。违反安全操作规程扣 5 分			
合作学习	团结小组成员，乐于助人，合作精神好。遵守实训制度	5	评分为优秀组长或组员得 5 分，其他组长或组员评分由教师、组长评分			
总分						
教师点评						

12.4 项目总结

①逻辑门电路是构成数字电路的基本单元。基本逻辑门电路有与门、或门和非门。它们的常用表示方法列在表 12.12 之中。

表 12.12 常用逻辑门电路表示方法

名称	逻辑符号	函数表达式	逻辑功能
与门	A、B 输入，& ，Y 输出	$Y=AB$	有 0 出 0，全 1 出 1

续表

名称	逻辑符号	函数表达式	逻辑功能
或门	A、B 输入，≥1，输出 Y	$Y=A+B$	有1出1，全0出0
非门	A 输入，1，输出 Y	$Y=\overline{A}$	有0出1，有1出0
与非门	A、B 输入，&，输出 Y	$Y=\overline{A\cdot B}$	有0出1，全1出0
或非门	A、B 输入，≥1，输出 Y	$Y=\overline{A+B}$	有1出0，全0出1

②中小规模数字集成电路中最常用的是TTL电路和CMOS电路。数字集成电路有多种封装形式，目前大都采用双列直插封装，引脚编号的判断方法是：把凹槽标志置于左方，引脚向下，逆时针自下而上顺序依次为1、2、3、…。

③轻触式开关有两组引脚，以凹槽为分界，两边分别为开关的两端，同一凹槽边的两个脚内部已经相连为一个脚，在装配前首先要检查按键本身是否良好，按键是否无法按压、损坏。

④三人裁判电路的功能是：只有少数人投“晋级”，多数人投“淘汰”，结果是“淘汰”；多数人投“晋级”，少数人投“淘汰”，结果是“晋级”，符合少数服从多数的原则。

12.5　项目考核

1. 填空题

①基本逻辑门电路有________、________和________。

②与逻辑函数表达式为________，或逻辑函数表达式为________，非逻辑表达式为________，与非逻辑函数表达式为________。

③数字集成电路按照构成器件的种类可分为________和________两大系列。

④安装薄膜按键前应检查薄膜按键的________、________和________。

⑤安装薄膜按键时，应将各个部分进行________，避免出现松动、错位等情况。

⑥薄膜按键安装后，检查各个按键________是否良好，________是否良好。

⑦三人裁判电路的功能是________。

⑧74LS00是执行________功能的逻辑部件，其内部有四2输入________，其逻辑关系的特点是________。

⑨74LS10 是执行________功能的逻辑部件，其内部有四 2 输入________，其逻辑关系的特点是________。

2. 判断题

①双列直插式集成电路引脚排列识读方法是：面对集成电路印有型号字体的表面，从有标记端的左侧下第 1 脚起逆时针依次数，左侧第 1 脚正上面为最后一脚。（　　）

②数字电路中用“1”和“0”分别表示两种状态，二者无大小之分。（　　）

③与非门的输入端加有低电平时，其输出端恒为高电平。（　　）

④当 TTL 与非门的输入端悬空时相当于输入逻辑 1。（　　）

⑤TTL 与非门的多余输入端可以接固定高电平。（　　）

⑥轻触式开关有两组引脚，以凹槽为分界，两边分别为开关的两端，同一凹槽边的两个脚内部已经相连为一个脚。（　　）

3. 选择题

①下列（　　）情况下，“与非”运算的结果是逻辑 0。

A. 全部输入为 0　　B. 任一输入为 0　　C. 仅一输入为 0　　D. 全部输入为 1

②对于 TTL 与非门闲置不用的输入端，不可以（　　）。

A. 接电源　　B. 通过电阻 3 kΩ 接电源

C. 接地　　D. 与有用输入端并联

③集成电路的 GND 脚称为（　　）

A. 信号输入端　　B. 信号输出端　　C. 公共地端　　D. 正电源供电端

④下面关于轻触式操作按钮安装要求说法错误的是（　　）。

A. 检查按钮本身是否正常，有无损坏或失灵的情况

B. 安装按键时各个引脚应均匀受力

C. 焊接时电烙铁要与电路板接触，保证焊接牢固

D. 焊接完成后，检查焊点及焊接的位置是否良好

⑤下列集成块引脚的识读正确的是（　　）。

A：上 1 2 3 4 5 6；下 12 11 10 9 8 7

B：上 12 11 10 9 8 7；下 1 2 3 4 5 6

C：上 7 8 9 10 11 12；下 1 2 3 4 5 6

D：上 12 11 10 9 8 7；下 1 2 3 4 5 6

⑥关于元器件的筛选和检验工序，下列说法不正确的是（　　）。

A. 是电子产品装配流程中的第一道工序

B. 应根据具体电子产品的种类准备相应的电子元器件

C. 选择和验证是否符合电子产品装配要求

D. 在组装生产线每个工位都应对元器件进行筛选

⑦下列各工序中，不属于电子产品装配基本工序的是（　　）。

A. 元器件的筛选和检验　　B. 原理图、装配图的绘制工序

C. 零部件和整机装配工序　　D. 调试和检验工序

⑧使用数字万用表时应注意：测量前，若无法估计被测量值的大小，应先使用(　　)测量，再根据测量结果调整到合适的量程。

A. 2/3 量程　　B. 最低量程　　C. 中间量程　　D. 最高量程

⑨有关数字万用表的功能和使用方法描述中哪一项是错误的(　　)。

A. 测量前若无法估计测量值，应先使用最高量程进行测量

B. 数字万用表无读数误差，模拟万用表有读数误差

C. 数字万用表测量精度一般高于模拟万用表

D. 使用数字万用表可以在带电的情况下测电阻，使用模拟万用表时禁止这样

4. 技能实践题

①与非门集成电路 74LS00 的引脚排列图如图 12.12 所示，试画出 $Y=\overline{ABCD}$ 的逻辑电路图并标明各引脚的字母编号。

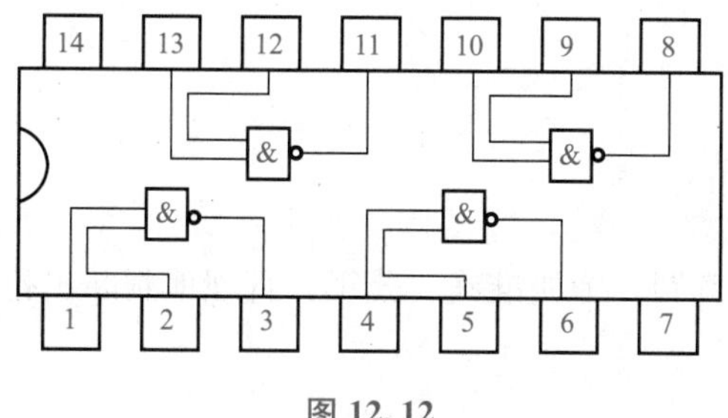

图 12.12

②简述在安装轻触式操作按键时应注意的事项。

③如何识别双列直插式集成电路的引脚？

项目十三　多路抢答器

13.1　项目描述和要求

13.1.1　项目描述

班级将进行一场知识竞赛，为能准确、公正、直观地判断出抢答者，请制作一款抢答器来进行抢答。

13.1.2　项目要求

①当主持人按下复位开关且宣布开始后，参赛者中的任意一位首先按下抢答开关时，抢答器即刻接收该信号，并锁存该抢答信号(以确保电路只响应一位抢答者的抢答请求)，数码管即显示相应的数字，同时蜂鸣器响，此时，封锁住其他选手的输入信号。

②用万能板进行布局、连线，要求布局合理，插装、焊接符合工艺标准。

③使用仪表调试电路，做好测量数据记录。

13.2　理论分析

13.2.1　触发器

在数字系统中，除了广泛使用数字逻辑门部件输出信号外，还常常需要记忆和保存这些二进制数码信息。这就要用到另一个数字逻辑部件：触发器。数字电路中，将能够存储一位二进制信息的逻辑电路称为触发器。

触发器的基本特点为：

①具有两个稳定的输出状态，即 0 状态和 1 状态；

②在输入信号作用下，触发器的状态可以置成 0 态或 1 态；

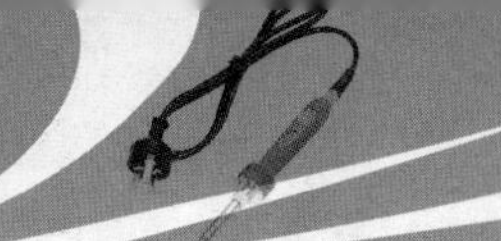

③在输入信号消失后，触发器将保持信号消失前的状态，即具有记忆功能。

触发器的种类很多，根据有无时钟脉冲触发可分为无时钟触发器与时钟控制触发器；根据电路结构不同可分为同步 RS 触发器、主从触发器和边沿触发器；根据逻辑功能不同可分为 RS 触发器、JK 触发器、D 触发器、T 触发器和 T′触发器，本项目使用 D 触发器 CD4042 触发锁存抢答信号。

1. D 触发器

(1)电路结构和逻辑符号

D 触发器的电路如图 13.1(a)所示，在同步 RS 触发器的基础上，把与非门 G_3 的输出 $\overline{S}$ 接到与非门 G_4 的 R 输入端，使 $R=\overline{S}$，从而避免了 $\overline{S}=\overline{R}=0$(不定)的情况。并将 S 改为 D 输入，即为 D 触发器，逻辑符号如图 13.1(b)所示。

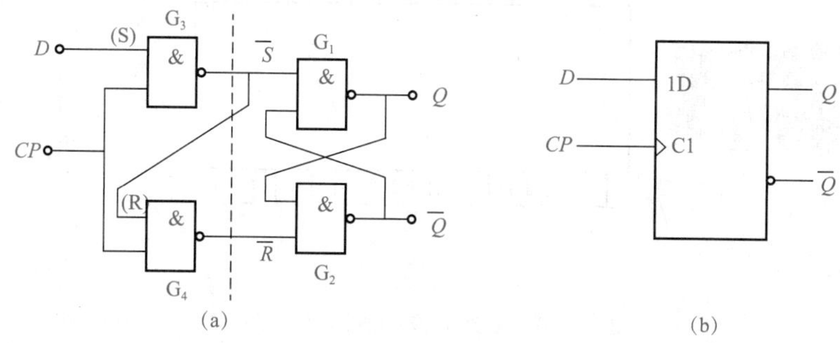

图 13.1　D 触发器

(a)逻辑电路；(b)逻辑符号

(2)逻辑功能

在图 13.1(a)所示的 D 触发器逻辑电路中，当 $CP=1$，$D=1$ 时，Q 端置 1；当 $CP=1$，$D=0$ 时，Q 端置 0。因此，D 触发器具有置 0、置 1 的逻辑功能，真值表如表 13.1 所示。

表 13.1　D 触发器的真值表

CP	D	Q^{n+1}	功能说明
0	×	Q^n	保持
1	0	0	置 0
1	1	1	置 1

D 触发器的逻辑功能可归纳为：$CP=0$ 时，$Q^{n+1}=Q^n$(保持)；$CP=1$ 时，$Q^{n+1}=D$，触发器的输出随 D 的变化而变化。图 13.2 所示波形说明了这一特点。

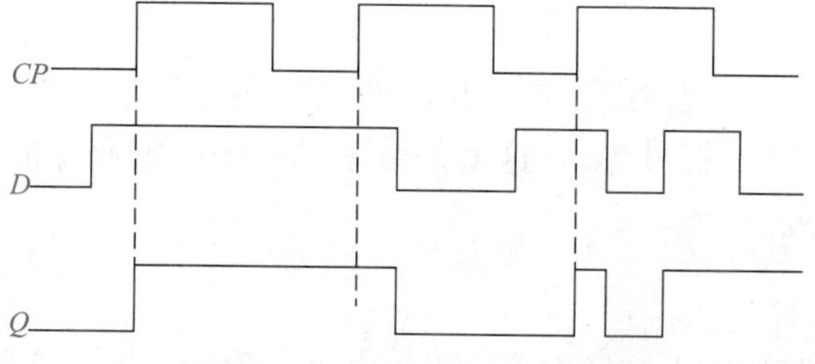

图 13.2　D 触发器的工作波形

从图 13.2 中不难看出，在第 3 个 CP 脉冲作用期间，由于 D 的变化使触发器的状态变化了多次，存在着空翻现象，使 CP 脉冲失去了同步的意义。因此在实际应用中，常使用边沿 D 触发器。

(3)集成边沿 D 触发器

边沿 D 触发器常采用集成电路。集成边沿 D 触发器的规格品种很多，可查阅数字集成电路手册。

①74LS74 引脚排列和逻辑符号。74LS74 为双上升沿 D 触发器，如图 13.3 所示。其中，CP 为时钟输入端，D 为数据输入端；Q、$\overline{Q}$ 为互补输出端；$\overline{R}_D$ 和$\overline{S}_D$ 用来设置初始状态，$\overline{R}_D$ 为直接置 0 端(低电平有效)，$\overline{S}_D$ 为直接置 1 端，低电平有效。

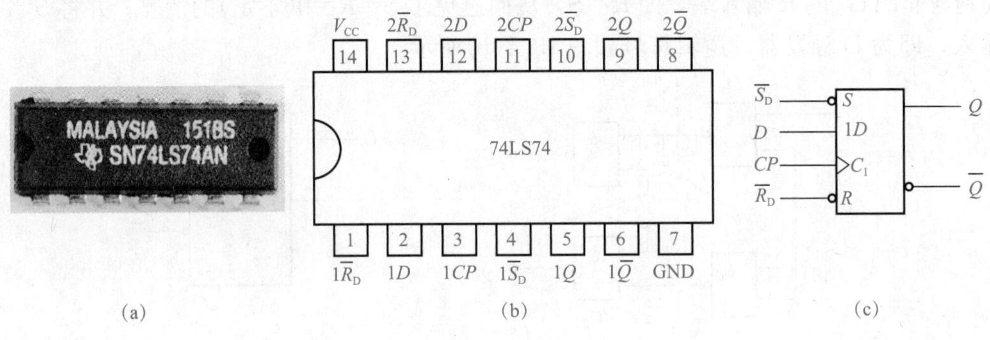

图 13.3 上升沿 *D* 触发器 74LS74

(a)实物图；(b)引脚排列图；(c)逻辑符号

②逻辑功能。上升沿 D 触发器 74LS74 的真值表如表 13.2 所示，从中可看出逻辑功能。

表 13.2 D 触发器 74LS74 的真值表

输入				输出	逻辑功能
$\overline{R}_D$	$\overline{S}_D$	CP	D	Q^{n+1}	
0	1	×	×	0	设置初态
1	0	×	×	1	
1	1	↑	0	0	置 0
1	1	↑	1	1	置 1

集成 D 触发器的逻辑功能与前面介绍的 D 触发器基本一样，不同的是它只在 CP 上升沿时工作。

13.2.2 编码器

将若干个 0 和 1 按一定规律编排在一起，组成不同的代码，并将这些代码赋予特定的含义(如 10 进制数、文字、符号等)，这就是数字电路中的编码。能够完成编码功能的组合逻辑电路称为编码器。

1. 二进制编码器

用 n 位二进制代码对 2^n 个信号进行编码的电路，称为二进制编码器。

①3 位二进制编码器的示意图，如图 13.4 所示。I_0、I_1、I_2、I_3、I_4、I_5、I_6、I_7 为编码器 8 路输入，分别表示 8 个编码对象；Y_2、Y_1、Y_0 为编码器 3 位二进制代码的输出。因编码器有 8 个输入、3 个输出，也称 8 线—3 线编码器。

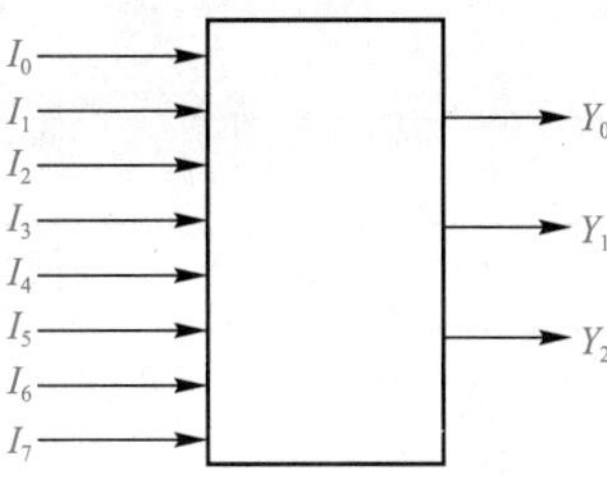

图 13.4　3 位二进制编码器的示意图

②3 位二进制编码器的真值表。编码器在任意时刻只能对一个输入信号编码，即 8 个输入中只能有一个有效输入，由此可得出 3 位二进制编码器的真值表，如表 13.3 所示。

表 13.3　3 位二进制编码器的真值表

十进制数	输入								输出		
	I_7	I_6	I_5	I_4	I_3	I_2	I_1	I_0	Y_2	Y_1	Y_0
0	0	0	0	0	0	0	0	1	0	0	0
1	0	0	0	0	0	0	1	0	0	0	1
2	0	0	0	0	0	1	0	0	0	1	0
3	0	0	0	0	1	0	0	0	0	1	1
4	0	0	0	1	0	0	0	0	1	0	0
5	0	0	1	0	0	0	0	0	1	0	1
6	0	1	0	0	0	0	0	0	1	1	0
7	1	0	0	0	0	0	0	0	1	1	1

③3 位二进制编码器的逻辑电路图。根据表 13.3 真值表可以写出逻辑函数表达式：

$$Y_2=I_4+I_5+I_6+I_7$$

$$Y_1=I_2+I_3+I_6+I_7$$

$$Y_0=I_1+I_3+I_5+I_7$$

上述逻辑函数表达式已为最简与或表达式，可据此画出用或门组成的 3 位二进制编码器的逻辑电路图，如图 13.5 所示。

本项目使用 CD4071 四 2 输入或门为抢答者编码。编码的作用是把锁存器 CD4042 的输出转化成 8421BCD 码，进而送给 7 段显示译码器。这里用两个或门 G_3、G_4 来构成编码电路，由 CD4071 设计成编码器的真值表如表 13.4 所示，具体电路设计如图 13.7 所示。

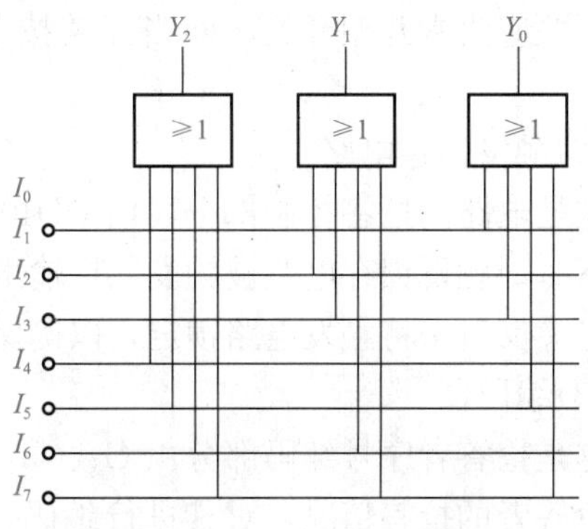

图 13.5　3 位二进制编码器逻辑电路图

表 13.4 编码器 CD4071 真值表

十进制数	输入			输出			
	Q_3	Q_2	Q_1	Y_4	Y_3	Y_2	Y_1
1	0	0	1	0	0	0	1
2	0	1	0	0	0	1	0
3	1	0	0	0	0	1	1

13.2.3 译码器

译码是编码的逆过程。它将二进制代码翻译成给定的数字。译码器是一个多输入、多输出的逻辑电路，对应于输入信号的任一组态，一般仅有一个输出状态有效。

通用译码器有多个输入端和多个输出端，设输入端数为 n、输出端数为 N，如果 $N=2^n$，就称为全译码器或二进制译码器，如 3 线－8 线集成译码器 74LS138；如果 $N<2^n$，称为部分译码器，如集成二－十进制码译码器 74LS42，4 个输入共可组成的 16 个编码，其中有 6 个伪码译码器拒绝译出，所以二－十进制码译码器也称为 4 线－10 线译码器。

本项目使用七段显示译码器 CD4511，它是一种与共阴极数字显示器配合使用的集成显示译码驱动器，它的功能是将输入的 4 位二进制 BCD 码转换成显示器所需要的七段驱动信号 a～g，它与共阴极数码显示管配合使用。

13.2.4 抢答器电路分析

1. 电路组成

抢答器的电路组成框图如图 13.6 所示。它主要由抢答按钮电路、触发锁存电路、编码器、译码驱动器及显示电路等部分组成，现对电路每部分给予介绍。

(1)抢答按钮电路

这是电路的抢答输入部分，由 S_1、S_2、S_3 三个开关组成，三名参赛者各控制一个。按键开关应为常开型开关，即当开关按下时，开关闭合；当开关松开时，开关自动弹出断开。

(2)触发锁存电路

这是电路的抢答控制部分，由 CD4042 与 G_1、G_2(CD4023)组成。当某一按键开关抢先按下时，触发锁存电路被触发，在输出端产生相应的开关电平信息，最先产生的输出电平信息又反过来将触发电路锁定，以确保电路只响应一位抢答者的抢答请求。

(3)编码器

这是抢答者序号编码部分由 G_3、G_4 组成，即由 CD4071 来完成。编码电路主要用于依据抢答者的抢答情况，对其进行编码，化为相应的 8421BCD 码，以产生满足显示电路所需要的对应于抢答者序号的十进制编码。

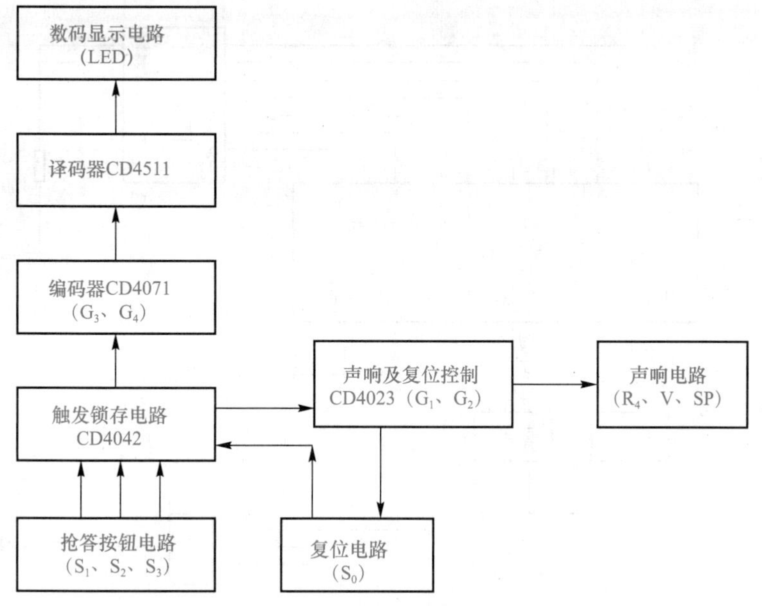

图 13.6　抢答器的电路组成框图

(4)译码器

这是电路的抢答结果译码驱动部分，由 CD4511 来完成。译码是编码的逆过程，所以，译码器的逻辑功能就是还原输入逻辑信号的逻辑原意，即把 8421BCD 码转换成 7 段显示器所需的控制信号。

(5)数码显示电路

这是抢答结果显示部分，主要由发光二极管(LED)数码来完成。其作用是根据译码器的输出逻辑状态，显示相应的数码。

(6)复位电路

复位电路由 G_1、G_2 和 S_0 组成。供比赛开始前主持人使用，用来清除上一轮抢答器锁存的优先抢答结果。按 S_0 使其复位，以便进入下一轮抢答。

(7)声响电路

声响电路由 G_1、三极管 V、蜂鸣器 SP 和 R_4 组成，当有参赛者按下抢答开关时，蜂鸣器发出声响，以引起大家的注意。

抢答器的电路原理图如图 13.7 所示。

2. 主要元件介绍

(1)锁存 D 型触发器——CD4042

CD4042 是具有锁存功能的四锁存 D 触发器集成电路，引脚功能图如图 13.8 所示。其中，CP 为时钟输入端，D 为数据输入端，Q、$\overline{Q}$ 为互补输出端，POL 为锁存端。CD4042 的真值表如表 13.5 所示，具体的功能有：

①当锁存端 POL 和时钟脉冲 CP 端逻辑状态相同时，D 端数据才被传输至 Q 端，否则数据被锁存；

②当锁存端 POL=“0”时，在 CP 上升沿使数据 D 被锁存；

当锁存端 POL=“1”时，在 CP 下升沿使数据 D 被锁存。

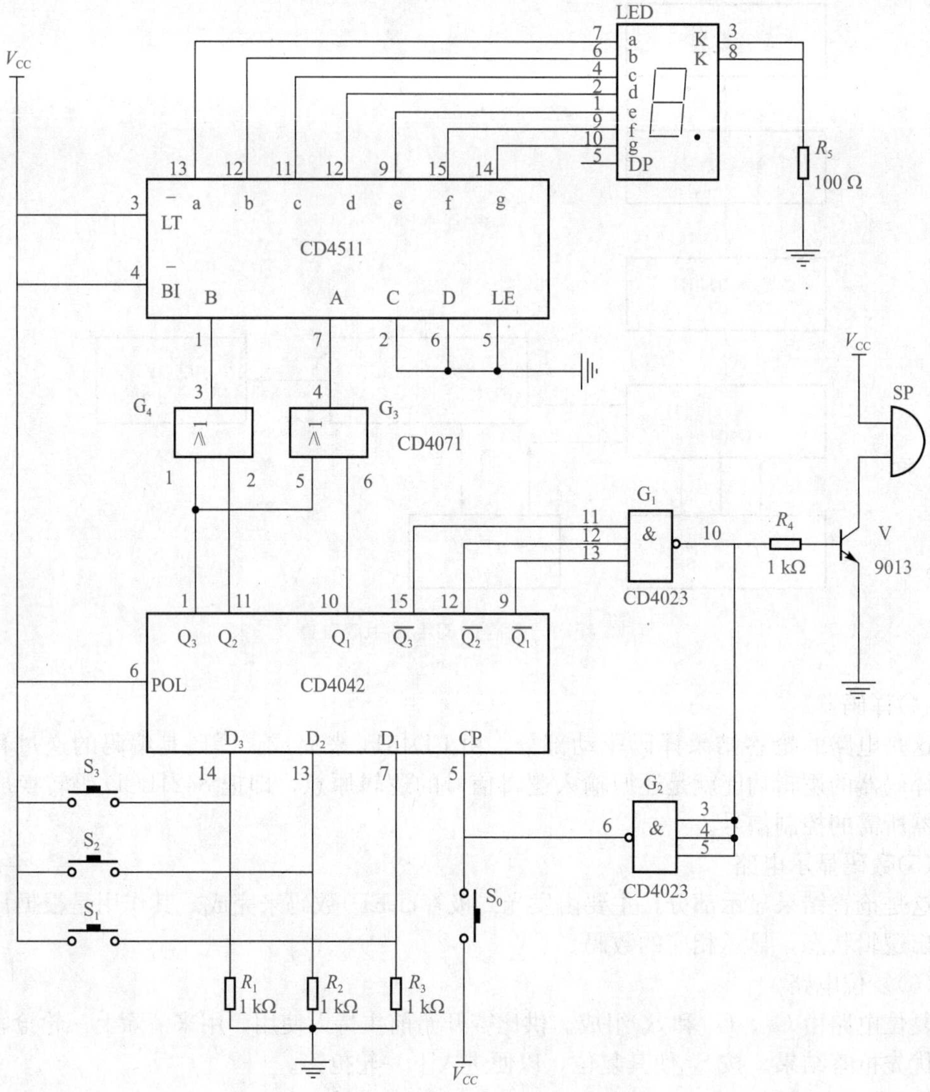

图 13.7　抢答器的电路原理图

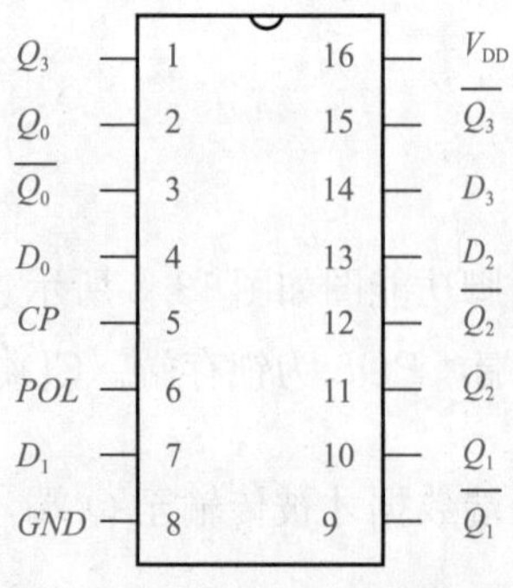

图 13.8　CD4042 引脚功能图

表 13.5　CD4042 的真值表

输入			输出
D	*CP*	*POL*	*Q*
D	0	0	*D*
D	↑	0	锁存
D	1	1	*D*
D	↓	1	锁存

(2)三 3 输入与非门——CD4023

与非门是执行与非功能的逻辑部件，其逻辑关系的特点是：全“1”出“0”，有“0”出“1”。其引脚功能图如图 13.9 所示，第一个与非门的 1、2、8 脚是输入端，9 脚是输出端；第二个与非门的 3、4、5 脚是输入端，6 脚是输出端；第三个与非门的 11、12、13 脚是输入端，10 脚是输出端；7 脚为接地端，14 脚为电源端。

(3)四 2 输入或门——CD4071

或门是执行或功能的逻辑部件，其逻辑关系的特点是：全“0”出“0”，有“1”出“1”。引脚功能图如图 13.10 所示，7 脚为接地端，14 脚为电源端；A、B 为输入端，Y 为输出端，如第一个或门，1、2 脚是输入端，3 脚是输出端；第二、三、四个或门的引脚功能以此类推。

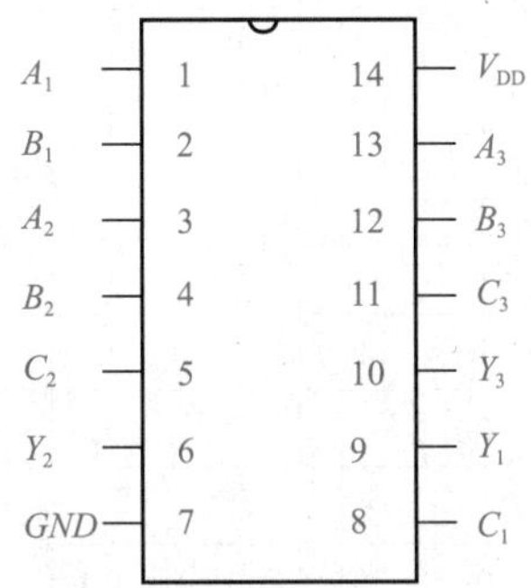

图 13.9　CD4023 引脚功能图

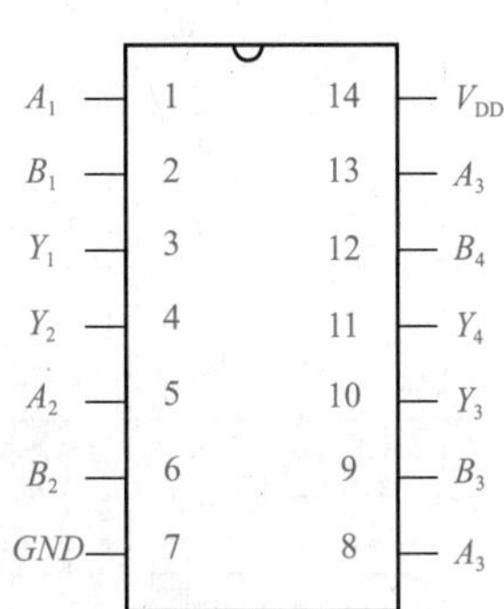

图 13.10　CD4071 引脚功能图

(4)7 段显示译码器——CD4511

七段显示译码器 CD4511 是一种与共阴极数字显示器配合使用的集成显示译码驱动器，是一种以 CMOS 制成的中规模集成电路，它的功能是将输入的 4 位二进制 BCD 码转换成显示器所需要的七段驱动信号 a～g，它与共阴极数码显示管配合使用。图 13.11 和表 13.6 分别为 CD4511 的引脚功能图及其功能真值表，其中

①A、B、C、D——BCD 码输入端。

②a、b、c、d、e、f、g——解码输出端，输出 1 有效，用来驱动共阴极 LED 数码管。

③LE——锁定端。$LE=1$ 时译码器处于锁定(保持)状态，译码输出保持在 $LE=0$ 时的数值；当 $LE=0$ 时为正常解码，输出即为输入的代码。

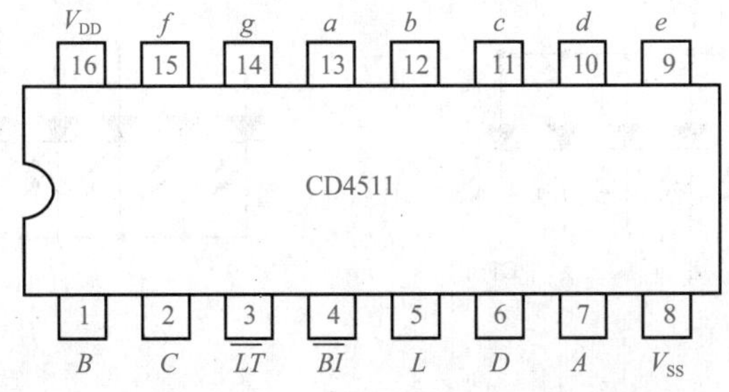

图 13.11　CD4511 引脚功能图

表 13.6 CD4511 真值表

输入							输出							
LE	$\overline{BI}$	$\overline{LT}$	D	C	B	A	a	b	c	d	e	f	g	显示字形
×	×	0	×	×	×	×	1	1	1	1	1	1	1	8
×	0	1	×	×	×	×	0	0	0	0	0	0	0	消隐
0	1	1	0	0	0	0	1	1	1	1	1	1	0	0
0	1	1	0	0	0	1	0	1	1	0	0	0	0	1
0	1	1	0	0	1	0	1	1	0	1	1	0	1	2
0	1	1	0	0	1	1	1	1	1	1	0	0	1	3
0	1	1	0	1	0	0	0	1	1	0	0	1	1	4
0	1	1	0	1	0	1	1	0	1	1	0	1	1	5
0	1	1	0	1	1	0	0	0	1	1	1	1	1	6
0	1	1	0	1	1	1	1	1	1	0	0	0	0	7
0	1	1	1	0	0	0	1	1	1	1	1	1	1	8
0	1	1	1	0	0	1	1	1	1	0	0	1	1	9
0	1	1	1	0	1	0	0	0	0	0	0	0	0	消隐
~														
0	1	1	1	1	1	1	0	0	0	0	0	0	0	消隐
1	1	1	×	×	×	×	锁定在上一个 $LE=0$ 时的数据							锁存

④$\overline{LT}$——测试输入端。$\overline{LT}=0$ 时，解码输出全为 1；$\overline{LT}=1$ 时，译码器输出状态由 $\overline{BI}$端控制。

⑤$\overline{BI}$——消隐输入端。当$\overline{BI}=0$ 时，解码输出全为 0，发光数码管各段熄灭；当$\overline{BI}=1$ 时，译码器正常输出，发光数码管正常显示。

(5)LED 数码显示器

按照器件内部的不同连接方式，LED 七段数码显示器可以分为共阳和共阴两种，具体内部电路连接方式如图 13.12 所示。共阳极数码管输入低电平有效，其型号主要有 BS204、BS206、BS211 等；共阴极半导体数码管输入高电平有效，其型号主要有 BS201、BS207 等。本电路采用共阴极的七段数码管。

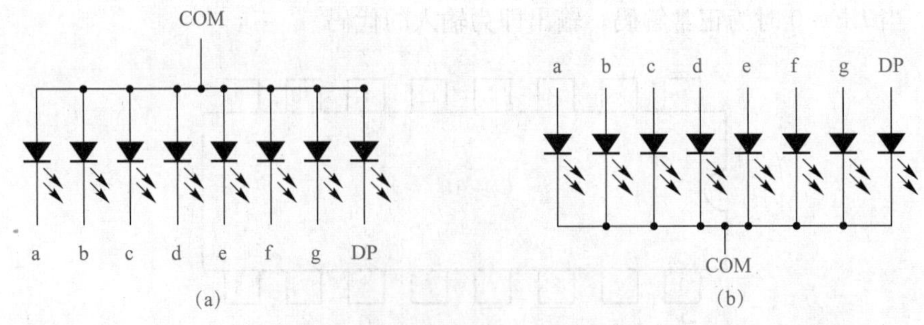

图 13.12 数码管内部电路图

(a)共阳极；(b)共阴极

常用的数字显示器有多种类型，按显示方式分，有字型重叠式、点阵式、分段式等。按发光物质分，有半导体显示器[又称发光二极管(LED)显示器]、荧光显示器、液晶显示器、气体放电管显示器等。目前应用最广泛的是由发光二极管构成的七段数码显示器。

七段数码显示器就是将七个发光二极管(加小数点为八个)按一定的方式排列起来，七段 a、b、c、d、e、f、g(小数点 DP)各对应一个发光二极管，利用不同发光段的组合，显示不同的阿拉伯数字，如图 13.13 所示。

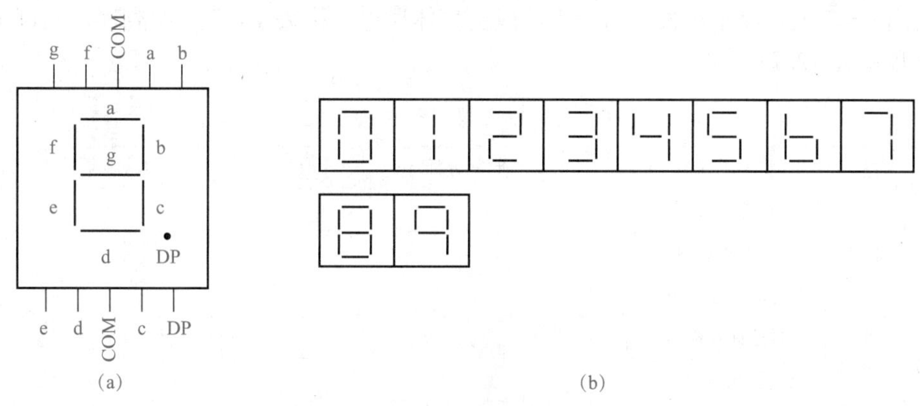

图 13.13　七段数字显示器的字形

(a)发光线段分段图；(b)发光线段组成的数字图形

3. 工作原理

抢答器的电路原理如图 13.7 所示。

①抢答开始前。主持人按一下复位按钮 S_0，高电平 1 送至触发器 CD4042 的 *CP* 端，同时 *POL* 端已置“1”，清除上一轮抢答器锁存的优先抢答结果，并使 CD4042 处于接收状态，为下一轮抢答做好准备。

②无人抢答时，CD4042 的输入端 *D* 为低电平 0，输出端 $Q(Q_1-Q_3)$ 为 0，经编码、译码后送到共阴极的 LED 数码管，显示数字为 0；另外 $\overline{Q}$ 端($\overline{Q_1}-\overline{Q_3}$)为 1，经与非门 G_1 后输出为 0，蜂鸣器不响，再经 G_2 非门反相后，G_2 输出高电平 1 送至 CD4042 的 *CP* 端(*POL* 已端置“1”)，CD4042 还是处于接收状态。

③抢答时，一旦有人抢答，即开关(S_1-S_3)有一个优先闭合，则$\overline{Q_1}-\overline{Q_3}$中必有一端最先处于 0 电平，经与非门 G_1 后输出为 1，该信号分两路输出：一路经三极管驱动蜂鸣器发出声响，另一路再经 G_2 非门反相后输出高电平 0，迫使 CD4042 的 *CP* 端从高电平 1 变为低电平 0，这时触发器 CD4042 锁存输入数据。而对随后的其他抢答信号不再响应，只有按一下复位按钮 S_0 才能使其复位。

一旦有人抢答，同时触发器 CD4042 的输出端 Q_1-Q_3 中必有一端最先处于 1 电平，经编码器 CD4071 后输出相应的信号送至译码器 CD4511 的输入端，再经译码后输出端会有相应的信号送到 LED 数码管，并显示相对应的数字。

13.3 项目实施

13.3.1 制订计划

每组6~7人，设小组长一名。小组成员集体讨论，按表13.7工作流程，制订工作计划，并填写表13.7。

表13.7 工作计划表

序号	工作流程	时间分配/min	人员分工
1	理论学习		
2	画元件布局图		
3	画万能板连线图		
4	器材选择及检测		
5	电路装配与调试		
6	电路检测		
计划时间：________小时，实际时间：________小时，审核：			

13.3.2 计划实施

1. 电路原理

①请对照原理图13.7，将电路的各组成部分和元件名称写在图13.14的对应位置。

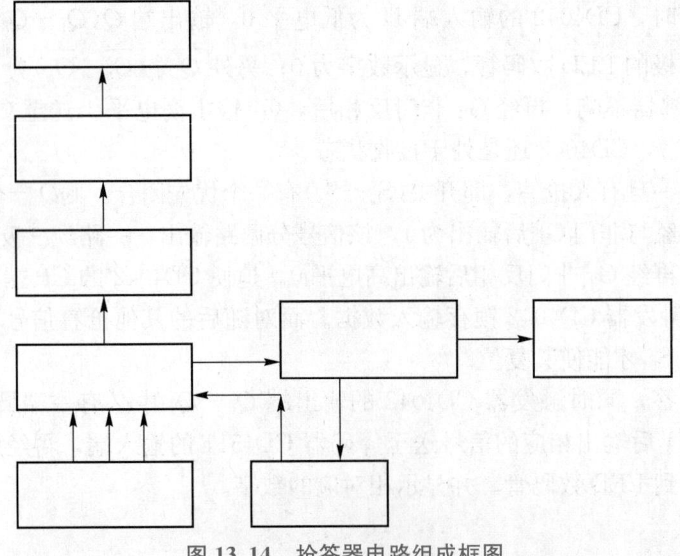

图13.14 抢答器电路组成框图

对照抢答器原理图 13.7，在表 13.8 中写出各编号元件的名称。

表 13.8　抢答器元件名称列表

编号	名称	编号	名称
$S_0 \sim S_3$		LED	
CD4042		$R_1 \sim R_4$	
G_1、G_2		R_5	
G_3、G_4		SP	
CD4511		V	

②看图 13.8 和表 13.57，识读锁存器 D 触发器 CD4042，回答下列问题：

a. 16 脚接电源的________，8 脚接电源的________；

b. ________脚为输入端；________脚为输出端。

c. 在触发器 CD4042 接收数据时，*CP* 端和 *POL* 同时为________或________。

d. 在触发器 CD4042 的 *CP* 端给下降沿信号，*POL* 为________时，数据锁存。

③看图 13.9，识读 3 输入与非门 CD4023，回答下列问题：

a. 14 脚接电源的________，7 脚接电源的________。

b. 从第 1 脚开始，第一个与非门的输入端为________脚；输出端为________脚；

第二个与非门的输入端为________脚；输出端为________脚；

第三个与非门的输入端为________脚；输出端为________脚；

c. 与非门的逻辑功能是________，逻辑表达式为________。

④看图 13.10，识读四 2 输入或门 CD4071，回答下列问题：

a. 14 脚接电源的________，7 脚接电源的________。

b. 从第 1 脚开始，第一个或门的输入端为________脚；输出端为________脚；

第二个或门的输入端为________脚；输出端为________脚。

c. 或门的逻辑功能是________，逻辑表达式为________。

d. 有 4 路抢答时，利用 2 输入或门 CD4071 进行编码，请填写表 13.9，并写出输出表达式。

$Y_1=$________；$Y_2=$________；$Y_3=$________。

表 13.9　CD4071 编码真值表

十进制数	输入				输出		
	Q_4	Q_3	Q_2	Q_1	Y_3	Y_2	Y_1
1	0	0	0	1	0	0	1
2	0	0	1	0	0	1	0
3	0	1	0	0			
4	1	0	0	0			

⑤看图 13.11 和表 13.6，识读 7 段显示译码器 CD4511，回答下列问题：

a. 16 脚接电源的________，8 脚接电源的________；

b. 1、2、6、7 脚为________端；9、10、11、12、13、13、15 脚为________端；

c. CD4511 的 5 脚 *LE* 为锁定端，3 脚$\overline{LT}$为测试输入端，4 脚$\overline{BI}$为消隐输入端，当 $LE=$________，$\overline{LT}=$________，$\overline{BI}=$________时，能对输入信号进行译码。

④完善表 13.10 的空白处。

表 13.10　CD4511 译码器真值表

输入							输出							
LE	$\overline{BI}$	$\overline{LT}$	*D*	*C*	*B*	*A*	*a*	*b*	*c*	*d*	*e*	*f*	*g*	显示字形
×	×	0	×	×	×	×	1	1	1	1	1	1	1	
×	0	1	×	×	×	×	0	0	0	0	0	0	0	
1	1	1	×	×	×	×	锁定在上一个 *LE*=0 时的数据							

⑥识读数码管。

a. 数码管按极性分________和________。

b. 本项目所用数码管为共阴极数码管，检测时，3 脚和 8 脚为公共地端，5 脚为小数点端，将数字万用表置于蜂鸣挡，黑表笔接 LED________，红表笔分别接 LED 的 a、b、c、d、e、f、g 各引脚，如果此时 LED 相对应的字段能显示发光，说明 LED 是________，如果某字段不显示，说明 LED 已经________。

2. 画连线图及元件布局图

①请根据图 13.7，在图 13.15 上画出抢答器的连线图。

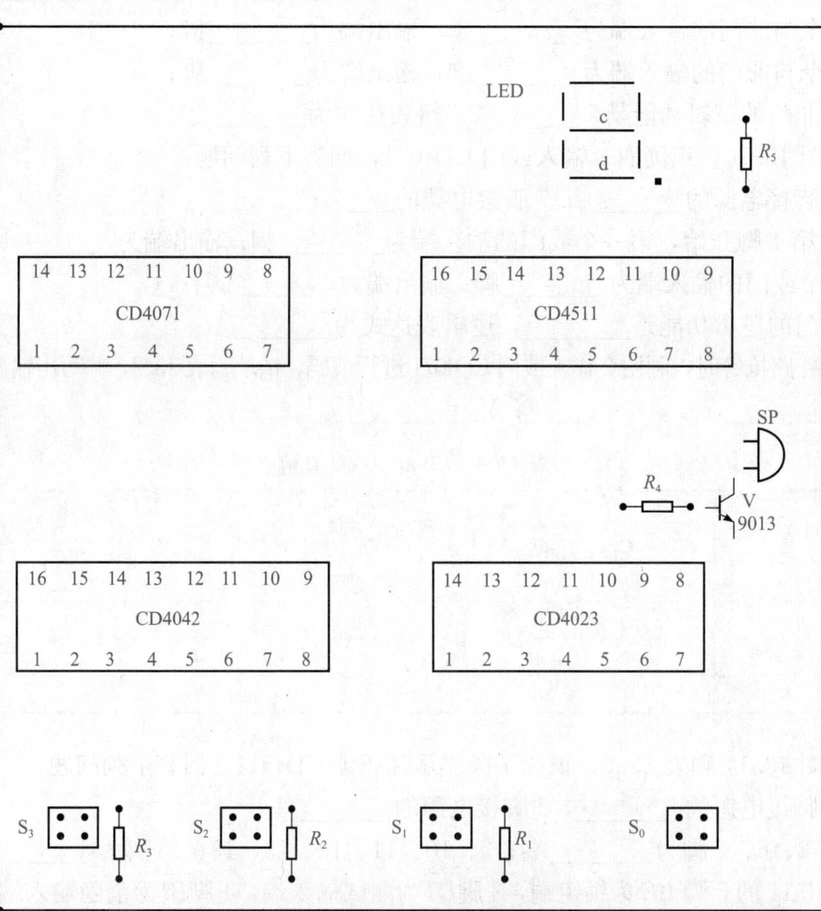

图 13.15　抢答器接线图

②请同学们根据图 13.15，在图 13.16 万能板图上进行预布局。

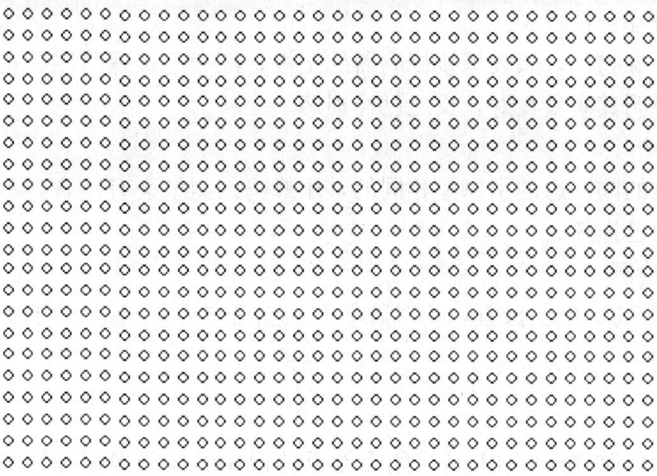

图 13.16　抢答器元件布局图

3. 器材准备及检测

图 13.7 所示所包含的元器件如表 13.11 所示。电路安装前应对集成块之外的元器件用万用表进行检测。

表 13.11　3 人抢答器的元器件清单

序号	元器件代号	元器件名称	型号规格	数量	检测结果
1	S_0～S_3	按键	不带锁	4	
2	CD4042	四 D 触发器	CD4042	1	
3	G_1、G_2	三 3 输入与非门	CD4023	1	
4	G_3、G_4	四 2 输入或门	CD4071	1	
5	CD4511	显示译码器	CD4511	1	
6	LED	LED 数码管	单字共阴	1	
7	R_1～R_4	电阻	1 kΩ/0.25 W	4	
8	R_5	电阻	100 Ω/0.5 W	1	
9	SP	蜂鸣器		1	
10	V	三极管	NPN 9013	1	
11		万能板	(9×15)cm²	1	

(1)数码管的检测

本抢答器采用共阴极数码管(LED)，其内部各发光二极管的负极连接在一起组成公共端，而各段发光二极管的正极通过各自引脚引出，如图 13.12(b)所示。检测时，将数字万用表置于蜂鸣挡，黑表笔接 LED 公共端，红表笔分别接 LED 的 a、b、c、d、e、f、g 各引脚，如果此时 LED 相对应的字段能显示发光，说明 LED 是好的；如果某字段不显示，说明 LED 已经损坏。

(2)蜂鸣器的检测

将万用表置于蜂鸣挡，黑表笔接蜂鸣器的正极，红表笔接蜂鸣器的负极，若此时蜂鸣器能发出声音，说明其质量良好，反之已经损坏。

(3)按钮的检测

以槽为界，槽的同一边的引脚是相同的，用蜂鸣挡测量会有声音，不同边的引脚没有蜂鸣声，否则按钮已损坏。

(4)三极管的检测

本项目用的是 9013 型三极管，正对着平面从左往右为 e、b、c，打到 hfe 挡位测量三极管的放大倍数。

4. 装配与调试

参照抢答器的电路连线图 13.17，用万能板进行元器件的焊接和导线的连接。万能板布线及装配注意事项如下：

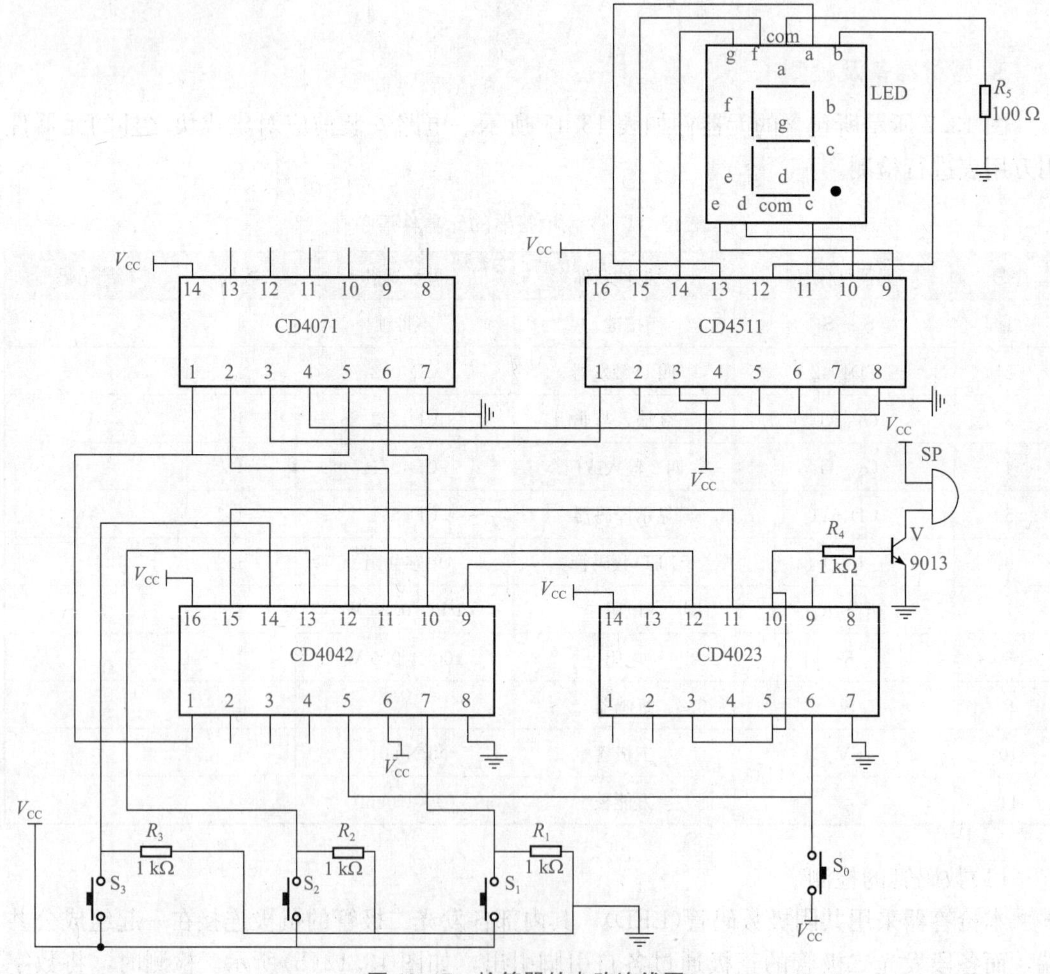

图 13.17　抢答器的电路连线图

①电源线与地线的颜色要有区分：电源(红线)，地线(黑线)，其余(白线或者其他颜色，但是不能是红色和黑色)。

②做到横平竖直，紧贴万能板。元器件也紧贴万能板(贴底焊)，集成电路首先焊接插座，插座焊好后，将集成电路直接装入集成电路插座即可。

③线与线不能交叉。

④尽可能不要在焊接面布线。

⑤焊点均匀饱满，不虚焊、不漏焊。

⑥按键及 LED 数码管的放置要符合常规使用习惯。

建议分模块进行安装，安装顺序如下：

①安装抢答按钮及触发器锁存电路，如图 13.18 所示。

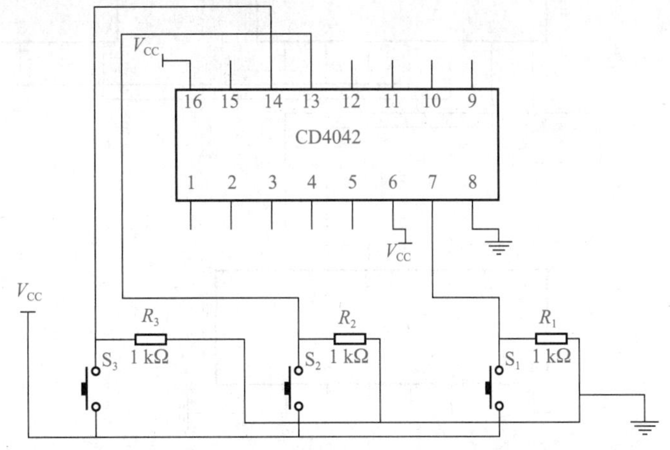

图 13.18　抢答按钮及触发器锁存电路连线图

小知识

每个集成块都需要接电源，CD4042 的 6、16 脚接电源正极，8 脚接电源负极。

②声响及复位电路接线图，如图 13.19 所示。

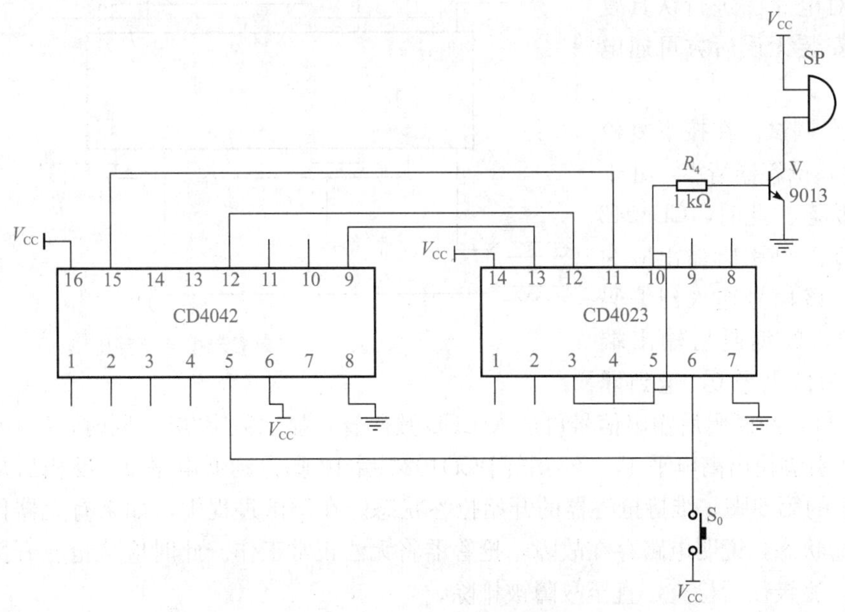

图 13.19　声响及复位电路接线图

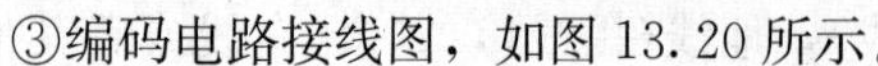

③编码电路接线图，如图 13.20 所示。

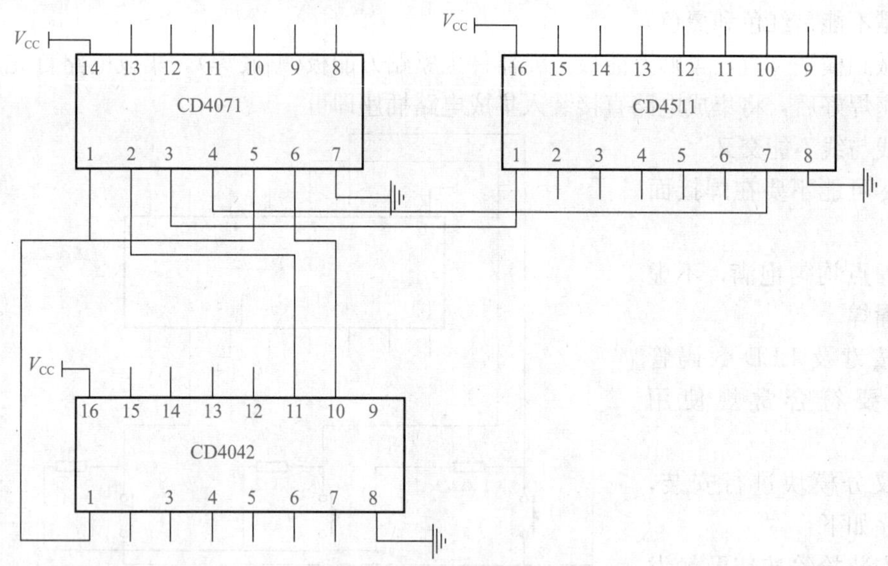

图 13.20　编码电路接线图

④安装译码显示电路，如图 13.21 所示。

注意：CD4511 的 2、5、6、8 脚接地，3、4、16 脚接电源正极。

⑤电路调试。电路安装完成后，应对电路图进行认真复查，确认安装无误后方可通电调试。

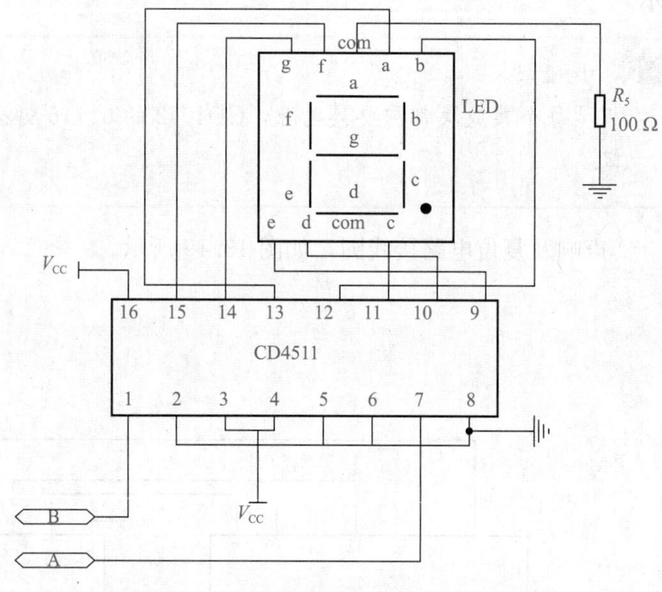

图 13.21　译码显示电路接线图

a. 静态调试。在按下复位开关 S_0 后，抢答器清零，处于开始抢答状态。此时，CD4042 的第 1、11、10 引脚输出应为低电平 0，该信号输入到编码器 CD4071，经编码后输出端 3、4 脚应为低电平 0，送到译码器 CD4511，经译码后输出信号再送入 LED 数码管，显示数字“0”；同时，CD4042 的第 15、12、9 引脚输出高电平 1，经与非门 CD4023 后 10 脚得到低电平 0，反相后从 6 脚送回 CD4042 的第 5 脚，维持抢答器的开始抢答状态。在调试过程中，如果有元器件工作没有达到上述状态，说明电路存在故障，抢答器将无法正常工作。此时应从抢答开关和复位开关开始，逐级往后检查，直至故障被排除。

b. 动态调试。在静态调试成功后，任意按下(可同时按下单个或多个)抢答按键开关，

CD4042将以最先按下的按键开关为抢答成功信号，送至编码器编码，经译码器译码后送至LED显示相关数字，同时蜂鸣器发出声音，表示抢答成功。例如，当按下抢答按键开关S_1时，CD4042的第1、11引脚输出应为低电平0，而第10引脚输出应为高电平1，该输出信号经编码器CD4071编码后，从输出端3、4输出信号为01，送到译码器CD4511，经译码后a～g输出信号0110000，最后送至LED显示数字“1”；同时CD4042的第9引脚输出低电平0，经与非门CD4023后得到高电平1，反相后变为0，送至CD4042的第5脚，使抢答器停止抢答。

5. 产品检测

(1)目测

认真观察作品，找出虚焊或不符合工艺要求的地方进行重新连接。

(2)测量

①抢答、触发锁存电路测试，其目的是检查抢答和触发器输出是否正常，将结果数据记录在表13.12中。

表13.12　抢答、触发锁存电路测试

十进制数	输入	CD4042引脚电平					
	按下按键	输入端			输出端		
		7(D_1)	13(D_2)	13(D_3)	10(Q_1)	11(Q_2)	1(Q_3)
1	S_1						
2	S_2						
3	S_3						
结论：							

②声响及复位电路的测试。S_1-S_3按键都未按下，或按下其中一个按键时，是否有报警声，测量CD4511的5脚电平判断电路是否处于锁存状态。测量三极管V的e、b、c极的电压，并判断三极管V的状态，将数据记录在表13.13中。

表13.13　声响及复位电路测量

按键状态S_0～S_3	CD4023引脚电平(或CD4042的9、12、15脚)			三极管V				CD4042的5脚
	11脚	12脚	13脚	b	c	e	状态	
未按键								
S_1								
S_2								
S_3								
S_0								
结论：								

③编码、译码显示电路的测试。按下 $S_1 \sim S_3$ 中的其中一个按钮，观察数码管显示的字符并测量 CD4511 各引脚的输入、输出电平，然后转换成相应的字符，将数据记录在表 13.14 中。

表 13.14　编码译码显示电路的测试

输入	CD4511 引脚电平									显示字符
	输入		输出							
按下按键	1 脚（B）	7 脚（A）	13 脚（a）	12 脚（b）	11 脚（c）	10 脚（d）	9 脚（e）	15 脚（f）	13 脚（g）	
S_1										
S_2										
S_3										
结论：										

(3)检修

根据检修流程，填写表 13.15，有故障时可按以上检测环节逐级往后检查，从而找出故障。

表 13.15　故障检修表

故障现象	
故障分析	
检修过程	
结果	

6. "6S"管理

工作任务全部完成后，关闭工作台总电源，拆下测量线及导线，归还工具，对实训台及实训室开展"整理、整顿、清扫、清洁、素养、安全"6S 行动。

13.3.3　项目评价

1. 成果展示

小组内选择出 1～2 件优秀作品，在班级同学中展示，讲解作品成功之处，并填写表 13.16。

表 13.16　作品评价表

作品成功之处	
作品成功原因	

2. 经验分享

学生在班级中谈收获、体会及建议，并填写表 13.17。

表 13.17　经验分享表

收获	
体会	
建议	

3. 评分

按自评、组评、师评的顺序进行评分，各小组推荐优秀成员，并填写表 13.18。

表 13.18　评分表

项目	考核要求	配分	评分标准	自评	组评	师评
理论学习	认真学习理论，并完成相关问题	10	每少填写一空扣 2 分			
元器件识别与检测	按要求对所有元器件进行识别与检测	10	元器件识别错一个，扣 1 分。检测错一个扣 2 分			
元器件布局	元器件排列整齐，标记方向一致，布局合理	10	元器件排列参差不齐，标记方向混乱，布局不合理，每处扣 1 分			
元器件装配	元器件成形、插装符合工艺要求，连接线呈直线或直角，紧贴电路板，无短路	30	元器件成形、插装不符合工艺要求，每处扣 1～2 分。导线弯曲、拱起每根扣 2 分，弯曲时不呈直角每处扣 2 分			
电路功能	能实现抢答功能	10	不能实现抢答功能，得 0 分			
电路检测	正确使用万用表测各关键点电位	15	每测错一处扣 2 分			
6S 管理	工作台上工具排放整齐。严格遵守安全操作规程	10	工作台上杂乱扣 5～10 分。违反安全操作规程扣 5 分			

续表

项目	考核要求	配分	评分标准	自评	组评	师评
合作学习	团结小组成员，乐于助人，合作精神好。遵守实训制度	5	评分为优秀组长或组员得5分，其他组长或组员评分由教师、组长评分			
总分						
教师点评						

13.4 项目总结

①触发器是一种具有记忆功能的电路，D触发器具有置0、置1的功能。

②将若干个0和1按一定规律编排在一起，组成不同的代码，并将这些代码赋予特定的含义，这就是数字电路中的编码。能够完成编码功能的电路称为编码器。计算系统中常用二一十进制编码器。

③译码是编码的逆过程。它将二进制代码翻译成给定的数字。译码器是一个多输入、多输出的逻辑电路，对应于输入信号的任一组态，一般仅有一个输出状态有效。

④显示器是译码器的终端，它将译码器输出的数字信号在数码管上直观地显示出数字。

13.5 项目考核

1. 填空题

①按逻辑功能分，触发器主要有________、________、________、T触发器和T′触发器。

②D触发器有________和________两种功能。

③数码管根据内部结构不同，可以分为________、________两种类型。

④对于共阴极数码管而言，其公共端一般接________电平。

⑤蜂鸣器分________和________两种。有源蜂鸣器内有振荡电路必须考虑极性，无源蜂鸣器靠音响脉冲驱动，有些不用考虑极性。

⑥电子产品进行单元调试后，还需要进行整机调试，其目的是________。

⑦在调试过程中如产品有故障，通常判别故障的方法有：________、________、________、________(至少写四种)。

⑧使用万用表的不同挡位可以测量元器件或电路不同类型的参数，大多数万用表可以测量________、________、________、________(至少说出四种)。

2. 判断题

①触发器与门电路一样，输出状态仅取决于触发器的即时输入情况。（　　）

②所谓上升沿触发，是指触发器的输出状态变化是发生在 $CP=1$ 期间。（　　）

③在触发器的逻辑符号中，用小圆圈表示反相。（　　）

④在数字电路中，经常要把输入的各种信号(如十进制数、文字、符号)转换成若干位二进制码，这种转换过程称为编码。（　　）

⑤D 触发器只有在 CP 信号到来瞬间，输出状态与输入的状态相同。（　　）

⑥扬声器和蜂鸣器都有极性问题，安装时必须注意正负极的连接。（　　）

⑦数码显示管都是采用发光二极管作为发光器件的，因此所有的电子产品安装的数码管显示管的类型都是相同的。（　　）

⑧数码显示管可黏装在电路板上，因此无须使用电烙铁进行焊接。（　　）

⑨一般调试的程序分为通电前检查和通电调试两大阶段。（　　）

3. 选择题

①触发器与组合逻辑门电路比较(　　)。

A. 两者都有记忆能力

B. 只有组合逻辑门电路有记忆能力

C. 只有触发器有记忆能力

②译码器的输入是(　　)。

A. 二进制代码　　B. 二进制数　　C. 十进数

③要使七段数字显示器显示如图 13.22 字符，则(　　)。

A. a、b、c、g 四段发光

B. f、g、b、c 四段发光

C. a、b、c、f 四段发光

D. c、d、e、f 四段发光

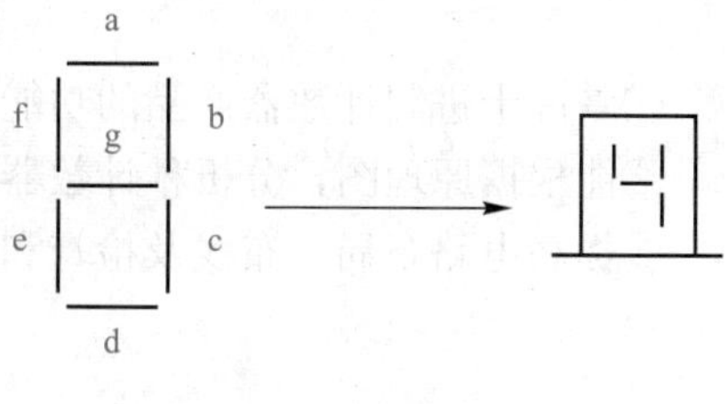

图 13.22　数码管显示“4”

④将元器件、部件、零件、标准件、材料等分类入库，属于(　　)。

A. 对元器件进行分类管理　　B. 对元器件进行检验

C. 技能要求　　D. 不必要的操作

⑤识读整机电路原理图时，划分单元电路的目的是(　　)。

A. 了解结构组成　　B. 化整为零，分步识读

C. 聚零为整，了解整体　　D. 了解产品功能

⑥在数字电路中通常选用(　　)晶体三极管。

A. 小功率开关晶体三极管　　B. 高频晶体三极管

C. 低频大功率复合管　　D. 光敏晶体三极管

4. 综合题

写出整机检修多路抢答器的流程。

项目十四　秒计数器

14.1　项目描述和要求

14.1.1　项目描述

数字电子钟具有显示“时”“分”“秒”的功能，现以“秒”计数器电路为例制作电子钟里的“秒”计数功能。其要实现的基本功能有：

①秒的计时要求为 60 进制；

②准确计时，以数字形式显示“秒”的时间。

14.1.2　项目要求

①掌握十进制计数器产品的功能。

②能根据原理图，分析秒计数器的工作原理。

③提高电路布局、布线及检查和排除故障的能力。

14.2　理论分析

数字电路根据逻辑功能的不同特点，可以分成两大类，一类叫组合逻辑电路(简称组合电路)，另一类叫时序逻辑电路(简称时序电路)。组合逻辑电路在逻辑功能上的特点是任意时刻的输出仅仅取决于该时刻的输入，与电路原来的状态无关。而时序逻辑电路在逻辑功能上的特点是任意时刻的输出不仅取决于当时的输入信号，而且还取决于电路原来的状态。因此，时序逻辑电路具有存储或记忆的功能，常见的时序逻辑电路有触发器、计数器、寄存器等。

14.2.1　计数器

能累计输入脉冲个数的数字电路称为计数器。计数器在数字电路中有着广泛应用，它除直接用作计数、分频、定时外，还用于数字仪表、程序控制、计算机等领域。

计数器种类很多，按计数的进位不同，可分为二进制、十进制和 N 进制计数器等；按计数器中数值的增、减情况，可分为加法计数器、减法计数器、可逆计数器；按计数器中各触发器状态转换时刻的不同，可分为同步计数器和异步计数器。用触发器组成计数器电路复杂且可靠性差，一般均采用集成计数器芯片构成各种功能的计数器，以下介绍典型的集成计数器及其应用。

图 14.1 所示为集成十进制同步加法计数器 74LS160 的引脚排列图和逻辑符号示意图，$\overline{LD}$为同步置数控制端，$\overline{CR}$为异步清零控制端，$CT_{\rm P}$ 和 $CT_{\rm T}$ 为计数控制端，$D_0 \sim D_3$ 为并行数据输入端，CO 为进位输出端，CP 为计数脉冲输入端，$Q_0 \sim Q_3$ 为 4 位数码输出端。表 14.1 所示为 74LS160 的功能表。

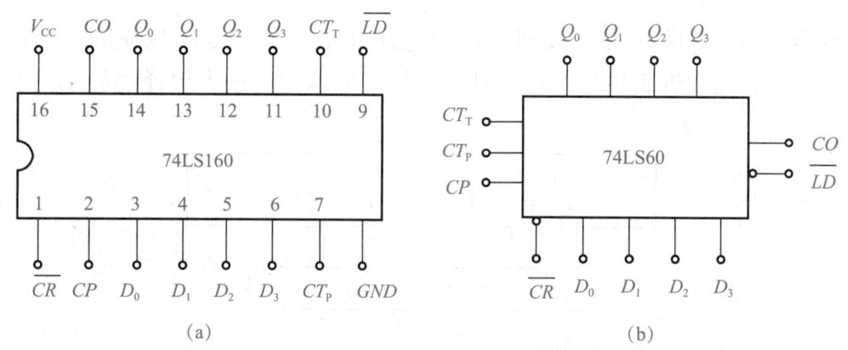

图 14.1　74LS160 的引脚排列图和逻辑符号

(a)引脚排列图；(b)逻辑符号示意图

表 14.1　74LS160 的功能表

输入									输出				
$\overline{CR}$	$\overline{LD}$	$CT_{\rm P}$	$CT_{\rm T}$	CP	D_3	D_2	D_1	D_0	Q_3	Q_2	Q_1	Q_0	CO
0	×	×	×	×	×	×	×	×	0	0	0	0	0
1	0	×	×	↑	d_3	d_2	d_1	d_0	d_3	d_2	d_1	d_0	
1	1	1	1	↑	×	×	×	×	计数				
1	1	0	×	×	×	×	×	×	保持				
1	1	×	0	×	×	×	×	×	保持				0

由表 14.1 可知，74LS160 主要有如下功能：

①异步清零功能。当$\overline{CR}=0$ 时，其他输入信号都不起作用，计数器输出将被直接置零，称为异步清零。

②同步并行置数功能。当$\overline{CR}=1$、$\overline{LD}=0$ 时，在输入时钟脉冲 CP 上升沿的作用下，这时 $Q_3Q_2Q_1Q_0=d_3d_2d_1d_0$。

③计数功能。当$\overline{CR}=\overline{LD}=CT_T=CT_p=1$、在 CP 端输入计数脉冲时，计数器按照 BCD 码的规律进行十进制加法计数。

④保持功能。当$\overline{CR}=\overline{LD}=1$ 且 CT_T、CT_p 中有 0 时，计数器保持原来状态不变(停止计数)。在计数器执行保持功能时，若 $CT_p=0$、$CT_T=1$，则 $CO=CT_T$，$Q_3Q_0=Q_3Q_0$；若 $CT_p=1$、$CT_T=0$，则 $CO=0$。

14.2.2 秒计数器电路分析

1. 电路框图

秒计数器的组成框图如图 14.2 所示，其由多块数字集成电路构成的。秒计数器由秒信号脉冲发生器、六十进制秒计数器、秒个位译码显示器、秒十位译码显示器和秒校时电路等组成。

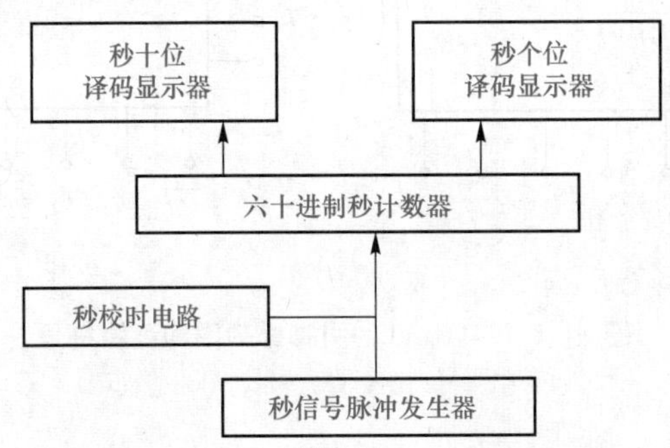

图 14.2 秒计数器的组成框图

由以上的组成框图，选用合适的电子元件，设计出的秒计数器原理图如图 14.3 所示。

2. 主要元件介绍

(1)14 位二进制计数器＼分频器 CD4060

CD4060 是 14 位二进制计数器＼分频器 CMOS 集成电路，由它可获得 14 分频信号。CD4060 引脚排列如图 14.4 所示。11 脚 CP_1 为时钟输入端，10 脚为反向时钟输出端，10、11 即为外部振荡电路输入端；9 脚 CP_0 为时钟输出端；12 脚 R 为复位端，高电平复位，使用时接低电平；其他各引脚输出脉冲频率分别是：1 脚 8 Hz，2 脚 4 Hz，3 脚 2 Hz，4 脚 512 Hz，5 脚 1 024 Hz，6 脚 256 Hz，7 脚 2 048 Hz，9 脚 32 768 Hz，13 脚 64 Hz，14 脚 128 Hz，14 脚 32 Hz。

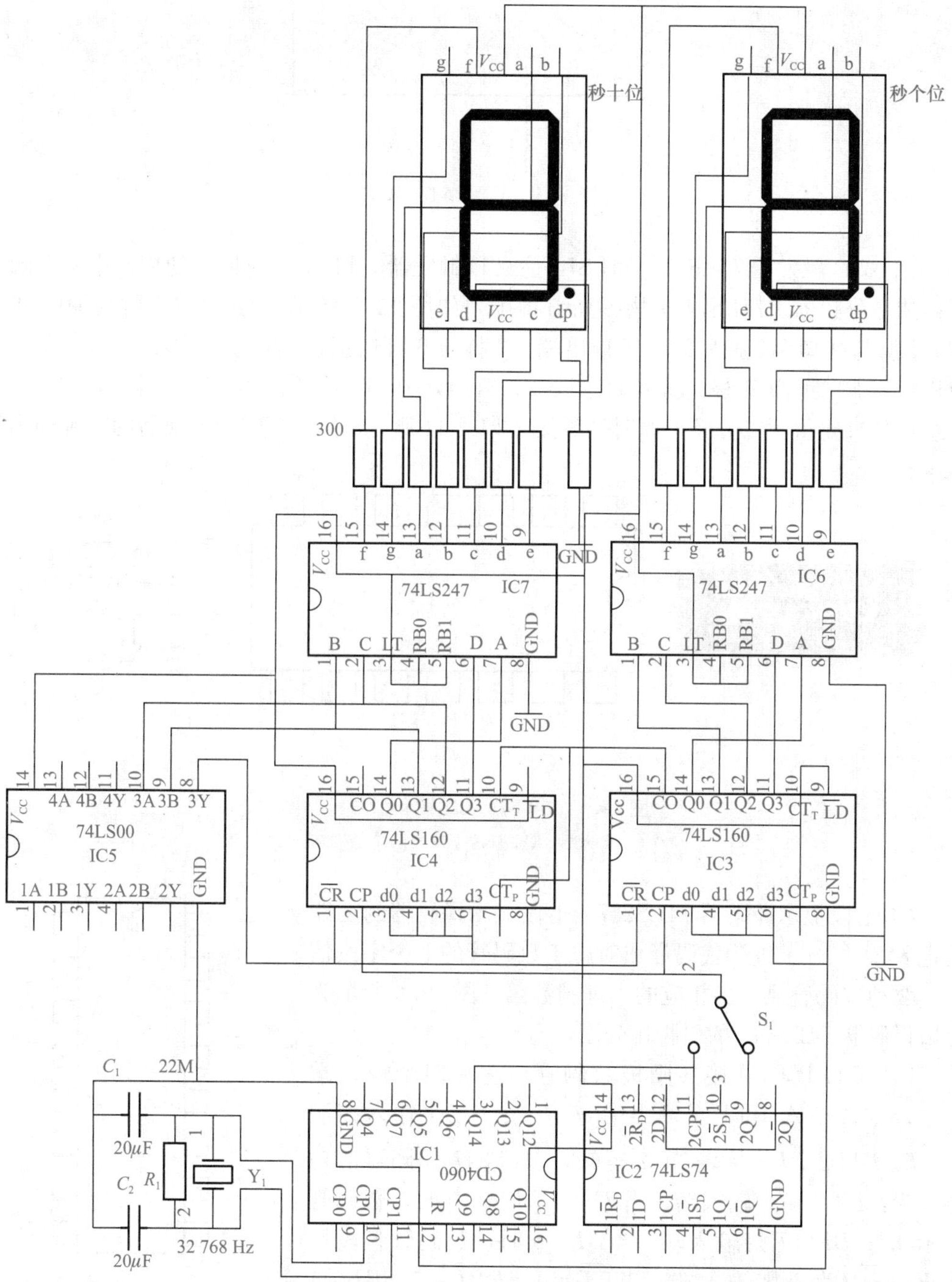

图 14.3　秒计数器原理图

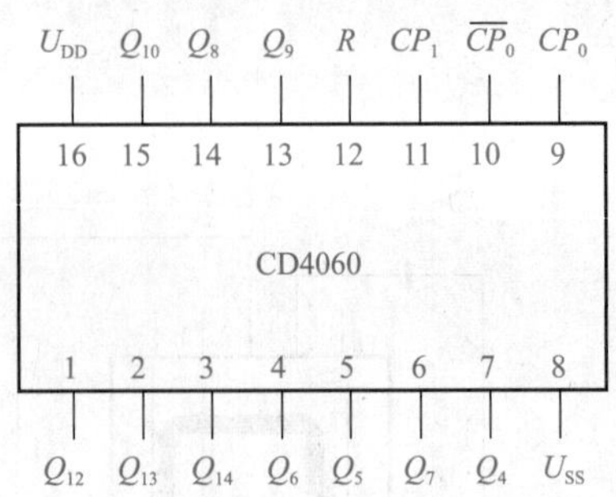

图 14.4　CD4060 引脚排列

(2)双 D 触发器 74LS74。74LS74 是双 D 触发器 TTL 集成电路，使用其中一个触发器可接成 2 分频器。74LS74 实物图和引脚排列如图 14.5 所示，11 脚与 3 脚为原时钟输入端，5 脚与 9 脚为变换后的时钟输出端，2 脚与 6 脚连接，8 脚与 12 脚连接，7 脚接电源负极、14 脚接电源正极。分频时，1，2，3，4，5，6 为一组，8，9，10，11，12，13 为一组。如果要得到二分频，原时钟需接 3 脚或 11 脚，5 脚或 9 脚为变换后的时钟输出端。

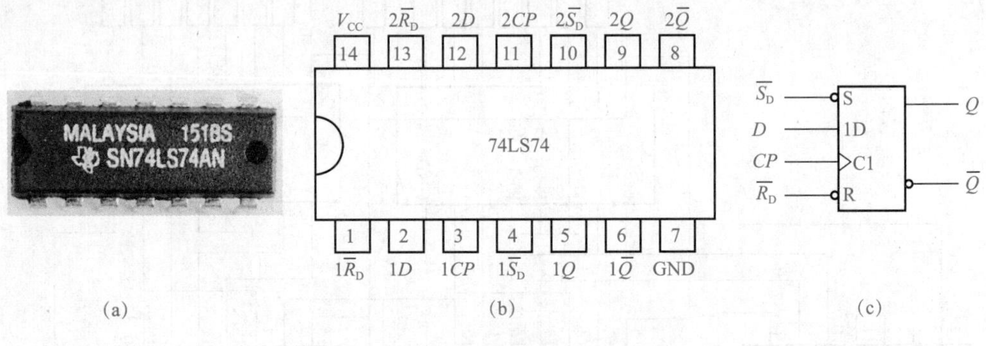

图 14.5　74LS74 实物图和引脚排列图

(a)实物图；(b)引脚排列图；(c)逻辑符号

(3)七段显示译码器 74LS247。七段显示译码器的功能是把 8421 二—十进制代码译成对应于数码管的七个字段信号，驱动数码管显示出相应的十进制数码。图 14.6 所示为七段译码器 74LS247 的引脚排列图，

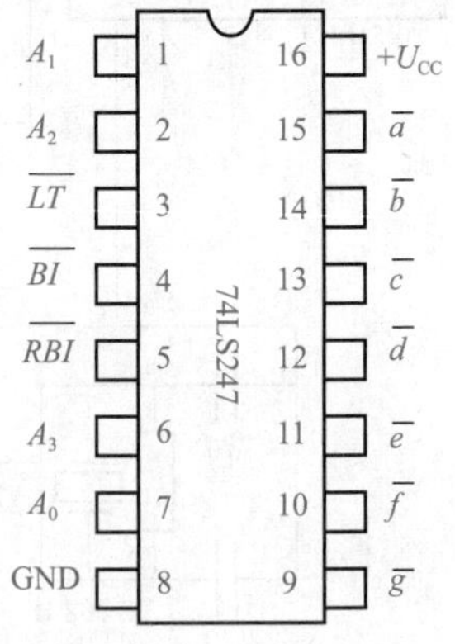

图 14.6　74LS247 引脚排列图

74LS247 译码器接共阳极数码管，它有四个输入端 A_0、A_1、A_2、A_3 和七个输出端 $abcdefg$，三个输入控制端 $\overline{LT}$、$\overline{BI}$ 和 $\overline{RBI}$。从表 14.2 得知，74LS247 译码器的功能表为：$\overline{LT}$ 为试灯输入端，当 $\overline{BI}=1$，$\overline{LT}=0$ 时，数码管显示“8”；$\overline{BI}$ 为灭灯输入端，当 $\overline{BI}=0$ 时，数码管各段均熄灭；$\overline{RBI}$ 为灭零输入端，当 $\overline{LT}=1$，$\overline{RBI}=0$，$\overline{BI}=1$ 时，只有当 A_3-A_0 均为零，数码管各段均熄灭。

表 14.2　74LS247 译码器的功能表

工能和十进制数	输入							输出							显示
	$\overline{LT}$	$\overline{RBI}$	$\overline{BI}$	A_3	A_2	A_1	A_0	$\overline{a}$	b	$\overline{c}$	$\overline{d}$	$\overline{e}$	$\overline{f}$	$\overline{g}$	
试灯	0	×	1	×	×	×	×	0	0	0	0	0	0	0	8
灭灯	×	×	0	×	×	×	×	1	1	1	1	1	1	1	全灭
灭 0	1	0	1	0	0	0	0	1	1	1	1	1	1	1	灭 0
0	1	1	1	0	0	0	0	0	0	0	0	0	0	1	0
1	1	×	1	0	0	0	1	1	0	0	1	1	1	1	1
2	1	×	1	0	0	1	0	0	0	1	0	0	1	0	2
3	1	×	1	0	0	1	1	0	0	1	0	0	1	0	3
4	1	×	1	0	0	1	0	1	0	0	1	1	0	0	4
5	1	×	1	0	1	0	1	0	1	0	0	1	0	0	5
6	1	×	1	0	0	1	0	0	0	1	0	0	1	0	6
7	1	×	1	0	1	1	1	0	0	0	1	1	1	1	7
8	1	×	1	1	0	0	0	0	0	0	0	0	0	0	8
9	1	×	1	1	0	0	1	0	0	0	0	1	0	0	9

3. 工作原理

(1)秒信号发生电路

秒信号发生电路产生 1 Hz 的时间基准信号，一般多采用频率为 32 768 Hz(2^{14})的石英晶体振荡器，经过 14 二分频，获得 2 Hz，再经 74LS74 二分频，获得 1 秒脉冲。秒脉冲发生器电路如图 14.7 所示。

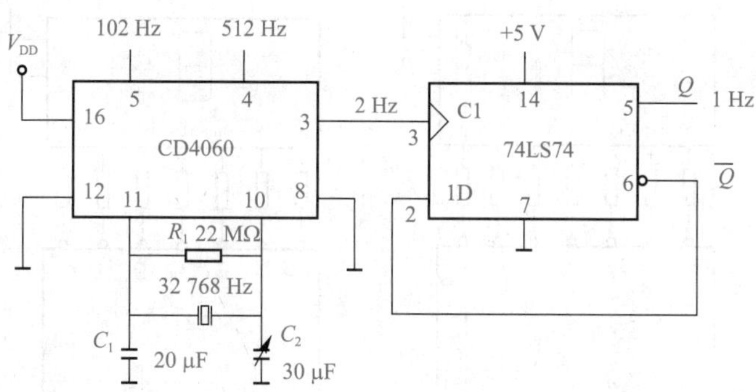

图 14.7　秒脉冲发生器电路

该电路主要应用 CD4060，CD4060 是 14 级二进制计数器 \ 分频器，它与外接电阻、电容、石英晶体共同组成 $2^{14}=32\ 768$ Hz 振荡器，并进行 14 级二分频，再外加一级 D 触发器(74LS74)二分频，输出 1 Hz 的时基秒信号。R_1 是直流负反馈电阻器，使 CD4060 内的非门电路工作在放大区。C_1、C_2 起稳定振荡频率的作用，其中 C_2 是频率微调电容器，可将振荡器的频率调整到精确值。

(2)计数器电路

六十进制的秒计数器的计数由集成电路 74LS160 实现，将一片计数器 74LS160 设计成十进制加法计数器，另一片设计成六进制加法计数器。当计数到 59 时，再来一个脉冲变成 00，然后再重新开始计数。六十进制计数器如图 14.8 所示。

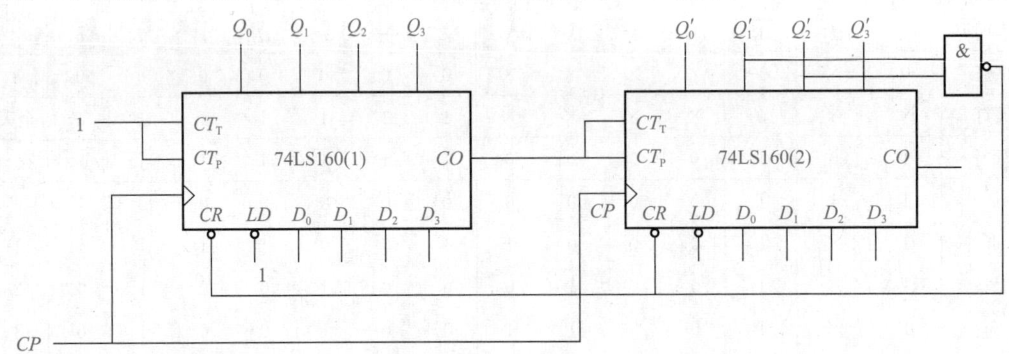

图 14.8 六十进制计数器

由外加送来的计数脉冲送入两个计数器的 CP 端，电路在计数脉冲的作用下按二进制自然顺序依次递增 1，当个位 74LS160(1)计数到 9 时，输出进位信号给十位 74LS160(2)充当使能信号进位。当计数到 60 时，这时个位输出 0000(也就是 0)，十位输出 0110(也就是 6)，将十位的 Q_1、Q_2 端接一个二输入与非门，与非门输出一路送入十位计数器的清零端，一路送入个位计数器的清零端，将整个电路清零，完成周期为 60 的计数。

(3)译码和显示电路

译码和显示电路采用共阳极 LED 数码管和译码器 74LS247。为了限制数码管的导通电流，在 74LS247 的输出与数码管的输入端之间应串联限流电阻。秒计数显示电路如图 14.9 所示。

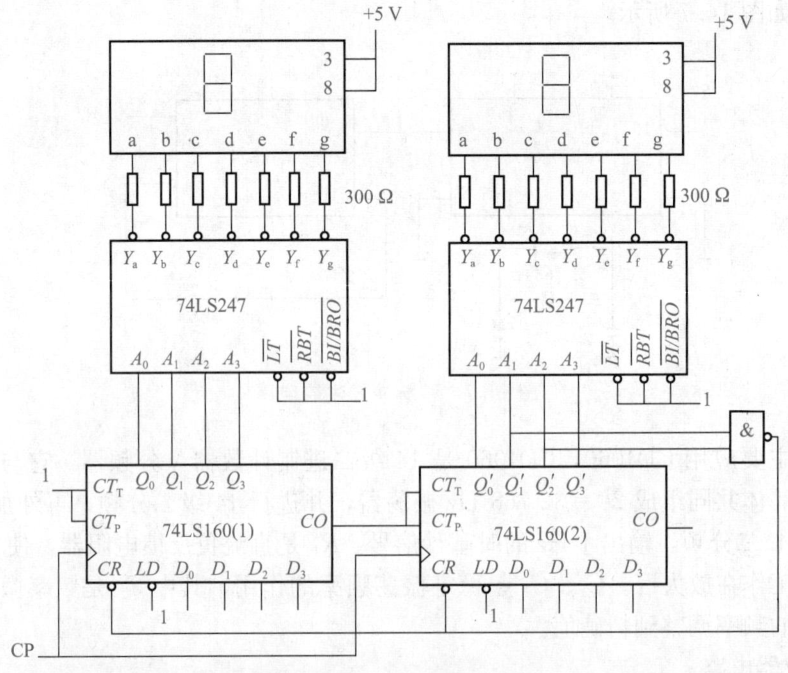

图 14.9 秒计数显示电路

(4)秒校正电路

秒校止信号取自 CD4060 的 3 脚，是对石英晶体进行 14 级二分频、2 Hz 的脉冲信号，如图 14.3 所示。S_1 接到 2 端，2 端输出 2 Hz 的脉冲，比秒脉冲计时快一倍，待秒显示与实际时间相同时，迅速将 S_1 接 1 端，进入正常秒计时。

14.3　项目实施

14.3.1　制订计划

每组 6～7 人，设小组长一名。小组成员集体讨论，按表 14.3 工作流程，制订工作计划，并填写表 14.3。

表 14.3　工作计划表

序号	工作流程	时间分配/min	人员分工
1	理论学习		
2	画元件布局图		
3	画万能板连线图		
4	器材选择及检测		
5	电路装配与调试		
6	电路检测		
计划时间：________小时，实际时间：________小时，审核：			

14.3.2　实施计划

1. 电路理论

①组合逻辑电路和时序逻辑电路各有什么特点？

②什么是计数器？

③秒计数器的电路组成框图如图 14.10 所示。请对照原理图 14.3，将各组成部分的元件编号或名称写在其对应位置。

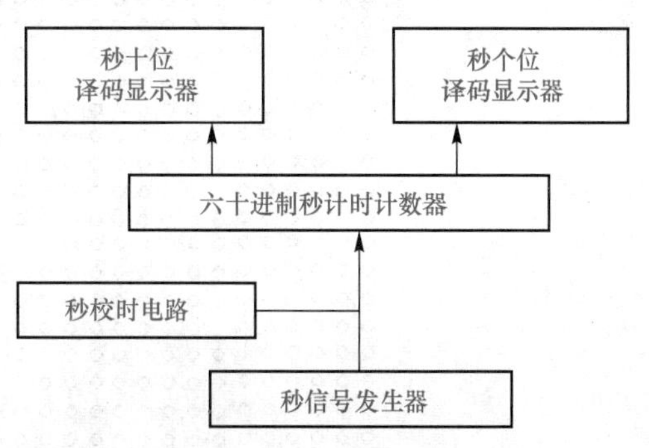

图 14.10　秒计数器的电路组成框图

④看图 14.1 和表 14.1，识读计数器 74LS160，回答下列问题：

a. 16 脚为________端，8 脚为________端；

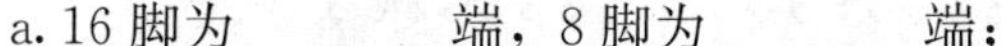

b. 3、4、5、6 脚为________端；11、12、13、14 脚为________端；

c. 当$\overline{CR}$=________，$\overline{LD}$=________，$CT_T=CT_p$=________时，在 CP 端输入计数脉冲上升沿时，计数器按照 BCD 码的规律进行十进制加法计数。

⑤看图 14.4，识读 14 位二进制计数器＼分频器 CD4060，回答下列问题：

a. 16 脚为________端，8 脚为________端；

b. 10 脚、11 脚为________端，9 脚为________端，12 脚为________端，2 脚为________端。

⑥看图 14.11，识读双 D 触发器 74LS74，回答下列问题：

a. 14 脚为________端，7 脚为________端；

b. 3 脚为________端，2 脚为________端，5 脚、6 脚为________端，1 脚为________端。

V_{CC} (14)　$2\overline{R}_D$ (13)　$2D$ (12)　$2CP$ (11)　$2\overline{S}_D$ (10)　$2Q$ (9)　$2\overline{Q}$ (8)

74LS74

$1\overline{R}_D$ (1)　$1D$ (2)　$1CP$ (3)　$1\overline{S}_D$ (4)　$1Q$ (5)　$1\overline{Q}$ (6)　GND (7)

图 14.11　74LS74 引脚排列

⑦看图 14.6 和表 14.2，识读七段显示译码器 74LS247，回答下列问题：

a. 16 脚为________端，8 脚为________端；

b. 1、2、6、7 脚为________端；9、10、11、12、13、14、14 脚为________端；

c. 当$\overline{RBI}$=________，$\overline{LT}$=________，$\overline{BI}$=________时，能对输入信号进行译码。

2. 画元件布局图及连线图

请同学们根据图 14.3，在图 14.12 万能板上进行预布局，并设计出自己的元件布局图及连线图。

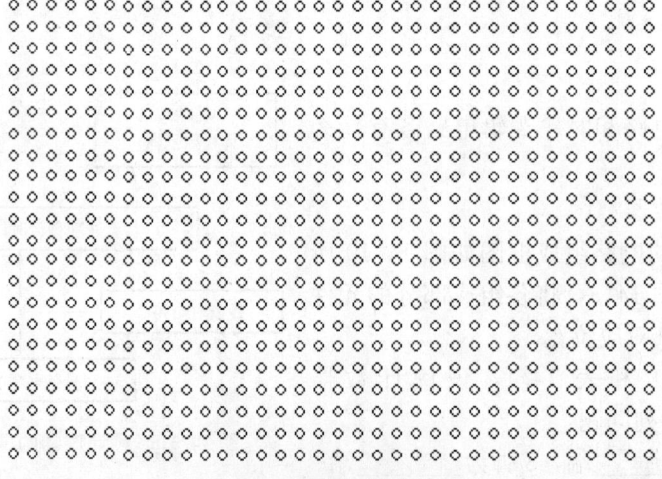

图 14.12　画秒计数器布局图

3. 器材准备及检测

图 14.3 所包含的元器件如表 14.4 所示。电路安装前应对集成块之外的元器件用万用表进行检测。

表 14.4　秒计数器元器件清单

序号	元器件类型	型号规格	数量	检测结果
1	IC 芯片	CD4060	1	
2	IC 芯片	74LS247	2	
3	IC 芯片	74LS160	2	
4	IC 芯片	74LS00	1	
5	IC 芯片	74LS74	1	
6	LED 数码管	单字共阳	2	
7	电阻	300 Ω	15	
8	电阻	22 MΩ	1	
9	晶振	32 768 Hz	1	
10	电容	20 pF/63 V	2	
11	开关	单刀双掷	1	
12	万能板	$(14\times20)\text{cm}^2$	1	

4. 元件装配与调试

按图 14.3 所示连接秒信号发生电路、六十进制计数器和秒显示、校正电路，接通 5 V 电源，测试是否正常计数 60 s。

5. 产品检测

(1)目测

认真观察作品，找出虚焊或不符合工艺要求的地方进行重新连接。

(2)测量

用万用表检查电路是否有短接或接触不良等现象，确定电路无误后再接通电源，逐级调试。

①秒信号发生电路的调试。测量晶体振荡器的输出频率是否为 32 768 Hz，再测 CD4060 的 1、2 和 3 等引脚的输出频率，检查 CD4060 是否正常。

②计数器的调试。将秒信号脉冲送入秒计数器中，检查秒个位、十位是否按 10 s 进位，60 s 归零。

③译码显示电路的调试。观察在 1 Hz 的秒信号作用下数码管的显示情况。

④校正电路的调试。在调试好秒计数器后，通过校正开关，校准秒信号，使秒计数器正常走时。

(3)检修

根据检修流程，填写表 14.5。

表 14.5　故障检修表

故障现象	
故障分析	
检修过程	
结果	

6. "6S"管理

工作任务全部完成后，关闭工作台总电源，拆下测量线及导线，归还工具，对实训台及实训室开展"整理、整顿、清扫、清洁、素养、安全"6S 行动。

14.3.3　项目评价

1. 成果展示

小组内选择出 1～2 件优秀作品，在班级同学中展示，讲解作品成功之处，并填写表 14.6。

表 14.6　作品评价表

作品成功之处	
作品成功原因	

2. 经验分享

学生在班级中谈收获、体会及建议，并填写表 14.7。

表 14.7　经验分享表

收获	
体会	
建议	

3. 评分

按自评、组评、师评的顺序进行评分，各小组推荐优秀成员，并填写表 14.8。

表 14.8　评分表

项目	考核要求	配分	评分标准	自评	组评	师评
理论学习	认真学习理论，并完成相关问题	10	每少填写一空扣 2 分			
元器件识别与检测	按要求对所有元器件进行识别与检测	10	元器件识别错一个，扣 1 分。检测错一个扣 2 分			
元器件布局	元器件排列整齐，标记方向一致，布局合理	10	元器件排列参差不齐，标记方向混乱，布局不合理，每处扣 1 分			
元器件装配	元器件成形、插装符合工艺要求，连接线呈直线或直角，紧贴电路板，无短路	30	元器件成形、插装不符合工艺要求，每处扣 1～2 分。导线弯曲、拱起每根扣 2 分，弯曲时不呈直角每处扣 2 分			
电路功能	能实现秒计数器的功能	10	不能实现功能，得 0 分			
电路检测	正确使用万用表测各关键点电位	15	每测错一处扣 2 分			
6S 管理	工作台上工具排放整齐。严格遵守安全操作规程	10	工作台上杂乱扣 5～10 分。违反安全操作规程扣 5 分			
合作学习	团结小组成员，乐于助人，合作精神好。遵守实训制度	5	评分为优秀组长或组员得 5 分，其他组长或组员评分由教师、组长评分			
总分						
教师点评						

14.4　项目总结

①时序逻辑电路在逻辑功能上的特点是任意时刻的输出不仅取决于当时的输入信号，而且还取决于电路原来的状态。因此，时序逻辑电路具有存储或记忆功能。

②能累计输入脉冲个数的数字电路称为计数器。

③计数器是由触发器级连构成的。按其工作方式可分为同步计数器和异步计数器。按进位体制不同，可分为二进制计数器和非二进制计数器。按计数数值增、减情况的不同，可分为加法计数器、减法计数器和可逆计数器。

14.5 项目考核

1. 填空题

①时序逻辑电路的特点是：任意时刻的输出不仅取决于________，而且与电路的________有关。

②用来累计输入脉冲数目的部件称为________。

③元件的检测是保证作品成功的第一关，检验的目的是验证一批元器件是否________；筛选的目的是从一批元器件中将不合格的元器件________出来。

2. 判断题

①构成计数器电路的器件必须具有记忆功能。（ ）

②计数器是一种能记录输入脉冲的逻辑电路。（ ）

③时序逻辑电路的特点是任一时刻的输出只取决于该时刻的输入。（ ）

④计数器除了能对输入脉冲进行计数，还能作为分频器用。（ ）

⑤未经检验合格的装配件(零、部、整件)不得安装。（ ）

⑥元器件安插到印刷版上应遵循先大后小，先重后轻、先低后高的原则。（ ）

3. 选择题

①下列电路中，属于时序电路的是（ ）。

A. 编码器　　B. 计数器　　C. 译码器　　D. 显示译码器

②一位十进制计数器至少需要（ ）个触发器。

A. 3　　B. 4　　C. 5　　D. 10

③下列关于电子元器件的安装方式哪一项是很少采用的（ ）。

A. 直立安装　　B. 倒立安装　　C. 垂直安装　　D. 弯折安装

④电子元器件进行焊装前需要进行预加工操作，下列各步骤中不属于焊装前的预加工操作步骤的是（ ）。

A. 表面清洁　　B. 引线校直　　C. 镀锡　　D. 机械固定

⑤"6S"管理是每次实训的要求，下列各项操作环节中，不利于安全操作的是（ ）。

A. 装配环境中所有的电源开关、插头、插座和电源线等，必须保证绝缘性能良好

B. 电烙铁不使用时为了保证电烙铁的温度，可不拔下电源线

C. 装配过程中所用各种焊接设备等的总功率不应超过供电额定功率

D. 必要情况下应保证操作环境具有适当的湿度

⑥关于电子产品图纸上的文字符号标识，下列说法错误的是（ ）。

A. 英文符号的简称

B. 具有国家统一制定的标准

C. 不同文字符号代表不同含义

D. 可由设计人员进行个性化标记

⑦在电路原理图中各元件图形符号的旁边应标出该元器件的(　　)。

A. 图形符号　　B. 序号　　C. 名称　　D. 类型

4. 综合题

试分析图 14.13 所示电路，画出它的状态转换图，并说明它是几进制计数器。

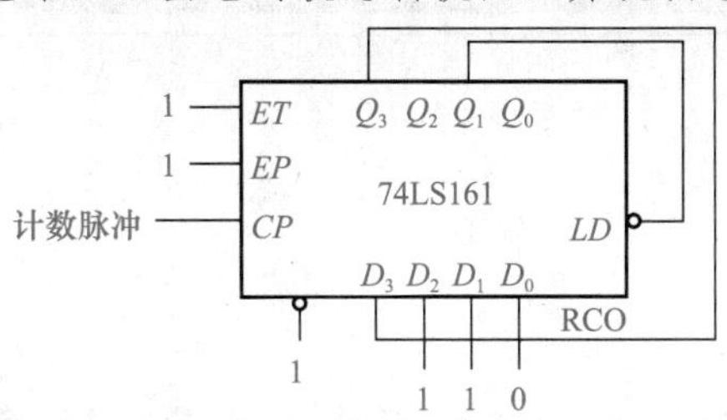

图 14.13　电路

项目十五　555 多谐振荡器的制作

15.1　项目描述和要求

15.1.1　项目描述

请同学们为汽车的左右转向灯设计一个电路。汽车需要左转时，开关拨向左边，左转向灯闪烁；需要右转时，开关拨向右边，右转向灯闪烁。

15.1.2　项目要求

①掌握 555 芯片的特点及引脚作用。

②掌握 555 多谐振荡器及汽车转向灯的工作原理。

③用万能板进行布局、连线，要求布局合理，插装、焊接符合工艺标准。

④使用仪表调试电路，做好测量数据记录。

15.2　理论分析

15.2.1　555 集成电路

1. 555 集成电路特点

多谐振荡器是能产生矩形波的一种自激振荡器电路，由于矩形波中除基波外，还含有丰富的高次谐波，故称为多谐振荡器。多谐振荡器没有稳态，只有两个暂稳态，在自身因素的作用下，电路在两个暂稳态之间来回转换，故又称它为无稳态电路。

555 定时器是一种模拟和数字功能相结合的中规模集成器件，555 的内部结构可等效成 23 个晶体三极管、17 个电阻、2 个二极管，内部有比较器、RS 触发器等多组单元电路。555 定时器的电源电压范围宽，可在 4.5～16 V 工作，输出驱动电流约为 200 mA，因而其输出可与 TTL、CMOS 或者模拟电路电平兼容。

555 定时器性能优良，适用范围很广，成本低，性能可靠，只需要外接几个电阻、电容，就可以实现多谐振荡器、单稳态触发器及施密特触发器等脉冲产生与变换电路。它也常作为定时器广泛应用于仪器仪表、家用电器、电子测量及自动控制等方面。

2. 555 引脚图

555 引脚图介绍如图 15.1 所示。

①引脚：公共地端，负极；

②引脚：低触发端 T_R，低于 1/3 U_{CC}时即导通；

③引脚：输出端 Q，电流可达 2 000 mA；

④引脚：强制复位端 R，不用时可与电源正极相连或悬空；

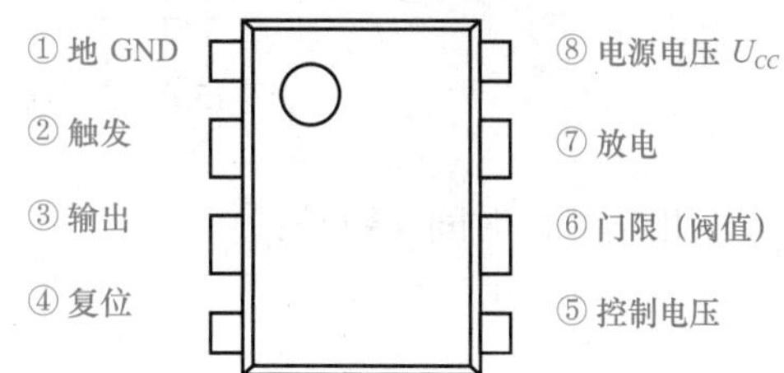

图 15.1　555 引脚图介绍

⑤引脚：用来调节比较器的基准电压，简称控制端 C_V，不用时可悬空，或通过 0.01 μF电容器接地；

⑥引脚：高触发端 T_H，也称阈值端，高于 2/3U_{CC}时即截止；

⑦引脚：放电端 D_{IS}；

⑧引脚：电源正极 U_{CC}。

15.2.2　555 多谐振荡器电路分析

1. 555 构成的多谐振荡器

如图 15.2 所示，由 555 定时器和外接元件 R_1、R_2、C_1 构成多谐振荡器，2 脚与 6 脚直接相连，5 脚通过 0.1 μF 电容接地，用来调节比较器的基准电压。电路不需要外接触发信号，利用电源通过 R_1、R_2 向 C_1 充电，以及 C_1 通过 R_2 向放电端 D_{IS}放电，使电路产生振荡。电容 C_1 在 1/3U_{CC}和 2/3U_{CC}之间充电和放电，从而在输出端得到一系列的矩形波，故连接输出端的发光二极管会随着矩形波闪烁，对应的波形如图 15.3 所示。

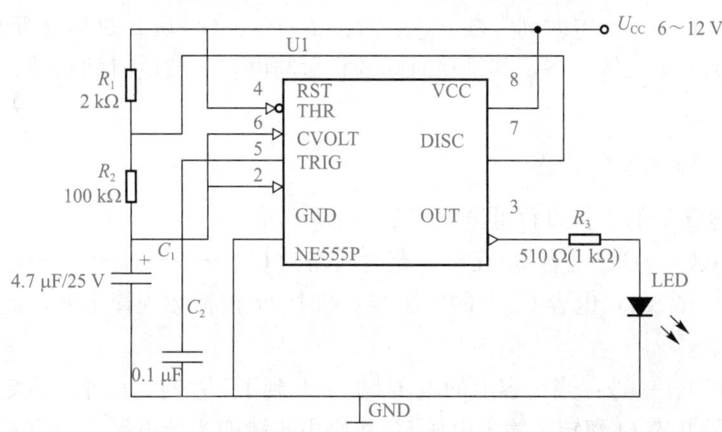

图 15.2　555 多谐振荡器电路

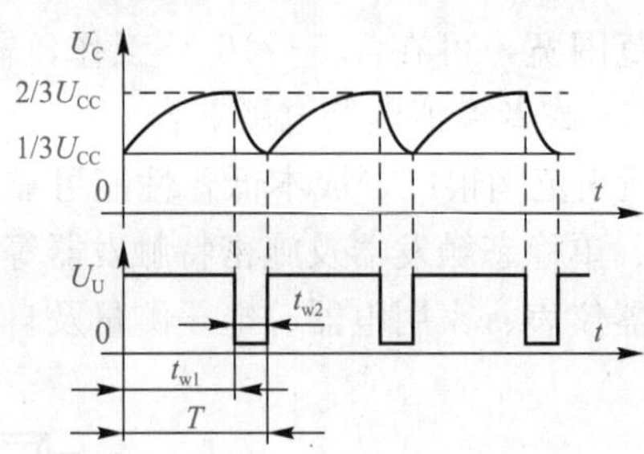

图 15.3　555 多谐振荡器电路工作波形

输出信号的时间参数是：

$$T=t_{w1}+t_{w2}$$

$$t_{w1}=0.7(R_1+R_2)$$

$$t_{w2}=0.7R_2$$

式中，t_{w1}为U_C由$1/3U_{CC}$上升到$2/3U_{CC}$所需的充电时间；t_{w2}为电容C_1放电所需的时间。

555 电路要求R_1与R_2均应不小于 1 kΩ，但两者之和应不大于 3.3 MΩ。

外部元件的稳定性决定了多谐振荡器的稳定性，555 定时器配以少量的元件即可获得较高精度的振荡频率和具有较强的功率输出能力。因此，这种形式的多谐振荡器应用很广。

2. 工作原理

由 555 定时器构成的多谐振荡器如图 15.2 所示，R_1，R_2和C_1是外接定时元件，电路中将高电平触发端(6 脚)和低电平触发端(2 脚)并接后接到R_2和C_1的连接处，将放电端(7 脚)接到R_1，R_2的连接处。接通电源瞬间，电容C_1来不及充电，电容器两端电压U_C为低电平，小于$1/3U_{CC}$，故高电平触发端与低电平触发端均为低电平，输出U_o为高电平，放电管 V 截止。随后，电源经R_1、R_2对电容C_1充电，使电压U_C按指数规律上升，当U_C上升到$2/3U_{CC}$时，输出U_o为低电平，放电管 V 导通。即接通电源后，电路在两个暂稳态之间来回翻转，输出矩形波，连接输出端的发光二极管会随着矩形波闪烁，电路一旦起振后，U_C电压总是在$(1/3\sim2/3)U_{CC}$变化。

U_C从$1/3U_{CC}$上升到$2/3U_{CC}$时间内的电路状态称为第一暂稳态，其维持时间的长短与电容的充电时间有关，充电时间常数$T_{充}=(R_1+R_2)C_1$。U_C从$2/3U_{CC}$下降到$1/3U_{CC}$时间内的电路状态称为第二暂稳态，其维持时间的长短与电容的放电时间有关，充电时间常数$T_{放}=R_2C_1$。

3. 多谐振荡器的工作过程

一般多谐振荡器的工作过程可分为以下四个阶段：

①暂稳态 I(O−t_1)：电容C_1充电，充电回路为$U_{CC}\to R_1\to R_2\to C_1\to$地，充电时间常数为$T_{充}=(R_1+R_2)C_1$，电容$C_1$上的电压$U_C$随时间$t$按指数规律上升，此阶段内输出电压$U_o$稳定在高电平。

②自动翻转 I($t=t_1$)：当电容上的电压U_C上升到了U_{DD}时，由于 555 定时器内$S=0$，$R=1$，使触发器状态 Q 翻转，输出电压U_o由高电平跳变为低电平，电容C_1中止充电。

③暂稳态Ⅱ(t_1-t_2)：由于此刻 $U_C=1$，因此放电管 V 饱和导通，电容 C_1 放电，放电回路为 $C_1 \to R_2 \to$放电管 V→地，放电时间常数 $T_{放}=R_2C_1$(忽略 V 管的饱和电阻)，电容电压 U_C 按指数规律下降，同时使输出维持在低电平上。

④自动翻转Ⅱ($t=t_2$)：当电容上的电压 U_C 下降到了 U_{DD}时，由于 555 定时器内 $S=1$，$R=0$，使触发器状态 Q 翻转，输出电压 U_o 由低电平跳变到高电平，电容 C_1 中止放电。由于 $U_o=0$，放电管截止，电容 C_1 又开始充电，进入暂稳态 I，电路重复上述过程。

15.3　项目实施

15.3.1　制订计划

1. 电路工作原理

电路如图 15.4 所示。由 NE555 芯片与外接定时元件 R_1，R_2，R_p 和电容 C_1、C_2 组成多谐振荡器，在 NE555 的输出端 3 脚得到一系列的方波。开关 S 控制汽车转向灯 D_1 和 D_2 的亮和灭，S 拨左边，D_1 闪烁；S 拨右边，D_2 闪烁。可通过调节 R_p 的大小改变 D_1、D_2 的闪烁频率。

2. 原理图

555 构成的多谐振荡器(汽车转向灯)如图 15.4 所示。

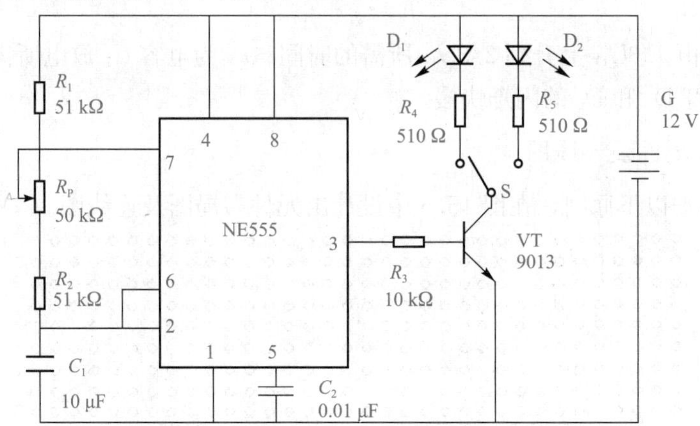

图 15.4　555 构成的多谐振荡器(汽车转向灯)

3. 制订工作计划表

全班同学分成 8 个小组，每组 6～7 人，设小组长一名。小组成员集体讨论，按表 15.1 工作流程，制订工作计划，并填写表 15.1。

表 15.1 工作计划表

序号	工作流程	时间分配/min	人员分工
1	理论学习		
2	画元件布局图		
3	画连线图		
4	元件选择及检测		
5	电路装配与调试		
6	电路检测		
计划时间：________小时，实际时间：________小时，审核：			

15.3.2 实施计划

1. 电路理论

①分析下列元件的作用。

NE555：

V：

开关 S：

C_1：

C_2：

②汽车转向灯的工作原理。

③输出信号的时间参数 T 是多少？

$$T=t_{w1}+t_{w2}$$

式中，t_{w1} 为 U_C 由 $1/3U_{CC}$ 上升到 $2/3U_{CC}$ 所需的时间；t_{w2} 为电容 C_1 放电所需的时间，可通过 R_p 调节转向灯 D_1 和 D_2 的闪烁快慢。

2. 画元件布局图及连线图

请同学们根据以下原则，在图 15.5 中设计出元件布局图及连线图。

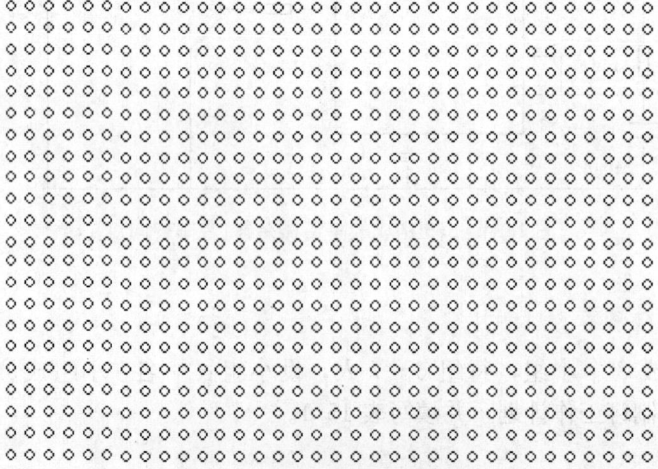

图 15.5 555 多谐振荡器布局图

①元器件的排列与布局以合理、美观为标准，充分利用万能板的空间，发挥自己的创新能力。

②元件的摆放方向要求一致，其中电阻器、555 采用卧式安装，电容器、三极管、开关采用立式安装。

③完成元件布局设计图后，设计连线图，对于交叉不相连的地方，需用跳线表示。

3. 器材准备及检测

图 15.5 的元器件材料如表 15.2 所示，根据表内数据，组长向老师领元器件并检测，并将检测结果填至表 15.2 中。

表 15.2　制作材料表

名称	标号	规格	数量	检测结果	备注
电阻器	R_1	51 kΩ　1/2 W	1	测量值：	
	R_2	51 kΩ　1/2 W	1		
	R_p	50 kΩ	1		
	R_4、R_5	510 Ω　1/2 W	2	测量值：	
电解电容器	C_1	10 μF　25 V	1	质量：	
瓷介电容器	C_2	10 nF	1	质量：	
三极管	V	9013	1	质量：	
555 芯片	NE555	NE555	1	质量：	
发光二极管	D_1、D_2	红光	2	质量：	
开关	S	单刀双掷	1	质量：	拨动开关
接线端子		红色、黑色	2		
万能板		$(7\times9)\mathrm{cm}^2$	1		

①电阻、电容、三极管的检测方法可参考前面相关章节内容。

a. 色环电阻器：主要识读其标称阻值，用万用表检测其实际阻值。

b. 电解电容器：识别其正负极性，并用万用表检测其质量的好坏。

c. 瓷介电容器：会识读电容器的容量，并用万用表检测其质量的好坏。

d. 三极管：主要判断其 c、b、e 引脚及检测质量的好坏。

②NE555 集成芯片引脚的识别。

如图 15.6 所示，将 NE555 引脚朝下，从有边上凹下去的左下边引脚开始逆时针依次是 1、2、3、4、5、6、7、8。

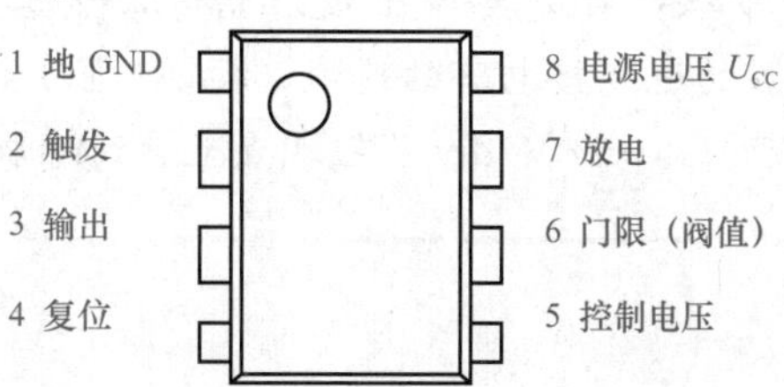

图 15.6　NE555 集成芯片引脚

4. 电路的装配与调试

(1)电路的装配

①按工艺要求对元器件的引脚进行成形处理。

②按布局图在万能板上依次进行元器件的排列、插装。

③焊接，固定所有元器件。

④连线，根据原理图连接好电路。

⑤安装好接线端子，并从两端引出两根引线用于连接负载。

(2)电路的调试

①电压测量。电路检测正确无误后，在输入端送入 12 V 交流电，使用万用表测量该电路关键点电压，填写表 15.3。

表 15.3　电压测量表

测量点	测量值	分析
NE555 芯片 3 脚输出电压/V		
三极管输出电压/V		

②波形测量。用数字示波器测量输出端 3 脚的波形，波形图填在表 15.4。

表 15.4　555 振荡器输出的方波信号

输出波形	周期	幅度
	$T=$	$U_{p-p}=$
	量程挡位	量程挡位

小提示

数字示波器使用步骤：首先要调出校准信号，然后用示波器的探头接 NE555 的 3 脚，示波器的地线接电路的地线，按 AUTO 键，如果波形过大或过小，可调节 Time 旋钮/div 和 V/div 旋钮，直至看到清晰、稳定的方波信号。

5. 产品检测

(1)目测

认真观察作品，找出虚焊或不符合工艺要求的地方进行重新连接。

(2)检修

555 多谐振荡器可能出现的故障情况：

①NE555 输出端无电压。应断电检查 NE555 的好坏。

②D_1 和 D_2 不闪烁：应先检查 NE555 是否工作，开关 S 是否损坏。

根据电路故障现象，检修电路并填写表 15.5。

表 15.5　故障检修表

故障现象	
故障分析	
检修过程	
结果	

6. "6S"管理

工作任务全部完成后，关闭工作台总电源，拆下测量线及导线，归还工具，对实训台及实训室开展"整理、整顿、清扫、清洁、素养、安全"等 6S 行动。

15.3.3　项目评价

1. 成果展示

小组内选择出 1～2 件优秀作品，在班级同学中展示，讲解作品成功之处并填写表 15.6。

表 15.6　作品评价表

作品成功之处	
作品成功原因	

2. 经验分享

学生在班级中谈收获、体会及建议，并填写表 15.7。

表 15.7　经验分享表

收获	
体会	
建议	

3. 评分

按自评、小组评、教师评的顺序进行评分，各小组推荐优秀成员，填写表15.8。

表 15.8　评分表

项目	考核要求	配分	评分标准	自评	组评	师评
理论学习	认真学习理论，并完成相关问题	10	每少填写一空扣2分			
元器件识别与检测	按要求对所有元器件进行识别与检测	10	元器件识别错一个，扣1分。检测错一个扣2分			
元器件布局	元器件排列整齐，标记方向一致，布局合理	10	元器件排列参差不齐，标记方向混乱，布局不合理，每处扣1分			
元器件装配	元器件成形、插装符合工艺要求，连接线呈直线或直角，紧贴电路板，无短路	30	元器件成形、插装不符合工艺要求，每处扣1～2分。导线弯曲、拱起每根扣2分，弯曲时不呈直角每处扣2分			
电路功能	电源输出电压稳定，符合设计要求	10	输出电压不符合设计要求，得0分			
电路检测	正确使用万用表测各关键点电压	15	每测错一处扣2分			
6S管理	工作台上工具排放整齐。严格遵守安全操作规程	10	工作台上杂乱扣5～10分。违反安全操作规程扣5分			
合作学习	团结小组成员，乐于助人，合作精神好。遵守实训制度	5	评分为优秀组长或组员得5分，其他组长或组员评分由教师、组长评分			
总分						
教师点评						

15.4　项目总结

①555定时器是一种模拟和数字功能相结合的中规模集成器件。

②555定时器成本低，性能可靠，只需要外接几个电阻器、电容器，就可以实现多谐振荡器、单稳态触发器及施密特触发器等脉冲产生与变换电路。

③NE555的内部结构可等效成23个晶体三极管、17个电阻器、2个二极管，内部组

成比较器、RS 触发器等多组单元电路。

④汽车转向灯电路通过 555 芯片外接几个电阻、电容元件组成多谐振荡器，在输出端产生了一系列的方波，通过开关 S 的左右拨动从而控制汽车的左闪和右闪。

15.5　项目考核

1. 填空题

①555 定时器是一种________电路和________电路相结合的中规模集成器件。

②555 作为定时器广泛应用于________、________、________及自动控制等方面。

③555 的内部结构可等效成 23 个________、17 个________、2 个________组成了比较器、RS 触发器等多组单元电路。

④使用数字万用表测量 NE555 的电阻时，万用表液晶屏显示“1”表示________，应________。

2. 判断题

①一般多谐振荡器的工作过程可分为两个阶段。（　）

②555 多谐振荡器电路没有稳态，只有两个暂稳态，它们交替变化，输出连续的矩形波脉冲信号。（　）

③555 定时器成本低，性能可靠，只需要外接几个电阻、电容，就可以实现多谐振荡器、单稳态触发器及施密特触发器等脉冲产生与变换电路。（　）

④一个电子元器件从生产出来，一直到它损坏之前，所有的过程都受到静电的威胁。（　）

⑤在检查电路板时，只触及电路板上的一根导线是安全的。（　）

⑥元器件引线成形时，引线弯折处距离引线根部尺寸应大于 1.5 mm，以防止引线折断或被拉出。（　）

3. 选择题

①在电子装配生产线上，人工进行电子元器件焊接质量检验操作时，主要使用的工具为（　）。

A. 自动光学检查系统　　B. 自动 X 射线检查系统

C. 万用表　　D. 放大镜

②NE555 多谐振荡电路中一个规格为 100 μF、100 V 的电解电容器损坏，如果找不到原来规格的，只有下列几种规格，可代用的是（　）。

A. 100 μF，150 V　　B. 100 μF，30 V

C. 100 μF，50 V　　D. 200 μF，100 V

③选用耐压值低于工作电压的电容器时，可用几个电容器（　）方式来提高耐压值。

A. 并联　　B. 串联

C. 先串联后并联　　D. 先并联后串联

④准确测量电容器的电容量可采用(　　)。

A. 模拟万用表　　B. 数字万用表

C. Q 表或电容电桥　　D. 直流电桥

4. 画图题

请画出 555 多谐振荡器的电路原理图。

项目十六　RC 桥式正弦波振荡器

16.1　项目描述和要求

16.1.1　项目描述

RC 桥式振荡器是采用 *RC* 串并联选频网络的一种正弦波振荡器。它具有较好的正弦波形且频率调节范围宽，广泛应用于产生几百千赫兹以下的正弦波信号。

16.1.2　项目要求与目标

①学会测量频率和测试振荡器。

②验证 *RC* 桥式振荡器的起振条件。

③用万能板进行布局、连线，要求布局合理，插装、焊接符合工艺标准。

④使用仪表调试电路，做好测量数据记录。

16.2　理论分析

16.2.1　正弦波振荡器原理

振荡器是一种能量转换装置，它无须外加信号，就能自动地将直流电能转换成一定频率、一定幅度和一定波形的交流信号。振荡器有非常广泛的应用，尤其是正弦波振荡器，其输出的波形是正弦波，可用作各种信号发生器、本机振荡器、载波振荡器等。常用的正弦波振荡器有 *LC* 振荡器、*RC* 振荡器和石英晶体振荡器等几种。

1. 正弦波振荡电路的组成框图

正弦波振荡器由放大电路、选频电路和反馈网络三部分组成，其组成框图如图 16.1 所示。

①放大电路。利用三极管的电流放大作用使电路具有足够的放大倍数。

②选频电路。它仅对某个特定频率的信号产生谐振，从而保证正弦波振荡器具有单一的工作频率。

按选频电路组成元件的不同，可分为 LC 振荡器、RC 振荡器和石英晶体振荡器等几种常见的类型。

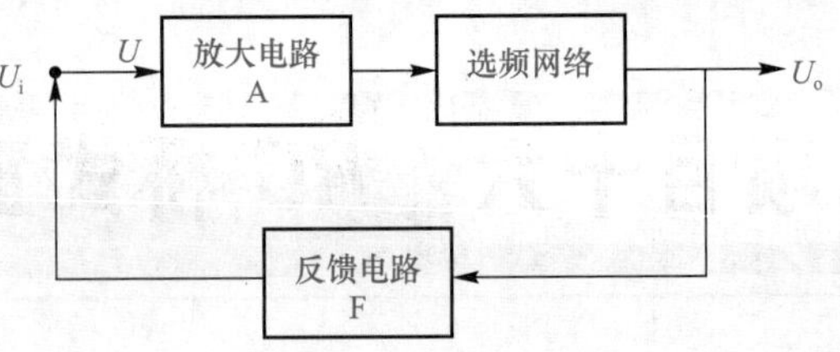

图 16.1　正弦波振荡器组成框图

③反馈网络。将输出信号正反馈到放大电路的输入端，使电路产生自激振荡。

2. 正弦波振荡器的振荡条件

正弦波振荡器要维持自激振荡，必须同时满足以下两个条件，缺一不可。

(1)相位平衡条件(相位起振条件)

反馈信号 U_f 的相位与输入信号 U_i 的相位同相，即为正反馈，相位差是 180°的偶数倍，即

$$\varphi=2n\pi(n=0,\ 1,\ 2\cdots)$$

式中，φ 为 U_f 与 U_i 的相位差，n 为正整数。

(2)振幅平衡条件

自激振荡的振幅平衡条件是：

$$A_V F\geqslant 1$$

式中，A_V 为放大电路的放大倍数；F 为反馈网络的反馈系数。

$A_V F=1$ 振幅起振条件；

$A_V F=1$ 是振荡器维持稳幅振荡的振幅条件。

小提示

反馈系数 F 是指在反馈电路中，反馈信号电压 U_f 与输出信号电压 U_o 之比，即

$$F=\frac{U_f}{U_o}$$

3. 正弦波振荡器的起振过程

正弦波振荡器的起振过程，是一个幅度由小到大的过程。在电源接通瞬间，由于电流从无到有，因而电路中必然激起一个微小的扰动信号，它是一个非正弦信号，包含有一系列频率不同的正弦分量。该扰动信号经选频电路选出频率为 f_0 的正弦信号，通过反馈网络正反馈到放大器的输入端，经过放大、选频又反馈到放大器的输入端……如此周而复始地循环下去。在起振初期，由于振荡信号很小，有 $A_V F>1$，使反馈信号和放大器的输出电压 U_o 不断增大。当振荡信号的幅度增大到使振荡管超出线性放大区时，其 A_V 减少，当 $A_V F=1$ 时，电路满足振幅平衡条件，振荡信号的幅度便自动稳定下来。自激振荡的建立过程如图 16.2 所示。

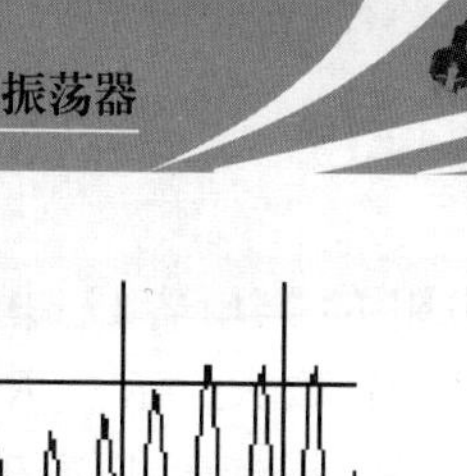

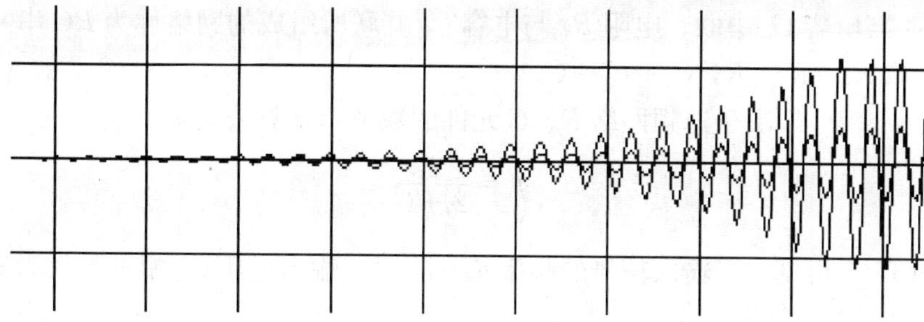

图 16.2　自激振荡的建立过程

4. 正弦波振荡电路的判断

判断电路是否振荡，方法是：

①是否满足相位条件，即电路是否是正反馈，只有满足相位条件才可能产生振荡；

②放大电路的结构是否合理，有无放大能力，静态工作是否合适；

③是否满足幅度条件。

正弦波振荡电路检验，若：

① $|\dot{A}\dot{F}|<1$ 则不可能振荡；

② $|\dot{A}\dot{F}|\gg 1$ 振荡，但输出波形明显失真；

③ $|\dot{A}\dot{F}|>1$ 产生振荡。振荡稳定后 $|\dot{A}\dot{F}|=1$。此种情况起振容易，振荡稳定，输出波形的失真小。

16.2.2　RC 振荡器

1. 电路组成

RC 正弦波振荡电路也称为文氏桥振荡电路，如图 16.3 所示。该电路由三部分组成：同相放大器、稳幅电路和具有选频作用的 RC 串并联正反馈网络。

放大元件由集成运放 LM741 承担，它与 R_1、R_p、R_2、R_3、V_1、V_2 组成同相放大器，V_1，V_2 组成具有稳幅功能的负反馈网络；R_4，C_1，R_5，C_2 组成 RC 串并联选频网络，在电路中起正反馈作用。

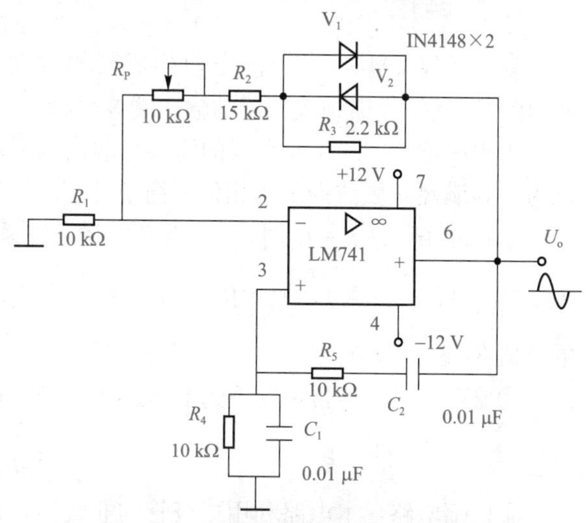

图 16.3　RC 桥式振荡器基本原理图

2. RC 串并联选频网络的选频特性

RC 串并联选频网络如图 16.4 所

示，电阻 R_5 与电容 C_1 串联、电阻 R_4 与电容 C_2 并联所组成的网络称为 RC 串并联选频网络，通常选取 $R_4=R_5=R$，$C_1=C_2=C$。

①谐振频率 f_0 取决于选频网络 R、C 元件的数值，计算公式为

$$f_0=\frac{1}{2\pi RC}$$

②由图 16.5 可见，当输入信号的频率 $f=f_0$ 时，输出电压 U_o 幅度最大为$\frac{U_i}{3}$。其输出信号与输入信号之间的相移 $\varphi_F=0$。

③在 $f\neq f_0$，输出电压幅度很快衰减，其存在一定的相移，所以 RC 串并联网络具有选频特性。

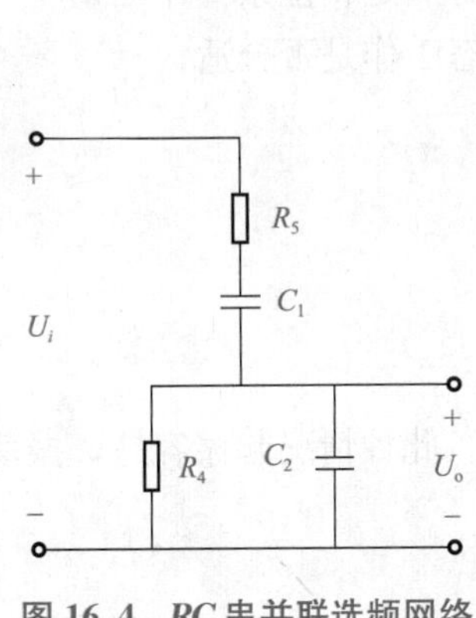

图 16.4　*RC* 串并联选频网络

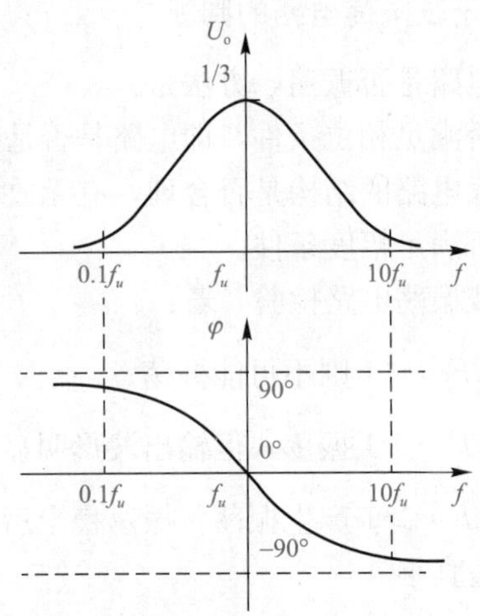

图 16.5　幅频特性和相频特性

3. 工作原理

集成运放 LM741 与外围电阻构成同相放大电路，6 引脚输出频率为 f_0 的信号通过 RC 串并联网络反馈到放大器的输入端 3 引脚。

①相位条件：同相放大器的输入与输出信号相位差为 0°，RC 串并联选频网络的移相也为 0°，满足正弦波振荡的相位平衡条件。

②幅度条件：$f=f_0$ 时，RC 选频网络反馈系数 $F=1/3$。要求同相放大器的放大倍数 $A_V\geqslant 3$，即有 $A_VF\geqslant 1$，放大倍数需满足 $\dot{A}_VF=1+\frac{R_f}{R_1}\geqslant 3$，故$\frac{R_f}{R_1}\geqslant 2$，为此，线路中设置电位器 R_p 进行调节。

③振荡频率：通常情况下选取 $R_4=R_5=R$，$C_1=C_2=C$，则振荡频率为

$$f_0=\frac{1}{2\pi RC}$$

④稳幅电路：本电路利用二极管的非线性特性来实现稳幅。当振荡电路输出幅值增大时，流过二极管的电流增大使二极管的动态电阻减小、同相放大器的负反馈得到加强，放大器的增益下降，从而使输出电压稳定。

本项目通过 R_p 调节负反馈量，将振荡器输出的正弦波控制在较小幅度，正弦波的失

真度很小，振荡频率接近估算值；反之则失真度增大，且振荡频率偏低。这是在调试中应当注意的。

4. 电路特点

RC 桥式振荡电路的频率调节方便，波形失真度小，频率调节范围宽，适用于所需正弦波振荡频率较低的场合。当振荡频率较高时，应选用 LC 正弦波振荡电路。

16.3　项目实施

16.3.1　制订计划

1. RC 桥式正谐波振荡器的设计

通过上述的学习，我们已经掌握了 RC 桥式正谐波振荡器主要由同相放大器、稳幅电路和具有选频作用的 RC 串并联正反馈网络组成。现在我们一起来设计一个 RC 桥式正谐波振荡器。

2. 电路原理图

根据 RC 桥式正谐波振荡器的工作原理，得出电路原理图如图 16.6 所示。放大元件由集成运放 LM741 承担，它与 R_1、R_p、R_2、R_3、V_1、V_2 组成同相放大器，V_1，V_2 组成具有稳幅功能的负反馈网络；R_4，C_1，R_5，C_2 组成 RC 串并联选频网络，在电路中起正反馈作用。

图 16.6 中，7 脚的 +12 V 电源和 −12 V 电源通过两个 1 kΩ 的电阻器接到 +24 V 的电源上，两电阻的中点电位为 0，接到电路的零电位点。

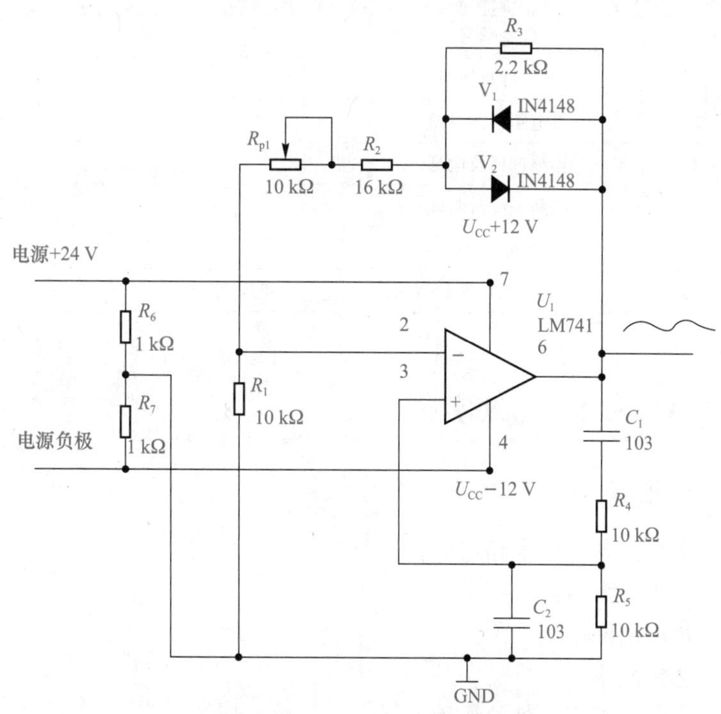

图 16.6　Rc 桥式振荡器基本原理图

3. 实物连接图

根据 *RC* 桥式振荡器基本原理图实现的实物图如图 16.7 所示。

图 16.7　*RC* 桥式正弦波振荡器实物图

4. 制订工作计划表

全班同学分成 8 个小组，每组 6～7 人，设小组长一名。小组成员集体讨论，按表 16.1 工作流程，制订工作计划并填写表。

表 16.1　工作计划表

序号	工作流程	时间分配/min	人员分工
1	理论学习		
2	画元件布局图		
3	画电路板连线图		
4	器材选择及检测		
5	电路装配与调试		
6	电路检测		
计划时间：________小时，实际时间：________小时，审核：			

16.3.2　计划实施

1. 电路理论

①写出各部分电路组成。

同相放大器：

负反馈网络：

选频网络：

②分析下列元件的作用。

LM741：

V_1，V_2：

R_4，C_1，R_5，C_2：

③分析电路起振条件。

2. 画元件布局图及连线图

请同学们根据以下原则，在图 16.8 中设计出元件布局图及连线图。

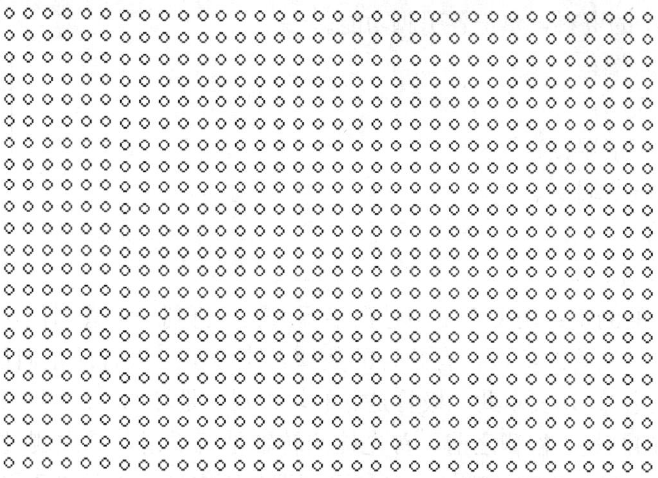

图 16.8 *RC* 桥式正弦波振荡器布局图

①元器件的排列与布局以合理、美观为标准，充分利用万能板的空间，发挥自己的创新能力。

②元件的摆放方向要求一致，其中电阻器、整流二极管采用卧式安装，电容器、LM741 采用立式安装。

③完成元件布局设计图后，设计连线图，对于交叉不相连的地方，需用跳线表示。

3. 器材准备及检测

图 16.6 的元器件材料如表 16.2 所示，根据表内数据，组长向老师领元器件并检测，并将检测结果填至表 16.2 中。

表 16.2 制作材料表

名称	标号	规格	数量	检测结果	备注
电阻器	R_1、R_4、R_5	10 kΩ 1/2 W	3	测量值：	棕黑黑红棕
	R_2	16 kΩ 1/2 W	1	测量值：	棕蓝黑红棕
	R_3	2.2 kΩ 1/2 W	1	测量值：	红红黑棕棕
	R_6、R_7	1 kΩ 1/2 W	2	测量值：	棕黑黑棕棕
可调电阻器	R_P	10 kΩ	1	测量值：	
电容器	C_1、C_2	0.01 μF	2	质量：	
二极管	V_1、V_2	1N4148	2	正向电压值： 反向电阻值： 质量：	

续表

名称	标号	规格	数量	检测结果	备注
集成运放电路	LM741		1	质量：	
万能板		$(7\times9)\text{cm}^2$	1		

①查阅 LM741 的资料，熟记各引脚功能。

2 脚：反相输入端；

3 脚：同相输入端；

7 脚：电源电压正端；

4 脚：电源电压负端；

6 脚：输出端；

1、5 脚：调零端。

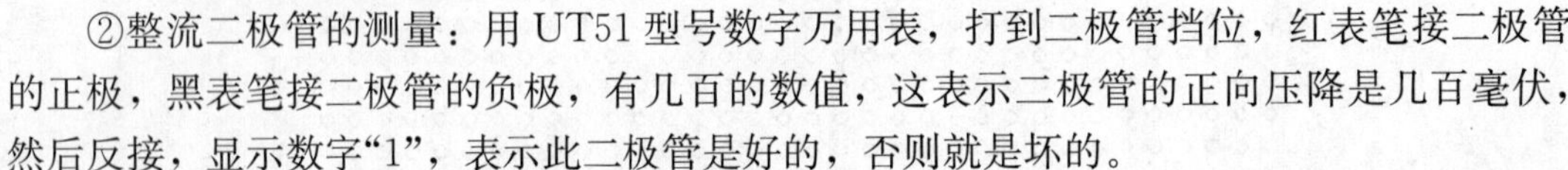

②整流二极管的测量：用 UT51 型号数字万用表，打到二极管挡位，红表笔接二极管的正极，黑表笔接二极管的负极，有几百的数值，这表示二极管的正向压降是几百毫伏，然后反接，显示数字“1”，表示此二极管是好的，否则就是坏的。

③电位器 R_p 的测量：检测之前，首先检测转轴是否平滑，其次测量两固定端的电阻是否与标称值接近，最后旋转调整端，测量可调端与固定端的电阻是否平滑可变，如果满足上述条件，电位器 R_p 的质量是好的，否则就是坏的。

4. 装配与调试

①接通实训台交流、直流电源开关，调节“电压调节”旋钮，使“电压显示”为 24 V。

②将直流电源接到电路板电源上，注意极性不要接反。红色夹子接电源正端，黑色夹子接负端。观察电流表和电压表是否稳定，电路是否有不正常的声响和气味。

③用示波器测量 6 脚的输出波形，记录在表 16.3 中。调节 R_p 使 U_o 为最大不失真的正弦波。并测量 U_o 的幅度 U_{om}=________ V，波形的周期 T=________ ms，用示波器测量电路的振荡频率 f_0 记入表 16.4 中，然后将此值与计算值进行比较。

表 16.3 输出的正弦波

输出波形	周期	幅度
	T=	U_{p-p}=
	量程挡位	量程挡位

表 16.4　振荡电路参数的测试

测量值 f_0	计算值 $f_{01}=\frac{1}{2\pi RC}$	误差 $\frac{f_{01}-f_0}{f_0}\times 100\%$

④观察二极管 V_1 和 V_2 的稳幅作用。断开其中一个二极管，观察输出电压的波形________（能/不能）稳定且________（失真/不失真）。

⑤观察电阻 R_3 对改善波形失真的作用。断开电阻 R_3，观察改善波形失真________（有/无）作用。

⑥用数字万用表直流 200 V 挡测量输入直流电压和集成块正负输入电源电压值，用交流 20 V 挡测量输出端到地的电压大小，把测量结果记录在表 16.5 中。

表 16.5　电压测量

测量点	测量值	分析
U_{CC}（电源）		
U_o（6 脚）		
$+U_{CC}$（7 脚）		
$-U_{CC}$（4 脚）		

小提示

数字示波器测量本电路输出的正弦波的简要方法：

①调出校准信号，观察是否与示波器内部的校准信号相同；

②如图 16.6 所示接上电源和示波器探头，按 AUTO 键，可观察波形；

③如果波形失真，调节 R_p，直到示波器显示最大不失真波形，将数据填在表 16.3 和表 16.4 中。得到的波形如图 16.9 所示。

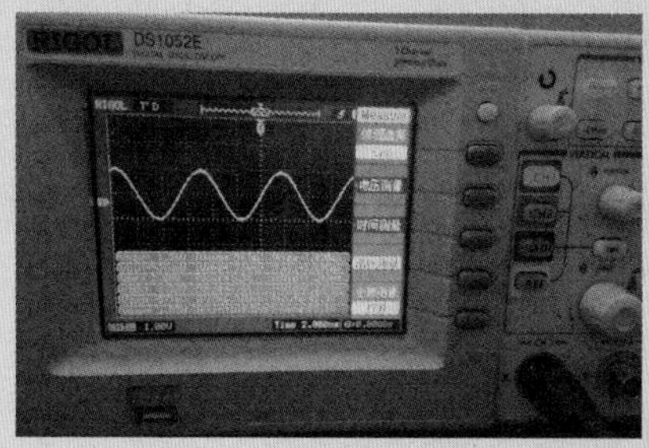

图 16.9　输出的正弦波波形

5. 电路检修

(1)不能起振

本故障表现在振荡电路无信号输出。此故障可从以下三个方面进行检测：

①检查电源供电电路是否出现故障，导致振荡电路不能工作。可用万用表检查集成运放的第 4 脚和第 7 脚，检查电源供电是否正常。

②检查反馈网络是否发生故障，导致反馈信号过小或相位出现偏移，不能满足自激振荡的条件，主要检查 R_4、R_5、C_1、C_2 等元件是否出现开路或变值现象。

③集成运放 LM741 的损坏也是导致不能起振的重要原因，可用替换法检查集成运放的好坏。

(2)输出信号频率偏高或偏低

此故障主要是由于选频反馈网络元件 R_4、R_5、C_1、C_2 变值所致，因此，可用万用表检查元件 R_4、R_5、C_1、C_2 是否变值，也可采用替换法逐一更换上述元件来加以判断。

(3)输出信号出现失真

本故障表现在输出信号的幅度过大，正弦波出现平顶失真，严重时变为矩形脉冲波。此故障可从以下两个方面进行检测。

①检测运算放大器反相端的反馈网络元件，重点检测稳幅二极管 V_1、V_2 是否损坏。当电位器 R_p 的动点发生偏移时，也会导致波形失真，因此，可试调电位器以确认是否由它引起。

②检测选频反馈网络元件 R_4、R_5、C_1、C_2 是否存在变值而导致反馈信号过大。

根据检修流程，填写表 16.6。

表 16.6　故障检修表

故障现象	
故障分析	
检修过程	
结果	

6.“6S”管理

工作任务全部完成后，关闭工作台总电源，拆下测量线及导线，归还工具，对实训台及实训室开展“整理、整顿、清扫、清洁、素养、安全”6S 行动。

16.3.3　项目评价

1. 成果展示

小组内选择出 1～2 件优秀作品，在班级同学中展示，讲解作品成功之处，并填写

表 16.7。

表 16.7　作品评价表

作品成功之处	
作品成功原因	

2. 经验分享

学生在班级中谈收获、体会及建议并完成表 16.8。

表 16.8　经验分享表

收获	
体会	
建议	

3. 评分

按自评、组评、师评的顺序进行评分，并完成表 16.9，各小组推荐优秀成员。

表 16.9　评分表

项目	考核要求	配分	评分标准	自评	组评	师评
理论学习	认真学习理论，并完成相关问题	10	每少填写一空扣 2 分			
元器件识别与检测	按要求对所有元器件进行识别与检测	10	元器件识别错一个，扣 1 分。检测错一个扣 2 分			
元器件布局	元器件排列整齐，标记方向一致，布局合理	10	元器件排列参差不齐，标记方向混乱，布局不合理，每处扣 1 分			
元器件装配	元器件成形、插装符合工艺要求，连接线呈直线或直角，紧贴电路板，无短路	30	元器件成形、插装不符合工艺要求，每处扣 1～2 分。导线弯曲、拱起每根扣 2 分，弯曲时不呈直角每处扣 2 分			

续表

项目	考核要求	配分	评分标准	自评	组评	师评
电路功能	电源输出电压稳定，符合设计要求	10	输出电压不符合设计要求，得0分			
电路检测	正确使用万用表测各关键点电压	15	每测错一处扣2分			
6S管理	工作台上工具排放整齐。严格遵守安全操作规程	10	工作台上杂乱扣5～10分。违反安全操作规程扣5分			
合作学习	团结小组成员，乐于助人，合作精神好。遵守实训制度	5	评分为优秀组长或组员得5分，其他组长或组员评分由教师、组长评分			
总分						
教师点评						

16.4 项目总结

①正弦波振荡器主要由放大电路、选频电路和反馈网络组成；它要维持自激振荡，必须同时满足相位平衡条件和振幅平衡条件。

②*RC* 桥式振荡器的电路组成是由同相放大电路 LM741、*RC* 串并联选频网络和稳幅电路组成，掌握其工作原理。

16.5 项目考核

1. 填空题

①正弦波振荡器主要由放大电路、________和________三个部分组成。

②*RC* 桥式振荡器是由________放大器和具有选频作用的________网络所组成，振荡频率 $f_0=$________。

③万用表是常用的多功能、多量程的电工电子测量仪表，一般可使用万用表测量多项参数，如________、________、________、________。

2. 选择题

①正弦波振荡电路的振幅平衡条件是(　　)。

A. AF>1　　B. AF=1　　C. AF<1

②振荡器之所以能获得单一频率的正弦波输出电压，是依靠了振荡器中的(　　)。

A. 选频网络　　B. 正反馈电路

C. 基本放大电路　　D. 基极偏置电路

③自激正弦波振荡器之所以在接通电源时即能输出信号，是因为电路(　　)。

A. 有放大能力　　B. 有选频能力　　C. 满足了自激振荡条件

④一个振荡器要能够产生正弦波振荡，其电路组成必须包含(　　)。

A. 放大电路、负反馈电路

B. 负反馈电路、选频电路

C. 放大电路、正反馈电路、选频电路

⑤正弦波振荡器中，选频网络的主要作用是(　　)。

A. 使振荡器产生单一频率的正弦波

B. 使振荡器输出较大的正弦波信号

C. 使振荡信号包含丰富的频率成分

⑥关于电子产品中的地线，下列说法错误的是(　　)。

A. 接地线是为了防止电的作用

B. 一种是安全接地，一种是信号接地消除干扰

C. 电子产品中的地线即供电线路中的零线

D. 测量用的仪器、仪表的地线和被测电路的地线应连在一起

⑦在电阻器安装之前应进行筛选检查，下列说法错误的是(　　)。

A. 剔除不符合安装规范的元器件

B. 对外观质量的检查和电气性能的检测

C. 对固定电阻器的外观进行检查，确保外观完好，引脚无弯折、断裂等问题

D. 是指对电阻器阻值的测量

⑧正常情况下整流二极管的正向电阻比反向电阻(　　)。

A. 小　　B. 大　　C. 一样大　　D. 不确定

⑨对晶体二极管进行筛选与检查时，要确定晶体二极管是否符合设计要求，通常通过(　　)进行筛选。

A. 型号　　B. 体积　　C. 外形　　D. 颜色

3. 判断题

①进行普通分立式元件焊接时，一般选用外热式，35 W 以上的电烙铁。(　　)

②正弦波振荡器需要选择合适的电阻才能起振，选用电阻器一般根据电阻器的材料、结构、应用场面、参数、性能等方面综合考虑后，进行筛选。(　　)

③用万用表的不同欧姆挡去测量二极管正反向电阻时，获得的结果差异较大，这是因为该晶体二极管已经损坏。(　　)

④万用表测量直流电流和直流电压时，需区分正负极，应将万用表的黑表笔搭在负极，红表笔搭在正极。(　　)

⑤在使用数字式万用表检测带电电压时，发现选择的量程偏小，可直接调整到大量程，无须将表笔从检测端移出。（　　）

4. 问答题

①总结 RC 桥式振荡电路的振荡条件。

②根据改变负反馈电阻 R_p 对输出波形的影响，说明负反馈在 RC 振荡电路中的作用。

③怎样判断振荡电路满足了振荡条件？

④影响振荡频率 f_0 的主要因素是什么？

参 考 文 献

[1] 伍湘彬．电子技术基础与技能[M]. 北京：高等教育出版社，2010.
[2] 张立炎．电子技术项目教程[M]. 沈阳：辽宁科学技术出版社，2014.
[3] 韩广兴．电子产品装配工职业资格考试必读[M]. 北京：金盾出版社，2013.
[4] 韩雪涛．电子产品装配工职业资格考试题解[M]. 北京：金盾出版社，2015.
[5] 谢华林．电子产品装配技术与技能训练[M]. 北京：清华大学出版社，2014.
[6] 聂海辉．电子产品装配与调试赛题集[M]. 北京：机械工业出版社，2013.